百万人の数学
Mathematics for the Million

Lancelot Hogben
ランスロット・ホグベン
著

久村典子
訳

日本評論社

Originally published in the English language
by HarperCollins Publishers Ltd under the title
MATHEMATICS FOR THE MILLION
Copyright © Lancelot Hogben 1935

This edition published by arrangement with HarperCollins Publishers Ltd, London
through Tuttle-Mori Agency, Inc., Tokyo

|JCOPY| <(社)出版者著作権管理機構 委託出版物>
本書の無断複写は著作権法上での例外を除き禁じられています。
複写される場合は，そのつど事前に，
　(社) 出版者著作権管理機構
　TEL：03-3513-6969，FAX：03-3513-6979，E-mail：info@jcopy.or.jp
の許諾を得てください。
また，本書を代行業者等の第三者に依頼してスキャニング等の行為によりデジタル化することは，
個人の家庭内の利用であっても，一切認められておりません。

まえがき

　私が《Mathematics For The Million》の原本を書いてから33年が過ぎた。その間にはいろいろなことが起きた。そこで，提案された機会を喜んで受け入れて，初版の多くの部分を書き直し，過去の改訂版を再改訂し，新たな材料を付け加えることにした。

　印刷前に原稿を吟味しゲラを校正してくれた，私の友人である理学士テレンス・ベイリス氏の助けがなかったら，与えられた時間内でこの作業を完遂することはできなかったであろう。彼の労苦を恩に着ること大である。

　今回の版では図をすべて新しくした。デーヴィッド・ウッドコック氏の作図に謝意を表する。また，タイプ打ちをしてくれたグレニス・キンバー女史にも感謝する。

ランスロット・ホグベン

目次

まえがき	i
プロローグ　アキレスと亀の話	1
ゼノンのパラドックス	2
プラトン	5
数学の2つの考え方	10
読者への助言	20
第1章　古代の数学	21
数と計算	22
数・量・測定	26
直角を作る	28
角度と π	36
ギリシャ幾何学の誕生	42
第2章　大きさ，順序，形の文法	54
数学式句読点	55
絵記号	56
数	64
関係	64
演算	66
マイナス記号の使用	68
割り算，比，比率	72
2種類の大きさ	75
ランクと順序	80

第 3 章　飛躍をもたらしたユークリッド	**93**
緯度の求め方	112
円の面積	123
地球の周囲	124
水平線の距離	125
第 4 章　古代の数の知識	**134**
4 次元	150
スペースの節約	154
2 項係数	159
第 5 章　アレクサンドリア文化の興亡	**169**
π の値を求める	178
三角表を区切る	183
三角形の解法	185
天文測量	189
計算の分かれ目	190
第 6 章　ゼロの夜明け	**203**
代数のはじまり	203
2 進法の算術	209
アルゴリズム	212
方程式	217
数列	234
グレゴリーの公式	238
数表とその使い方	**251**
練習問題の答 (またはヒント) の一部	**269**

プロローグ　アキレスと亀の話

『百科全書』を編集した唯物論者であり，フランス革命前夜の知的開明思想の第一人者であったディドロについて，次のような話がある。ディドロはロシアの宮廷に滞在中で，あざやかな軽口で貴族たちを楽しませていた。廷臣たちの信仰が崩れるのを心配した女帝エカテリーナ2世が，当時随一の数学者オイラーにディドロとの公開討論を命じた。ディドロは，ある数学者が神の存在を証明したとだけ伝えられ，討論相手の名前も知らずに宮廷に呼び出された。廷臣たちが居並ぶ中，オイラーはいとも荘重に，こう問いかけた。「$\frac{a+b^n}{n}=x$，ゆえに神は存在する。返答やいかに！」ディドロは代数が全くわからなかったため，それが落とし穴だとは気づかなかった。ふつうの言語が事物の**種類**を表すのに対して，代数が事物の**大きさ**を表す言語にすぎないことを知っていたら，文の前半をフランス語に訳すようにオイラーに要求しただろう。日本語に翻訳すると，ざっとこうなる。「ある数 a に，ある数 b をある回数 (n 回) 掛け続けたものを加え，掛けた回数 n で割ったものが x である。したがって神は存在する。返答やいかに」。もしディドロが，宮廷の人々にわかりやすいように前半部分を例示するよう要求していたら，オイラーの返事は，たとえばこうなっただろう。a が1で b が2で n が3なら x は3，そして a が3で b が3で n が4なら x は21，……と。$\frac{a+b^n}{n}=x$ だと，どうして神が存在するのか教えてくれ，と宮廷の人たちに聞かれたら，オイラーが窮地に陥る番だったろう。多くの人と同じように，ディドロは大きさの言語に出会って上がってしまったのだ。居並ぶ人がクスクス笑うなか，ディドロは突然宮廷を出て自分の部屋に閉じこもり，旅券を申請してさっさとフランスに帰ってしまった。

　ディドロの時代にはまだ，個人の生命と幸福が，宗教を正しく信仰することに

かかっていたと言えるかもしれない。今では人々の生命と幸福は，私たちが思っている以上に，政府が保管している国勢調査の結果を正しく解釈することにかかっているのだが。原子力が人類を滅ぼすのも世界を欠乏から救うのも，計算しだいである。莫大な費用がかかる宇宙空間征服には，数学の才能という大きな資源が必要だ。数学をある程度知らなければ，人類の未来 (あるとすればだが) を変える力を知的に語るための言語をもたないことになる。

　私たちが住む社会には，料理のレシピ，鉄道の時刻表，失業者数，罰金，税金，戦債，タイムカード，速度制限，クリケットの点数，賭けのオッズ，ビリヤードの点数，カロリー，赤ちゃんの体重，体温，降水量，日照時間，運転記録，電力量，ガス消費量，公定歩合，貨物料金，死亡率，値引き，利息，宝くじ，波長，タイヤ空気圧などなどの数字が渦巻いている。現代の人々は，毎晩時計のネジを巻くたびに，アレクサンドリア最盛期のとびきり腕のいい職人でも想像すらできなかった精巧な科学器機を調節している。それは日常茶飯事で，大昔の最もすぐれた数学者にさえ，とても手が届かなかった装置を使いこなしていることには気づいていない。比，極限値，加速度などは，昔の孤立した天才にとっては，ぼんやりとしかわからない遠い抽象概念だったが，いまやそうではない。私たちの生活のいたるところに，具体的なものとして存在する。

　これから旅立つ冒険の旅のそこかしこで，私たちは古代の天才的数学者の頭を悩ませた質問に苦もなく答えられることを発見するだろう。それは，読者と私が大天才だからではない。古代社会の知的生活には無縁だった物質力の影響を受けた社会文化を，私たちが受け継いでいるからである。どんな知恵者も，その社会が受け継いだものに閉じ込められて，外には出られない。まず，それをわかりやすい例で示そう。

ゼノンのパラドックス

　エレア派の哲学者ゼノンは難問を次々に繰り出しては当時の学者たちに答を迫っていた。そのなかで，最も頻繁に引き合いに出されるのがアキレスと亀のパラドックスである。この話については学校幾何学の創始者たちが，声が涸れるまで論争し，手を痛めるほど書いた。アキレスは亀と競争する。速度は亀の10倍だ。亀はアキレスより100ヤード前方からスタートする。さて，とゼノンは言う。アキレスは100ヤード走って亀の出発点に到達する。その間に，亀はアキレスの10分の1を走り，アキレスより10ヤード前方にいる。アキレスが10ヤード走る間に

亀はアキレスの 10 分の 1 進んで，1 ヤード前方にいる．アキレスがその 1 ヤードを走ると亀は 1 ヤードの 10 分の 1 を走って，1/10 ヤード前方にいる．アキレスが 1/10 ヤード走ると亀は 1/100 ヤード前方にいる．アキレスが 1/100 ヤード走ると，亀は 1/1000 ヤード前方に．したがって，アキレスはたえず亀に近づいていくが，けっして追いつくことはない，とゼノンは主張する．

　ゼノンと論争した賢人たちが，アキレスがほんとうは亀を追いこすことを知らなかったと思ってはいけない．わからなかったのは，どこで追いつくかだ．読者も疑問をもつかもしれないが，重要なのは，読者の疑問と古代の学者の疑問は違うことである．読者の疑問は，どうしてゼノンたちがこんな奇問を考え出したかということだろう．つまり，私たちが不思議に思うのは**歴史**上の問題である．アキレスと亀の問題は私たちにとっては，**数学**的には少しも難しくないことを，これから説明する．今ならこの問題を，大きさの言語に翻訳することができる．なぜなら，彼らの時代から二大文明の崩壊と 2 つの社会的大革命を経て生まれた社会文化を，私たちが受け継いでいるからである．古代人が解けなかったのは，歴史の問題ではなく数学の問題だった．この問題を簡単に翻訳できる大きさの言語を，まだ作り出していなかったのだ．

　古代ギリシャ人は速度制限や手荷物重量制限などを知らなかった．割り算は掛け算より格段に難しかった．計算は図 7 に示すそろばんが頼りだったから，割り算を正確にするなどということは，とてもできなかった．筆算もできなかった．このような事情や今後随所に出てくる理由で，私たちに自然にわかることが，古代ギリシャの数学者にはわからなかったのである．次々に前より大きい量を加えていけば，加え続ける限りその総和は急速に増大してとどまることがない．ゼノンの時代の人々は，それと同じように，だんだん小さくなる量も際限なく加え続ければ限りなく増大すると思っていた．第 1 の場合は総和が急速に増え続け，第 2 の場合には増えかたは遅くなるものの，永久に増やし続けられると考えたのだ．彼らの数の言語には，エンジンがある限度より遅くなれば停止するという言葉がなかったのである．

　これをはっきりさせるために，アキレスが出発してから亀が進む各段階の距離を数字で表してみよう．上記のように，亀の進む距離は第 1 段階では 10 ヤード，第 2 段階では 1 ヤード，第 3 段階では 1/10 ヤード，第 4 段階では 1/100 ヤード……である．古代ギリシャ人，ローマ人，あるいはヘブライ人のように，数の言語にアルファベットを使うものとしよう．時計，墓地，法廷などで今でも使われている

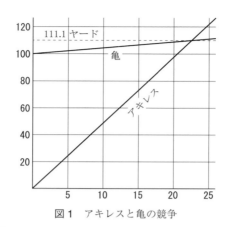

図 1 アキレスと亀の競争

　時間の観念がない古代ギリシャの幾何学では，アキレスが亀に追いつくことを明らかにできなかった。ニュートンの世紀の新しい幾何学では，時間を図に取り入れたことで，いつ，どこでアキレスが亀に追いつくかわかる。

のでなじみのあるローマ式で書くと，アキレスに追いつかれるまでに亀が進んだ距離は次のようになる。

$$X + I + \frac{I}{X} + \frac{I}{C} + \frac{I}{M}, \quad 以下同様^{1)}$$

「以下同様」と書いたのは，古代人にとって数千以上の数を扱うのは，非常に困難だったからである。尻尾の部分を読者の想像に任せたのはともかく (動物の尻尾ではないから，取ってもかまわないと思うが)，この書き方にはもうひとつ難点がある。各段階の距離の間にどういう関係があるのか，何も示していない。今なら，その関係を完璧に明らかにする数の言語がある。すなわち，

$$10 + 1 + \frac{1}{10} + \frac{1}{100} + \frac{1}{1,000} + \frac{1}{10,000} + \frac{1}{100,000} + \frac{1}{1,000,000}, \quad 以下同様$$

今回「以下同様」としたのは，ちょうどいい数の言語 (記数法) がないからではなく，手間を省くためである。これらの数字は，ゼノンやユークリッド (エウクレイデス) が墓に入った後に数字を書くようになったインド人から借用したものである。宗教改革という社会革命によって生まれた近代の学校によって，この数字が人類の共有財産になった。第 2 の社会的大変動すなわちフランス革命が，もっ

---

1) ローマ人は実際には，上記のように分数を表す便利な方法はもっていなかった。

と良い表記法を使うことを教えてくれた。この新しい表記は，19世紀の教育法のおかげで英語圏の健全な人々のほとんどが共有する知的財産の一部になっている。その表記 (十進記数法という) を使って上記の足し算を書くと，こうなる。

$$10 + 1 + 0.1 + 0.01 + 0.001 + 0.0001 + 0.00001 + 0.000001, \quad 以下同様$$

十進法では，これは簡潔に

$$11.111111, \quad 以下同様,$$

あるいはもっと簡潔に

$$11.\dot{1}$$

と書き表すことができる。分数 $0.\dot{1}$ が $\frac{2}{10}$ より小さく $\frac{1}{10}$ より大きいことを私たちは知っている。学校で習った算数を忘れていなければ，$0.\dot{1}$ は $\frac{1}{9}$ に相当することもわかるだろう。つまり，$0.1 + 0.01 + 0.001 + \cdots$ をどんどん続ければ限りなく $\frac{1}{9}$ に近づくが，$\frac{1}{9}$ より大きくなることはない。アキレスに追いつかれるまでに亀が進む距離は，きっかり $11\frac{1}{9}$ ヤードである。このなぞなぞが，数学的には全然難しくない，と言った意味がわかってきたことと思う。私たちには，数学者たちがいかめしい名前で呼ぶ，ある可能性を考慮に入れられるようになっている数の言語がある。いかめしい名前とは,「無限級数の極限値への収束」である。ひらたく言えば，これは単に，しだいに小さくなる数を積み重ねていくと，それ以上加えても計測できる増加が生じなくなるということである。

プラトン

　無限に続く割り算や，現代の数学者が無限級数，極限値，超越数，無理数などと呼ぶ事柄を扱うのが古代の数学者には非常に困難だったという事実からも，人類の知識の全歴史から生まれた偉大な社会的真実が見える。この上なく賢い人々の実りある知的活動も，私たち全員が共有する知識から力を得ている。賢人といえども，受け継いだ社会文化の限界を超えるには限度がある。個人の能力を誇る賢人がいたら，ほんとうに賢いのかどうか疑ってもかまわない。ある国民の文化が人類一般の生活から隔絶し，単なる有産階級のおもちゃになるときは決まって，その文化が聖職者の政略になっていくことが，数学を勉強するうちにわかってくるだろう。聖職者の政略と同じように，そうした文化も迷信になる運命にある。

人類共通の生活からの知的孤立を誇り，教育という偉大な社会事業を軽視することは，邪悪であると同時に愚かなことである。そこで知識の進歩が止まってしまう。少数の賢人に支配されて安全な社会はなく，現代の複雑で機械化された社会は特にそうだ。数学者も普通の人も，お互いを必要としている。

今日のような時代には，公的学校制度がなかった時代にイギリスのジャーナリストで社会改革運動家のコベット (1763〜1835) が労働者に文法の効用を説いた言葉が，そのまま数学に当てはまる。勤労少年宛に英文法について書いた最初の手紙に，コベットはこう書いている。

「しかし，この学問分野を身につけることには，1つの動機があるのです。それはどんな時代でも強く感じなければならないものですが，現在は特に重要です。それは，あらゆる人々，とくに若い人たちが，自国の権利と自由を効果的に主張できるようになるために望むべきことなのです。君がいつか，人民の自由を保証した英国法の歴史を読むようになったら，…専制君主にとってペンほど手ごわい敵はないことがわかるでしょう。長い間拘禁され，重い罰金を課され，追放されていたウィリアム・プリンは，サウサンプトンからロンドンまで，花を撒き敷いた道を民衆に担がれて帰還し自由の身になりました。そしてプリンとイギリスを不当で残酷な目に遭わせた専制君主を告発し，裁判に引きずりだして有罪とします。君はその歴史を知ったら大喜びするでしょう。そして，君だけでなくイギリスの若い人は誰でも，その光景を見れば喜びに胸をおどらせるでしょうが，プリン氏に文法の知識がなかったら，彼の名を名誉あるものとして歴史にとどめた数々の行為を行うことができなかったことを，心にとめておいてほしいのです。」

古代ギリシャのアキレスと亀のパラドックスを紹介したことで，生まれつき数式恐怖症の人のための，ある種の治療法が見えた。コベットの手紙は，もう1つの治療法を示している。数学を知的才能の開花と考えず，外国語の文法を使うことだと考えれば，ことは簡単だ。数学との最初の出会いが，そう考えるのを難しくしたと言える。アレクサンドリアのユークリッドが編纂した最初の偉大な著作 (紀元前300年頃) が，数学の教育に長い影を投げかけたのだ。数学は主にアテネの哲学者プラトン (BC 427〜347) のおかげで，神秘的な秘技として後世に伝えられた。ギリシャ都市国家の有閑階級は，現代の人々がクロスワードパズルやチェスで遊ぶように幾何学で遊んだ。幾何学は人間の最高の暇つぶしだとプラトンは

教えた.そういうわけで幾何学は,フランシス・ドレークの言う「取り囲まれた世界」を計測するという今日的現実味とは明確な関係がないものとして,ヨーロッパ教育の古典的学問に取り入れられた.ユークリッド幾何学を教えた先生たちは,その社会的利用法を知らなかった.そして,何代もの生徒たちがユークリッド幾何学を学びながら何も知らなかったことだが,アレクサンドリアのにぎやかな生活のなかで,ユークリッドの教えから脱皮した後世の幾何学によって,世界の大きさが測れるようになったのである.その測定によって異教の星神たちのパンテオンが爆破され,大洋航海の航路が決まった.そして地球の表面のどれだけの部分が未踏かが明らかになったのを基盤として,いわゆるコロンブスの信念が生まれたのである.

プラトンは数学を,おごそかで神秘的な儀式にまつり上げたが,その根元は,13 が「素数」であることと 13 が縁起の悪い数であることの違いを賢人中の賢人でも明確にできなかった文明の幼年期に生きた人々を悩ませた暗黒の迷信や,彼らを魅了した幼稚な空想にあった.教育に対するプラトンの影響は数学に神秘のベールをかけ,ピタゴラス派の人々の奇怪な仲間意識の存続を助けた.この派では,今では教科書に載っている数学上の秘密を明かしたという理由で,処刑されたのである.この神秘のベールが数学をつまらないものにしたとしても,誰の罪でもない.プラトンの偉大な業績は,社会的環境に同調できず,粗野なアニミズムにやすらぎを求めるにはあまりにも知的だったり個人主義的だったりした人々の感情的要求を満たす宗教を創造したことだった.

アリストテレス (BC 384〜322) がギリシャ科学の墓碑銘を書くまでの 3 世紀の間に,初めて原子について考え,天然磁石の性質を研究し,琥珀をこすってその結果を観察し,動物を解剖し,植物目録を作った人々の好奇心は,自然の身近な物から個性をはぎとった.プラトンは「普遍」の世界を創造することによって,アニミズムを実験の手が届かないところに追いやった.この普遍の世界というのは神だけが知る「真の」世界で人間の世界はその影にすぎず,獣の体や木の幹を解剖して描写すれば,「真の」世界では,言葉や数の記号が獣や木から離れた魔力を帯びるのだという.

プラトンの対話篇『ティマイオス』は,この象徴性の魔力を押し進めることができる奇妙な逆転を描いた魅力的なアンソロジーである.人間が家を建てる具体的な世界に対して,真の世界は正三角形をなしている.ときに飲み物となるものに対して,真の水は直角三角形である.私たちが火災保険をかける火に対して,真

の火は二等辺三角形である。私たちがタイヤに入れる空気に対して，真の空気は不等辺三角形である (図 2)。嘘だと思われないように，プラトンが球面幾何学を使って人類の起源を説明したマジックを紹介する。神は「ふたつの神聖な教えを，宇宙の形に似せて球形の物体に封じ込めた。それがすなわち我々がいう頭である」とプラトンは言う。その頭が「地面の高低に沿ってころげ回らず，窪地を脱け，高地を越えられるように，頭を乗せて運ぶ胴体が与えられた。そのため胴体はある程度の長さと，そこから伸びる四肢をもつに至った」

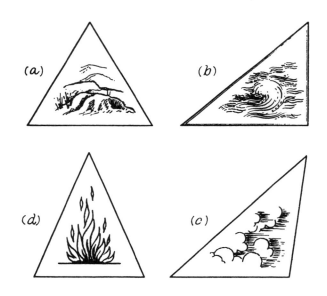

図 2 プラトンは先人の幾何学から計測を取り除き，代わりにもっと昔の迷信を復権させた。プラトンの真の世界は，物質を追放した形相の世界である。
 (a) **正**三角形 (三辺が等しい) は元素の土。
 (b) **直角**三角形は水の精 (水の精の発見が最も高等なマジックである)。
 (c) 等しい辺がない**不等辺**三角形は空気の精。
 (d) **二等辺**三角形 (二辺だけが等しい) は元素の火。

この頭の優位性は，頭を使う実際的な問題のない知識人たちを大いに得意がらせた。したがって，計画通りの社会を作ろうとするプラトンの大胆な計画が，青年が学ぶのに適した教義とは考えられなくなってからも，この奇妙な形而上学が教育に影響をもち続けていたのも不思議ではない。プラトンの教えに基づく教育

体系は，胃腸より頭を重視し，別のことを教授させたら地面の高低に沿ってころげ回るような人々に数学教育を任せがちであった。この教育体系は当然，記号は組織化された社会経験の道具にすぎないと考える健康な人々をはねつけ，なけなしの小さな真理のために人々が戦っている「影の」世界から真理が自明と思われる「真の」世界へ逃げこむために記号を使う人々を引きつける。

　数学者にはこういう人が多いから，ピタゴラス派の神秘を自分たちだけのものにしておきたがるのかもしれない。だが，もっと普通の人々は，「真の」世界の完全さに非現実性をかぎ取るのである。普通の人々が住む世界は闘争と失敗，試行と錯誤の世界である。数学の世界では，いったん慣れてしまえば，すべてが明白である。ただ，ある数学的論証の一歩が「明白」だと人類がわかるまでに数千年かかった例があることは，めったに説明されない。エジプトの神官には，ナイル川の水位計のしくみは明白だ。神殿に無関係な人にとっては，神殿と人間の社会経験の川とをつなぐ地下水路をたどって初めて，それが明白になる。神官の知識や魔術と混ぜ合わされた教育方法は，川の水位の高低や絶えざる水の流れを人々に調査させないためのものだった。だからこそ，自然との人類の闘争を描く最大の冒険談となりえた波瀾万丈の物語を，人々から隠してきたのである。

　ヨーロッパの多くの教師を輩出したプラトン学派は，観測し，その結果を数学で整理・統合することを認めなかった。対話篇のひとつでプラトンは師であるソクラテス (BC 470?～399) に，現代の力学の教科書の多くにも十分に当てはまりそうな言葉を言わせている。

　　「我々が見る星空は目に見える天底に作りつけられているのであるから，目に見えるもののなかでは最も美しく完全であるとはいえ，絶対速と絶対知をもつ真の運動にははるかに劣るものと考えざるをえない。……真の運動は理と知によって感知するもので，目で見るものではない。……星をちりばめた天空は模型として，より高い知を得ることを目的として使うべきものである。しかし天文学者は夜と昼との比，あるいは星と昼夜，……または星どうしの比もまた永遠たりうること，……そしてそれらの正確な真理を苦労して探求するのがばかげていることを，想像すらしない。……天文学を正しく研究し，理知という自然の恵みを何らかの役に立てようとするなら，幾何学と同じように問題集を使うべきである。天空は勝手に運行させておけばよい」

　本書で述べるのは，たえず変転する人間の社会的業績の圧力のもとで，測定と

計算の文法がどのように発展したか，その文法が各段階で慣習の壁にどのように阻まれたか，そして，その法則に従うことによって支配できるのであって，儀式といけにえではけっしてなだめることができない宇宙を描写するために，その文法がどのように使われたか，である。話が進むにつれて，多くの人が難しいと思うことも，それほど恐ろしくなくなるはずである。数学の専門家は，本質的に技術屋である。そのため数学の本にはたいてい，職人技を鍛える練習問題が付いている。そこで人はやる気を失う。現代の科学や社会的統計で使われる数学を知るまでに，広大な土地を越えていかなければならないからだ。だが実際には，現代の数学は古代からそれほど多くのことを借用しているわけではない。たしかに，数学の有益な発展はどれも，先行した分野の歴史的基盤の上に成り立っているのだが，同時に新しい分野が現れると，それ以前の使いにくい道具は用なしになる。代数，三角法，グラフの利用，微分積分法などはどれも，ギリシャ幾何学の法則に基づくものだが，そうした方法の使い方を理解するのに必要なのは，ユークリッドの『原論』の200の命題のうち1ダースもない。残りの命題は，後世の数学分野を知ればもっと簡単にできることを，ややこしい方法でやっていただけである。数学の技術屋にとっては，こうした複雑さが格好の訓練材料になるが，現代文明のなかで数学が占める位置を知りたい人は，混乱して気落ちするだけである。これから述べることは，すでに挫折して数学への関心を失い，そのため，すでに学んだはずのことを忘れてしまった人，あるいは自分が覚えていることの意味や実用性がわからない人のためのものである。そういうわけで，初歩の初歩から始める。

数学の2つの考え方

　数学については一般に，2つの考え方がある。1つはプラトンの考え方で，数学の叙述は永遠の真理を表すというもの。その教義をドイツの哲学者カントは，当時の唯物論者たちをへこませる道具として使った。ディドロなどの革命的書物が聖職者の知略を攻撃していた時代である。カントの考えでは，幾何学の原理は永遠であり，人間の感覚器官にはまったく無関係なものだった。カントがそう書いた直後に，人間には感覚器官があって，その1つが重力を感じる内耳であることを生物学者たちが発見した。その発見の意義を初めて完全に理解したのがドイツ人の物理学者，エルンスト・マッハだった。カントが知っていた幾何学はアインシュタインによって地に落とされてしまい，もうプラトンが置いた天空にはない。幾何学の叙述を現実の世界に当てはめた場合は，近似的な真理にすぎないことを

図3　日常生活での数学

ドイツの鉱山学者アグリコラが採掘について書いた有名な著作 (1530年) 中の図。当時，抗夫は労働者のエリートで，古代の奴隷文明では無視されていた多くの科学的問題について，この本は注意を促した。古代，理論的考察と実際の経験の間に協調関係はほとんどなかった。伸ばしたロープの長さ HG を測れば，水平掘削が必要な距離やシャフトを降ろすべき深さがわかる。図式を使えば，水平の掘削距離対 HG の比が N：M であることが簡単にわかる。同様に，シャフトの深さ対 HG の比は O：M である。第3章の証明2を終了すると，もっとわかりやすくなる。直線 N はアルコール水準器で水平に張った紐だから，2本の鉛直線に直角である。頂部の角度を測る分度器とサイン・コサイン表があれば，これ以上の鉛直線とアルコール水準器が必要ないことは，第3章と第5章を読めばわかる。

私たちは知っている。相対性理論は数学者たちを大いに動揺させた。数学はゲームにすぎないというのが一部で流行になっている。もちろん，そんな言い方で数学がわかるはずもなく，一部の数学者の文化的限界を示すだけである。人が数学はゲームだと言うときは，自分のこと，数学に対する自分の態度を言っているのであって，数学的叙述の一般的意味のことを言っているのではない。

数学がゲームだとしたら，やりたくないのに人が数学で遊ぶ理由はない。サッカーは，なくても生きていける類の娯楽である。私たちが検討しなければならない考え方は，数学が大きさ，形，順序を表す言語であり，聡明な市民がこの言語を理解することが必須の知識の一部である，というものだ。数学の規則が文法の規則だとすれば，数学の真理が自明だということがわからなくても，愚かだということにはならない。ふつうの文法の規則は自明ではない。学ばなければわからない。永遠の真理でもない。この世の事物の種別に関する真理を人から人へ伝える便利な手段なのである。

コベットの心に残る言葉を借りて言えば，自分の言いたいことを人に理解させる文法能力がプリンになければ，ロード大司教を弾劾することはできなかっただろう。大きさの文法である数学も同じことである。数学の規則は学ぶべきものである。それが苦手だとすれば，ドイツ語の形容詞格やフランス語の不規則動詞と同じで，初めて出会ったとき，なじみがないものだからである。外国語が苦手なのは，新聞を読んだりラジオのニュースを聞き取ったりできるようになるまでに，たくさんの規則と単語を覚えなければならないからでもある。数ヵ国語を話せることが社会的教養の高さの指標ではないことは，誰でも知っている。数の言葉が話せても同じことである。ほんとうの社会的教養とは，言葉を使うこと，正しい言葉を正しい文脈で使うことである。大きさの言葉を知ることが大事なのは，人間社会の法則，社会統計，人口，人間の遺伝的性質，貿易収支などを浮世離れした数学者に任せてその結果を検算しないことは，言語学者の委員会に想像力によって人間，動物，植物の解剖学的構造を作らせるのと同じことだからである。

2と2で4になるほど確かなことはない，と人が言うのをよく聞くだろう。2と2で4になる，というのは数学的な言い方ではない。数学的な言い方は，正しくは次のようになる。

$$2+2=4$$

これは「2足す2は4」と翻訳できるが，現実の世界で必ずそうなるとは限らな

い．図4は，現実の世界では2に2を足しても必ずしも4にならないことを示している．$2+2=4$ は単に，数学の動詞「+」の翻訳として使った場合の「足す」という動詞の意味を表しているにすぎない．$2+2=4$ が真理だというのは，動詞「+」と名詞「2」と「4」についての文法的約束ごとである．英文法では同じ意味で，mouse(ネズミ)の複数形が mice であるというのは正しい．お望みなら，「mouse に mouse を足すと mice になる」と言ってもいい．英文法で，house の複数形が hice である，と言うのは正しくない．「$2+2=2$」が正しくないのも，全く同じ意味である．「+」を翻訳するときに使う「足す」の意味をほんの少し変えれば，図4の装置については完全に正しい記述になる．

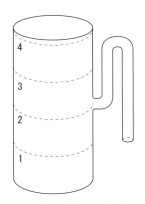

図4 現実世界では，2と2を足しても4になるとは限らない．
　この容器に水を入れてみよう．このときの「足し算」の法則は，$1+.1=2$, $1+.2=3$, $1+.3=2$, $2+.2=2$, …… になる．
　注）　+の右下の点は，この場合の足し算が，漏れる心配がなく，溢れない程度に大きい容器を使った足し算(点がない+)とは違うことを示している．

　星の距離や人口を数学の法則で完全に表せるとは限らないと知っても，驚いてはいけない．英文法の法則は，よく言われるように英語の使い方を表すにはきわめて不完全なものである．英文法をまとめた人たちは，聖書などの古典の翻訳に没頭していたため，ギリシャ語とラテン語に特有なものと全く同じ語句を見つけることに汲々としすぎたのである．昆虫の独特な身体構造を表すのに人体の手足や器官の名称を使った最初の動物学者のようなものだった．昔，学校で教えていた英文法は初期の動物学だったと言える．また本質的に，英文法の本を書いた人々が属していたイギリスの専門職階級の言語習慣を記したものだった．ニューイン

グランド出身のアメリカ人が gotten と言う場合，メイフラワー号時代の強変化動詞 get の正しい過去分詞形を使っているのである。イギリスの田舎の労働者が we be going と言うとき，現在の be 動詞の元になった4つの動詞の1つを正しく使っているのである。同じ人が yourn と言う場合，チョーサーが『カンタベリー物語』を書いた頃に類推によって取り入れられた，同じように許容され同じように流行した2つの言い方の1つを使っているのである。文法的には are と yours が正しい，というのは単に，裕福な都会の住民の習慣を採用することに決めたというだけのことである。バーナード・ショウが亡くなって文法学者たちの規範がいなくなったので，そのうち don't が do not の正しい形だと言うようになるだろう。It is me が文法的に正しいとまもなく認められるようになるのは，まず間違いない。数学の文法の法則も変わる。現代のベクトルの計算では，「+」の使用上の規則は，昔学校で教えていたものとは違う。

　日常生活の言葉に埋もれた人類の社会遍歴の史跡を掘り起こしたければ，数学の文法を学んだほうが，ずっと簡単にできる。世の中のさまざまな事物の種類を表す言葉は，次第に精密になってきた人類の自然征服に対応するために増えてきた大きさの言葉より，はるかに原始的で保守的である。大衆の目にさらされた世界，無機的・有機的自然の世界では，紀元前2000年からファラデーやラジオの父ヘルツに至るまで，新しい種類の現象を表すのに，言葉の範囲を拡大する必要はなかった。電気や磁気の力でさえ，この世に歴史家が出現する前から特殊なものとして認識されていた。紀元前7世紀にターレスが，琥珀(ギリシャ語では「エレクトロン」)をこすると小さな粒子を引きつけることを記録している。その頃中国人はすでに，天然磁石を知っていた。紀元前1000年頃，音と絵記号を結びつけた漢字のような象形文字から一部の人間が離脱して，純粋に音だけに基づくアルファベットを使い始めて以来，世の中の事物の質を表すためになされた顕著な発明はただひとつしかない。それをしたのは18世紀の生物学者(リンネ)で，薬用植物を記した古い書物に混乱があったために，混乱の起こりえない国際語を作る必要にせまられたのである。わざわざなじみのない言葉を使うことで，膨大な種類の生物を明確に表示できるようになった。bellis perennis (ふつうのヒナギク)や pulex irritans (ふつうのノミ) などの言葉は死語から取った。生物学者にとって無用なこれらの語の意味は，とっくに忘れ去られた社会に埋もれている。同じく北ヨーロッパの人たちは，絵文字から音標文字のアルファベットを借用しながら，古代の高尚な人々が記号に結びつけていた隠喩を葬り去った。

数学語は日常語と違って，元来合理的に計画された言葉である。大きさの言語には，個人のものにせよ国家のものにせよ，私的感情が入る余地がない。博物学における二名法と同じ国際語である。人類は複雑きわまる社会生活を扱うにあたって，さまざまな機関や人間の行動を表すために，日常語を合理的に計画することに発明の才を使おうともしていない。日常生活の言語には感情がへばりついており，個人の感情をはっきり描写できるほど人間の本質についての科学は進んでいない。そのため，人間社会についての建設的思考は，昔の自然主義者を困らせたのと同じ保守主義に道をふさがれている。今では，Cimex や Pediculus という言葉を使うのは，それを1つの意味 (ナンキンムシ，シラミ) でしか使わない人たちだけなので，それがどんな動物を指すかで人の解釈が違うことはない。だがマットレスに虫やシラミがついたという場合には，いろいろなものを指していることがありうる。人間の社会生活の研究では，植物に体系的に命名したリンネはまだ出現していないのである。そのため「国家の消滅」について議論していると，警察官の使い方については現実的な相違はないのに，辞書の使い方について相違が明らかになることがある。奇妙なことに，ほかの社会的便益を合理的に計画する必要性を最もよくわかっている人々が往々にして，合理的な国際語を作ることの必要性を，なかなか理解しない。

　測定と計算の技術は大通商路・航路の隊商とガレー船に伴って広まった。その発展は，きわめてゆっくりしたものだった。人類が次の日食の時期を計算できるようになってから太陽にどれだけの鉄があるかを計算できるようになるまでに，少なくとも4000年の歳月が流れた。摩擦による電気の発生が初めて記録されてから帯電した物体の引力が測定されるまでに，2000年の歳月が流れた。天然磁石の発見から磁力の測定の間には，おそらくもっと長い年月があっただろう。事物を大きさによって分類することは，さまざまな種類の事物の存在を知ることより，はるかに難しかった。前者は人類の生物学的器官よりも社会的成果に密接な関係があったのである。人間の眼と耳は遠く離れた事物を識別できるが，遠くの事物を測定するには，天体観測儀，望遠鏡，マイクロフォンなどの新しい感覚器官を作らなければならなかった。人間の手では全くわからない重さの差を知るために秤を作った。測定用具を発達させる各段階で，人間は大きさの言語という道具も洗練させてきた。人間の発明能力が羊と季節を数えることから神殿の建立へ，神殿の建立から海図のない海への航海へ，海賊行為から無機物の力で動く機械へと向けられるにしたがって，大きさの新しい言語が次々に生まれた。文明が起こって

は亡ぶ各段階で，より素朴な，より率直な文化が，慣習的思考の壁を打ち破って測定の文法に新しい規則を持ち込んだ。それもまた，それ以上発展するには限界があり，次のものに取って代わられるのは避けられなかったのだが。数学の歴史は文明の鏡である。

大きさの言語の起源はエジプトとシュメールの聖職者文明に見られる。これらの古代文明から非宗教的知識の最初の成果が内陸の商業路沿いに中国に伝わり，地中海以遠に送り出され，そこからセム系の人々が錫や染料を商う船で乗り出した。ギリシャや小アジアに北方から入ってきた原始的な侵入者たちが，聖職者のカーストがまだ確立していなかった都市でピラミッドを作った人々の秘密を収集し吸収した。ギリシャ人が栄えるにつれて幾何学が遊びになり，ギリシャの思想そのものが，古代の星崇拝とともに崩壊した。幾何学が新しい言語に道を譲らざるをえないのではないかと思われたちょうどそのときに，幾何学の発展が止まった。舞台は航海と機械技術の最大の中心地，アレクサンドリアに移る。人々は世界のどれだけが未開の地なのだろうと考えていた。幾何学が天空の測量に向けられた。三角法が幾何学に取って代わる。地球の大きさや，太陽と月の距離が測定される。星の神たちは失墜した。世界の宗教の製造所であるアレクサンドリアの知的生活の中で，それまでの文化的重層構造が信用を失った。天空のかなたの神はまだ歓迎するとしても，天空にいる神々への信頼は消えていった。

天体計測の新しい言語が生まれたアレクサンドリアでは，ギリシャの知識人が把握できた数よりはるかに大きい数のことを考えていた。アナクサゴラス (BC 500〜428) は，太陽がギリシャの本土と同じぐらい大きいと言明して同時代の政治家ペリクレスに衝撃を与えた。それからギリシャ自体が，エラトステネス (BC 275〜194) とポセイドニオス (BC 135〜51) が周囲を測った地球に比べれば，微々たるものになった。地球そのものも，アリスタルコス (BC 310〜230) が測定した太陽に比べれば，取るに足りないものになった。宗教的迷信が古代の大国際都市を飲み込んでしまう前に，人々は新しい計算方法を模索していた。そろばんの桁は，アレクサンドリアの知的生活を閉じ込める檻の桟となっていた。ディオファントス (3世紀頃) やテオン (4〜5世紀) は幾何学図式を使った計算方法を工夫していて，代数という第3の言語をもう少しのところで発明するところだった。それがうまくいかなかったのは，彼らが受け継いだ社会文化が原因だった。東方では，インド人がずっと低いレベルから出発していた。数という昔ながらの言葉の重圧がなかったために，新しい記号を作って，器具を使わずに簡単な計算ができるよう

になったのだ．ローマ帝国の南部を席巻したイスラム文化が，ギリシャ人とアレクサンドリア人が発展させた計算技術に，インド人の数記号の発明がもたらした新しい計算方法を結びつけた．そしてオマル・ハイヤーム (1040 頃〜1123) などのアラビア人数学者によって，計算の言語の目鼻がついたのである．今でもそれを，algebra(代数) というアラビア名で呼んでいる．代数と現代ヨーロッパの詩型があるのは，南アフリカ共和国の参政権をもたなかった非アーリア人のおかげである．

　この新しい算術を，スペインのムーア系大学のユダヤ人学者と，レバントと交易していた非ユダヤ人の商人たちとが，商業路に沿ってヨーロッパにもたらした．十字軍によって思いがけず将来の展望が開けた貴族たちも，そうした商人たちを贔屓(ひいき)にした．ヨーロッパでは大航海時代が始まろうとしていた．船乗りたちは，アラビアの学問で生まれた星暦を使える天文学者を乗せていく．商人たちは富んでいく．世界はそれまでに増して，大きな数を考えている．新しい算術「アルゴリズム」によって驚くべき方法が生まれた．それを促したのは，航海で使う，より正確な天体測定表であった．大航海時代の最初の文化的成果のひとつに対数がある．数学者たちは地図，緯度と経度を使って考えていた．その結果，必然的に新しい幾何学 (日常語ではグラフ) ができた．このデカルト式新幾何学には，ギリシャの幾何学にはなかったものが含まれていた．古代の暇な世界には時計がなかった．大航海時代のせわしない社会では，古代の聖職者が儀式的に果たした時守としての役割に機械時計が取って代わった．同じ社会状況から，時間を表すことができる幾何学と，聖人の祝日がない宗教が出現してきた．振子時計の仕組みを研究し，惑星の運動について新発見をしていた人々が，この時間の幾何学から運動を計測するための新しい大きさの言語を考案した．現在，微分積分学と呼ばれるものである．

　人類共通の文化，発明，経済機構，信仰などと深く結びついている文明の鏡としての数学史の概略は，今のところニュートンが死んだときに到達していた段階に留まっていると言える．その後に起こったことはだいたいにおいて，隙間を埋め，すでに発明されていた道具を改良したものである．ただし新種の数学の徴候が，そこかしこに見える．運動の微分積分がそれ以前の計算法をすべて取り込んだように，現在使われているものを超越した新しい大きさの言語が出現する可能性が見える．

　私たちが学校の 30 分間の授業で学ぼうとしていることを私たちより賢かった

人々が知るのに，どれくらいの年月を要したかを知るのはためになることだから，過去の地図の変遷を掘り起こさなければならない。古代の地中海沿岸地域の地理をよく知らない読者のために，地名を少々解説しておきたい。現在のイラクは，紀元前3000年から300年の間に次々に支配者が変わったが，その間も寺院が数の知恵の伝統を保ち続けていた。そういうわけで，本書より学問的な書物がシュメール，カルデア，バビロニア，メソポタミアと称する場所を，それらすべてを含む現在の名称で呼ぶことにする。オマル・ハイヤームの時代のイスラム文化のペルシャはイラクとイランを含んでいたこと，その政治の中心地が現在のイラクの首都，バグダッドにあったことを覚えておいていただきたい。

「ギリシャの」という形容詞にも解説が必要だ。紀元前約2500年以後，同系統の方言を話す集団が北から次々に，現在のギリシャとトルコの隣接地域に移住してきた。紀元前1000年には，キプロス，クレタ，シチリアなど地中海諸島の多くを植民地化したり征服したりしていた。紀元前500年には小アジアと，はるか西方のマルセイユまでの海岸沿いに貿易港をもっていた。目に見えて共通だったのは彼らの言語であり，紀元前600年以後には，主にセム系の商売敵であった旧約聖書のフェニキア人からアルファベットを借用した。フェニキア人は当時，シリアのスールとシドン，アフリカのカルタゴ，西はスペインに，栄えた港をもっていた。

したがって，古代ギリシャ人と言った場合，現在のギリシャを本拠とする民族と思ってはいけない。マケドニアのフィリッポス2世とその息子アレクサンドロスに征服されるまで，ギリシャには多数の独立した都市国家（現在のギリシャだけでもいくつか）があり，互いに戦争を繰り返していたが，文化的にはイギリスとアメリカのように深く結びついていた。アレクサンドロス大王の死後，将官たちは瓦解しかけた大王の帝国を分割して引き継ぎ，退役軍人たちが住みついた。その最たるものが，エジプト（プトレマイオス王朝）とイラク（セレウコス王朝）の世界最古の寺院文化の地に作られた王朝である。そこでギリシャ文化は，それまでほとんど秘伝だった豊かな知識を吸収した。そうした背景があって，大王にちなんで計画され命名された（紀元前332年）アレクサンドリアの都市が，古代の学問と海上貿易の中心として栄えたのである。世界最古の軍人王朝の下に設立された博物館と図書館は以後600年にわたって，ユークリッドを初めとする一流の学者や発明家を集め，ローマが異質の信条と神話体系を採用するまで，アレクサンドリアは学問の最高の中心地だった。教育と著作はギリシャ語で行われたが，人

はユダヤ人をかなり含む多民族だった。したがって，アレクサンドリアの偉大な数学者たちをギリシャ人というのは正しくない。本書では，彼らをアレクサンドリア人と呼び，ギリシャ人といった場合はアレクサンドロス大王が死亡する前の，ギリシャ語を話す人々だけを指すことにする。

読者への助言

　数学の本を書く場合，ふつうは前の一歩から次の一歩が**論理的**にどのように導かれたかを示すだけで，新しい一歩が何の役に立つかは教えない．本書では，前の一歩から次の一歩が**歴史的**にどのように導かれたか，そしてその新しい一歩を踏み出すことが人類にとって何の役に立つのかを示そうとした．前者の方法には，聡明な人や社会生活をしている人は反発する．なぜなら聡明な人は単なる論理を信用しないし，社会生活をしている人は人間の頭脳を社会活動の道具と考えているからである．

　すべての論理的法則——本書でいう文法的法則——を順番に並べるようにしたつもりだが，一読して本書の各段階を理解できるとは限らない．スコットランドの有名な数学者クリスタルが，不必要に挫折する人が出ないように，じつにもっともな助言をしている．「少しでも価値のある数学書は，行きつ戻りつして読まなければならない……フランスの数学者はこう言っている．**前進しなさい．そうすれば答が向こうから来る**」

　この本を楽しく読みたければ，ぜひ次の2つの点を心がけてほしい．

　その1　一度全体を速読して，数学と社会とのつながりを大きくつかむ．そして2度目に読んで核心に入るときは，章ごとに通読してから熟読にとりかかる．

　その2　真剣に勉強しようとして読むときは，必ずペンと紙(できれば方眼紙)，それから鉛筆と消しゴムを用意して，数式や図形を書きながら読む．たいていの文房具店で，方眼入りの練習帳を安く売っている．この本から何が得られるかは，学習という社会事業に読者が協力するかどうかで決まるのである．

第1章　古代の数学

　数学という学問分野の最も原始的なレベルについて語るとき，人は計算と測定について少なくとも簡単な法則があったことを前提としている．つまり，人類がすでに XV(15)，CXLVI(146) などの数の表記を扱っていたと考えている．したがって数学をその源泉まで辿るには，数記号を必要とした太古まで遡らなければならない．数が必要になったのはおそらく，時の経過を認識し，天体の変化を記録したいという気持からだったろう．人類がこの重要な一歩を踏み出してからの数千年間は，星に関する科学知識が数学を先導することになった．

　人類の遠い祖先が狩猟と食物採集だけで遊動生活をしていた頃は，星が地(水)平線から昇るあるいは沈む位置――暗くなったとき星がすでに昇っていたかどうか．日が昇ったとき，星がすでに沈んでいたかどうか――だけが，前に行った狩猟場を見つける手だてであり，ある獲物，果実，草木，卵，貝，穀物が，ある場所に最もふんだんにある季節の始まりを知る最も信頼できる手だてだった．今日でも文字をもたない社会はみな同じだが，遊動生活をしていた人類も，それぞれの星が毎日少しずつ早く昇って沈むことを知っていたに違いない．夜明けの直前に，ある星が昇ったとか沈んだとか，日没直後に昇ったとか沈んだとかいうことで遊動生活の日取りを決めていた．農耕が始まる前に種族の長老が，子供が成年式の年齢に達する時期を月の満ち欠けで数えるようになっていたと思われる．

　紀元前10000年あたりから同5000年のある時期に，牧畜と穀物栽培を行う定住村落が，中東の肥沃な地域に出現した．そこでは夜空の変貌を観測する暇もたくさんあれば，家畜の分娩時期，種まき，刈り取りの時期を知るために天体を観測する必要性も大きかった．また，日の出と日の入りの位置の変化，雨期から次の雨期までの月影の長さの変化を観測する条件も整っていたのである．(次ページのストーンヘンジの写真参照)

幾何学の最初の問題は，定着農業で季節ごとの作業を管理する暦が必要になったことから発生した。季節が繰り返すことは，天体が昇ったり沈んだり，動いたりしたことを記した碑を立てることで認識できた。この写真はストーンヘンジの環状列石の一部で，太陽が地平線の東の端に沿って最北の場所から昇った夏至の日を，石の位置で記している。

数と計算

　紀元前3000年頃には労働人口の多い大集団が，毎年の洪水が近隣の土を新しい沈泥で肥やした大河の岸のそこここに出現していた。

　エジプトのナイル川，イラクのチグリスとユーフラテス，パキスタンのインダス，極東の揚子江や黄河などである。エジプトとイラクを起源として，聖職者階級が儀式の暦を管理していた例が見られる。その暦には数の表記などが書いてあり，空の星を暦の手掛かりとして観測するための建物に保管されていた。1年を単位とする考え方は，村落が合体してできた都市国家と王国に現れ，1ヵ月を30日とする考えが生まれた後に，エジプトの1年365日 (12ヵ月プラス5日) になったと思って間違いないだろう。狼星シリウスが日の出の直前に空の端に見えたときに1年が始まった。それは神聖な河の例年の氾濫が近いことを示す前兆だった。牛や羊や農産物の交換取引が始まるずっと以前に，人類は時の流れを計算する必要性を感じた。それは土地の一区画にいる牛の頭数を数えることより難しかった

に違いない．豚は飛ばないが時間は飛ぶ．そのため時間を何らかの単位で数えるには，記憶を助ける手段が必要である．そこから，数記号の起源は日にちを記録するために石や木に刻まれた印だったと思われる．実際，暦を管理していた聖職の天文学者が使っていた最初期の数記号を見ると，線の繰り返しである (図 6)．おなじみのローマ数字にもそのなごりがくっきりと残っている．1, 2, 3, 20, 30, 200 などを表す I, II, III, XX, XXX, CC などである．

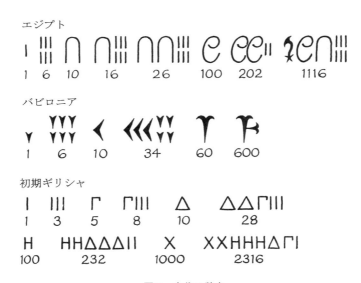

図 6　古代の数字
エジプト，イラクは紀元前 3000 年頃，古代ギリシャの植民地では同 450 年頃のもの．

次の段階では，線を規則的にひとまとめにして別の記号をつけることによって，計算を速くしてスペースを節約した．その際，人間が身体で物事を処理する方法によって数の表し方が決まった．何十，何百，何千，……と数えるとき，十を基本のまとまりにしている．最も原始的な方法で数を数えるとき，人は手指，または手指と足指を使った．パラグアイ原住民の一部族がもつ数の名称は，1〜4, 5 (片手), 10 (両手), 15 (両手と片足), 20 (両手と両足) である．これは彼らがエトルリアから受け継いだ特殊な記号 V, L, D (5, 50, 500 を表す) とローマ数字 X, C, M (10, 100, 1,000) を思い起こさせる．また，中央アメリカで暦の管

理をしていた原住民の聖職者が 20 を基本にしていたのにも似ている。スペイン人に征服された当時，グアテマラのカクチゲル族は $ki = 1$ 日, $vinaks$ (20 日), a (20 $vinaks$ = 400 日), may (20a = 8,000 日) という単位で時の流れを数えていた。手足で数える方法のなごりは，20 を示す $score$ のように現在の言語にもある。

　古代の地中海社会における聖職者の文字でも，1 から 9 は指の形で表されていた。その後フェニキア人が商業用に使った文字には，9 回まで繰り返すことができる (ローマ字の I, II, III のような) 単位があった。10 にあたる文字は (ローマ字の X, XX, …… のように) 9 回繰り返すことができ，100 に当たる (ローマ字の C のような) 文字もあった。この古代フェニキア文字はイオニアのギリシャ人とエトルリア人の数の元になったもので，煩わしくはあったが，少なくともそれ以前のものよりは合理的だった。エトルリア人はもっと簡単にするために片手の数え方に戻って，5, 50, 500 に相当するローマ字の記号 (V, L, D) を加えた。ギリシャ人はその後イオニア文字を捨て，ヘブライの数字体系 (図 9) のようにアルファベットの全文字を使い，それをアレクサンドリア人に伝えた。これはまとまってはいたものの，大きな欠点が 2 つあった。第 1 に，第 4 章で詳しく述べるが，「ゲマトリア」という奇妙な数のマジックを招いた。第 2 の問題はもっと重要で，第 6 章で述べる。数に文字体系を取り入れたことによって，アレクサンドリアの最も優秀な数学者でも，器具に頼らなくては計算の簡単な法則も考案できなくなったのである。

　人類が棒に刻み目をつける方法に頼る段階を脱却して発見した方法は，小石や貝殻を使い捨てにしたり繰り返し使ったりする方法だった。そうして計算盤が登場した。最初はおそらく，平面に溝をつけたものだったろう。次に，穴をあけた石，貝殻，ビーズなどを立てた棒に刺していくようになった (図 7)。最後に，図 9 上段の，枠があるものに変わった。

　計算盤，すなわちそろばん (アバカス) は，人類がごく早期に作ったものである。それは巨石文化の道を辿って世界中に広まった。スペイン人がアメリカ大陸に上陸したとき，メキシコ人とペルー人はそろばんを使っていた。中国人とエジプト人はキリスト紀元の数年前に，すでにそろばんをもっていた。ローマ人はエトルリア人からそろばんを受け継いだ。キリスト紀元が始まる頃まで，この枠のあるそろばんが，人類がもつ唯一の計算用具だった。

　私たちにとっては，数字は計算をする道具である。だがこの数字観は，古代ギリシャの最も進んだ数学者にも，まったくなじみのないものだった。古代の数字は

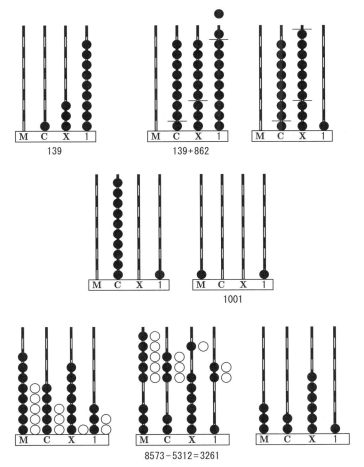

図7　単純なそろばん。足し算と引き算

ペンや鉛筆で計算するものではなく、そろばんで計算した結果を記録する符丁にすぎなかった。数学の全歴史のなかで、インド人がそろばんの空の桁を指す記号「0」を発明したときほど革命的な進歩はなかった。それがなぜ重要なのか、それによってどうして計算の法則が簡単になったのかは、第6章で明らかにする。

「ゼロ」の発見について、ここで気づくことが2つある。第1に、10を基準にした場合、あと9つの記号があれば、どんな大きい数でも表すことができる。アルファベットの文字のような限界はない。10を掛けるたびにローマ字のX, C, M

などの新しい記号を取り入れる必要はない。「ゼロ」に関してもう1つ重要なことは，図7を見直すとわかってくる。ゼロが発見されたおかげで，そろばんと同じように紙の上でも足し算ができるのである。この発明がいかにしてなされたのか，その後の数学の歴史にどんな影響を与えたのかは，今は述べない。ひとつ知っておいてほしい重要なことは，古代の数学者が面倒な計算の必要性を感じる前に，数字をもつ社会文化を受け継いだということだ。そのため彼らは，今では子供部屋に追いやられた器具に完全に依存していた。

アジア・ヨーロッパ・アフリカの「旧世界」でそろばんの空の桁を示す記号が発明されたのは，たった一度だった。だがそれとは別に，「新世界」最古の原住民の文明，すなわちグアテマラとその周辺地域のマヤ文明でも発明された(図8)。マヤの神殿の聖職者兼天文学者が使った数字は，3種類の記号でできた横4桁のブロックを縦に並べたものだった。トローチ剤のような記号は0，黒丸は1，横棒は5を表す。1つのブロックには，5を最大3本=15，その上に黒丸を4つ入れることができて，全部で19になる。一番下のブロックは今でいう一の位 (1,745の5) に当たり，今の0〜9の代わりに0〜19まである。その上のブロック (今の十の位，1,745の4) は20の倍数で，3番目のブロックは360の倍数。4番目は7,200 (= 20 × 360) の倍数で，最大19 × 7,200になる。第2の位には5の棒が3本と，黒丸2つまでしか入れられなかったらしく，第1の位が19で第2の位が17だと，19 + 17(20) = 359になる。その他の点では，一貫して20を基準にしている。1つの欠点がなかったら，このシステムですばやい計算ができただろう。第2位が400ではなく360と変則的だったのは，1ヵ月30日が12ヵ月で1年になると，かつて考えられていたなごりに違いない。したがって，この方法の起源が手で刻み目をつけた儀式用の暦だったことは明らかである。

数・量・測定

数記号を初めて使った人々は，群の羊を**数える**ことと野原の広さを**推計**することが同類ではないことを認識していたわけではない。群の羊が50匹だと言う場合，羊は50匹より多くも少なくもない。ところが野原の広さが50エーカーと言った場合の意味は，測量器具によって違う。群の頭数 (羊が何匹か) と野原の広さ (何エーカーか) の違いを早い段階ではっきり認識すれば，有史以来今に至るまで人間が伝統的に惑わされてきた事柄にも，それほど悩まなくてすむ。

不完全な人間が不完全な感覚器官を使って，不完全で変化する社会で不完全な

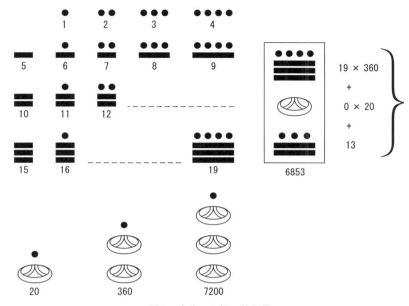

図8　古代マヤ族の数記号

マヤ族の数字は20を基準にしているが，あいにく全部がそうではない．下の記号はそろばんの桁を表し，それぞれ20超，360超，7,200超である．

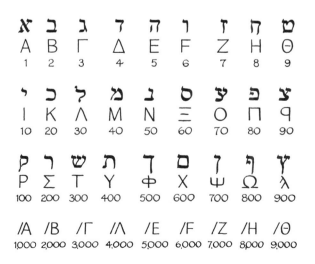

図9　ヘブライの数字とイオニア式ギリシャ数字

器具で行う測定値に整数を当てはめるのは困難だと知ったとき，実際的な人類は長い間，物差しに新しい目盛りをつけ加えることで満足してきた。このやり方である程度までうまくいくことは，次の例でわかる。4人の人に幅300ヤード，長さ$427\frac{1}{2}$ヤードの長方形の土地の面積を測るよう言ったとする。とりあえずは実際家が考えるように，幅が正確に300ヤードで長さが正確に$427\frac{1}{2}$ヤードの土地がありうるものとしよう。また，1人は100ヤードのロープ，2人目は10ヤードのテープ，3人目は3ヤードの竿(さお)，4人目は1ヤードの物差しをもっていたとする。最初の一辺は難なく測れる。それぞれ自分の測定具を3回，30回，100回，300回と辺に沿って置いていけばいい。困るのは$427\frac{1}{2}$の長さを測るときである。1人目の場合，ロープの4倍より長くて5倍より短いので，推定面積は300×500平方ヤード，すなわち150,000平方ヤードと300×400，すなわち120,000平方ヤードの間になる。2人目の計測ではテープの42倍より長くて43倍より短いから，推定面積は420×300平方ヤードと430×300平方ヤードの間になる。全員の推定値を表にしてみよう。

測定用具	下限 (平方ヤード)	上限 (平方ヤード)
100 ヤード	$300 \times 400 = 120{,}000$	$300 \times 500 = 150{,}000$
10 ヤード	$300 \times 420 = 126{,}000$	$300 \times 430 = 129{,}000$
3 ヤード	$300 \times 426 = 127{,}800$	$300 \times 429 = 128{,}700$
1 ヤード	$300 \times 427 = 128{,}100$	$300 \times 428 = 128{,}400$

この結果を見れば，最初の粗測定値上限が下限の120,000平方ヤードより30,000平方ヤード(25%)大きいことがわかる。最後の最も近い推計値では，上限は下限の128,100平方ヤードより300平方ヤード大きい。その差は1/427で，1/4%未満である。別の言い方をすれば，最初の推計値は$135{,}000 \pm 15{,}000$平方ヤード，最も近い推計値で$128{,}250 \pm 150$平方ヤードである。

直角を作る

測定は数の歴史の一面にすぎない。現在，数学と呼ばれるものには，単なる**計算**だけでなく**順序**や**形状**など，多くのテーマが含まれる。だが測定は，数学という名に値する諸規則が浮かび上がった最初の分野であった。その起源を突き止めるには，約5,000年前の文明の夜明けにまで遡らなければならない。すでに述べ

たように，食物生産という季節性経済の調整にかかわる儀式的暦と，見えないものを宥めるために祭式で供えるいけにえを司った聖職者はその後，農耕民からかけ離れ，農耕民から取り立てた税で私腹を肥やすことができる特権階級となったのである。

その後，農民から取り立てた富の一部が，季節の儀式を行い，天体の事象に触れるための荘厳な殿堂を建てる資金になった。エジプトでは，そうした神殿兼天体観測所の扉は，春分・秋分 (現在の 3 月 21 日頃と 9 月 23 日頃) の日の出を見るために真東を向いている場合もあれば，夏至や冬至の日の出が主回廊に長い光線を投げかけるように，北寄りや南寄りになっている場合もあった。現物による収税と労働奉仕の強制，加えて天界に生まれたとされる大君主のための神殿や霊廟 (ピラミッドなど) を建造するための高度な建築技術のために，実用幾何学の問題が発生した。まず，収税を担当した神殿の会計係が直面した問題から考えてみよう。

ギリシャの文献によれば，エジプトの聖職層は農民の土地の面積に応じて徴税した。ナイル川の毎年の氾濫で境界標識がしばしば流されたため，何度も測量する必要が生じた。そして測量士は早い時期に 3 つのことを学んだと考えられる。第 1 に，長方形の土地を各辺 1 キュービット (肘から中指先端までの長さ) の小さい正方形に分けて測量することである (図 10)。50 キュービット × 80 キュービットの長方形は 4,000 個の正方形になる。第 2 に，どんな形の土地でも側面が直線なら，いくつかの三角形に正確に分けることができる。第 3 に，三角形の面積は一辺 (底辺) と高さが等しい長方形の面積の半分である (図 11)。第 2 と第 3 の発見を合わせて土地の面積を査定する尺度とし (図 12)，土地の各角に留めたひもをぴんと張って測量する方法は，非常に早い時期に確立されたに違いなく，その後幾何学の理論に決定的な役割を果たすことになった。ギリシャ幾何学をさらに発展させる糸口は，平面の面積に関して言えば，土地を同値の三角形に分けることであった。

物納には，また別の問題があった。穀粒，粉，ワインなどのように重さでなく量で測れる産物は比較的簡単である。各辺が直線の箱，中空の円筒，円錐形の容器の三種類が，最も使いやすい計量容器である。エジプトとイラクの神殿文明の会計係が，どのような経緯で計量の一単位として三種類の容器を使うようになったのかは，推測の域を出ない。煉瓦や小さい円盤をつなぎ合わせて壁や床を作ったことからアイデアが浮かんだのかもしれない。それはともかく，最初にわかっ

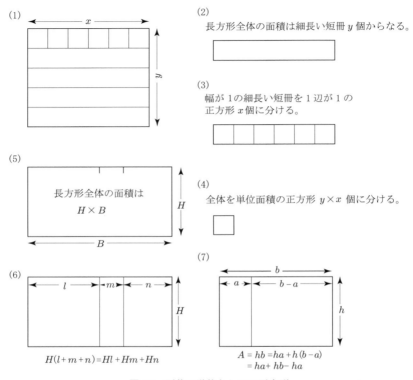

図10 面積の単位としての正方形

たのは，内側の寸法が長さ 7 フィート，幅 4 フィート，高さ 3 フィートの箱には，各辺 1 フィートの立方体が $7 \times 3 \times 4 = 84$ 個入ることだったろう．円筒，まして錐体に立方体がいくつ入るか計算する方法がどうして発見されたかは，はっきりしていない．確かなのは，ギリシャ文字が出現するずっと以前にその計算式を聖職者の書記官が知っていたこと，その式に含まれる，あの不可思議な π（約 $3\frac{1}{7}$）を認識していたことだけである．したがって，半径 r フィート，高さ h フィートの円柱の容積は $\pi r^2 h$ 立方フィートで，たとえば底面の半径が 3 フィート，高さ 7 フィートだと，容積は約 $\frac{22}{7} \times (3 \times 3) \times 7 = 198$ 立方フィートになる．

　神殿やピラミッドを建設するには，長さと方位，すなわち角度を測る必要があった．角度測定のごく初歩的な問題は，どうやって壁を垂直に建てるかである．そ

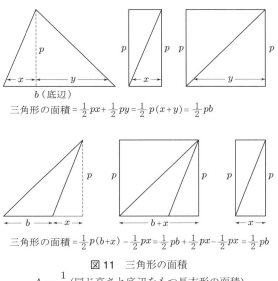

三角形の面積 $= \frac{1}{2}px + \frac{1}{2}py = \frac{1}{2}p(x+y) = \frac{1}{2}pb$

三角形の面積 $= \frac{1}{2}p(b+x) - \frac{1}{2}px = \frac{1}{2}pb + \frac{1}{2}px - \frac{1}{2}px = \frac{1}{2}pb$

図 11　三角形の面積

$$A = \frac{1}{2}(\text{同じ高さと底辺をもつ長方形の面積})$$

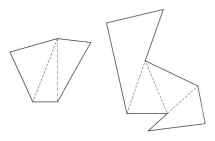

図 12　三角形分割

　三角形の面積がわかれば，辺が直線であるかぎり，任意の形をした土地の面積を測ることができる。

のために (図 13)，一種の**測鉛線**が，おそらく都市国家がまだ出現していない村社会の昔に発明されていた。それを使ったことで，**直角** (90°) が角度測定の基本単位となる理由が浮き彫りになった。測鉛線は地面をかする円弧を描いて振れた後，地面に対して同じ角度で止まる。建築現場でおなじみのこの事実に，ユークリッド幾何学の 4 つの基本法則が含まれている。

　(a)　**接線**は，それが円に触れる点まで引いた半径に対して直角である (図 13, 14(a))。

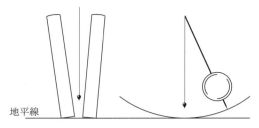

図13 測鉛線と振子で示した接線の原理

(b) 同一平面上で2本の直線が，第3の直線に対してそれぞれ直角になる点で交わるとき，2本の直線は同一線上にある (図 14(a))。

(c) 直線が別の直線に交わるとき，片側にできた2つの角の和は2直角である (図 14(b))。

(d) したがって，2本の直線が交わったとき，対頂角は等しい (図 14(c))。

これによって，端が長方形の2枚の壁を同一平面上で直角に設置する1つの方法が導かれる。図28の，特定の三角形を作る3つの方法を思い出せばいい。軟らかい土や砂に打った杭に張ったロープを二等分すれば (図 15 と説明文)，直角ができる。初めて巨大な建物を作った人々も，そうしたに違いない。

また，ひもの両端に結び目を作り，さらに11の結び目を等間隔で作ると，大き

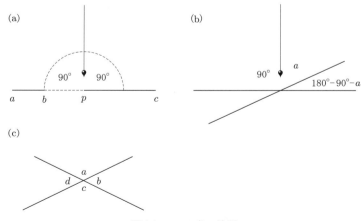

図14 3つの角の法則

(c) において，$a + b = 180° = b + c = c + d = d + a$, ゆえに $a + b = b + c$ で, $a = c, \cdots$

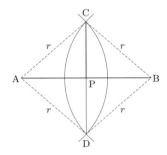

図 15 線分の二等分

線分 AB がある。それぞれ A と B を中心とする半径 r の円弧が C と D で交わっている。三角形 ACD と BCD の対応する辺は AC $= r =$ CB，AD $= r =$ BD で，CD は共通。ゆえに対応する 3 辺が等しい (図 28(a))。ゆえに対応する角 ACP と BCP は等しい。

三角形 ACP と BCP は角 ACP と BCP が等しく，それを挟む 2 辺が等しい (AC = BC, PC は共通)。ゆえに (図 28(b)) 三角形 ACP と BCP は合同。ゆえに
$$AP = PB, \angle CPA = 90° = \angle CPB$$

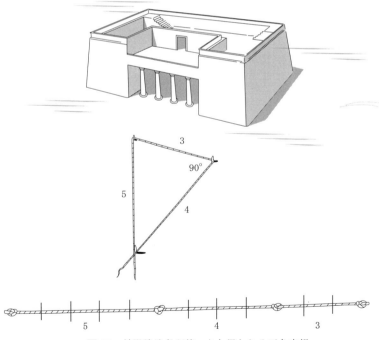

図 16 神殿建造者が使ったと思われる三角定規

な物差しができる。ひもをピンと張って3対4対5になるように釘で留めれば，直角三角形ができる。神殿を作った人たちがこの方法(図16)を使ったかどうかはともかく，こうして三角定規を作る方法は，はるか昔の聖職天文学者の間で広く知られていたと推測されている。紀元前2000年の昔にイラクの建築者たちが，現在広く応用されているピタゴラスの定理の一例として，3：4：5の比率を知っていた。直角三角形の最長の辺(いわゆる**斜辺**)をh，他の2辺をb(**底辺**)とp(**垂辺**)とすれば，図17では$h=5, p=4, b=3$となり，

$$p^2 + b^2 = h^2$$

である。

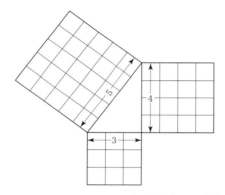

長辺：5フィート（5^2=25平方フィート）
短辺：4フィート（4^2=16平方フィート）
　　　3フィート（3^2= 9平方フィート）

25=16+9，または $5^2=4^2+3^2$

図17 神殿建造者の直角三角形

ほかに，次のような例もピタゴラスの定理に当てはまるので，試してみよう。

　　　　5：12：13　　9：40：41　　13：84：85
　　　　7：24：25　　11：60：61　　16：63：65
　　　　8：15：17　　12：35：37　　17：144：145

平面上に直角を作るもう1つの方法も，おそらく大昔に発見されていた。円を描き，中心から円周に向かって線を引き，その両端から円周上の他の1点で交わる線を2本引く方法である(図19)。この定理は通常，次のように言い表す。

　　　半円に内接する角は直角である。

春分・秋分の日の出を迎えるように神殿やピラミッドを設計するには，どうして

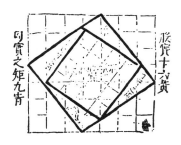 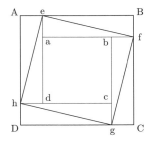

図 18　ピタゴラスの定理を中国式に証明する

『周牌算経』はおそらく紀元 40 年頃に書かれたもので，現在の**ピタゴラスの定理**，すなわち直角三角形の斜辺の平方は他の 2 辺の平方の和に等しいという定理をギリシャの幾何学者が教える前から口伝によって伝えたと考えられている．スミスの《History of Mathematics(数学史)》で紹介された，ごく初期の木版刷り本『周牌算経』で，この定理が証明されている．eBf のような直角三角形を図のように 4 つつなぎ合わせると正方形ができる．次に eafB のような 4 つの長方形を描くと，各長方形は efB のような三角形を 2 つ合わせたものである．この中国式謎解きはユークリッドの証明よりはるかに難しいが，第 3 章を読めば解けるようになる．次のように証明する．

$$\text{三角形 efB} = \frac{1}{2} \times \text{長方形 eafB} = \frac{1}{2} \text{Bf} \cdot \text{eB}$$
$$\text{正方形 ABCD} = \text{正方形 efgh} + 4 \times \text{三角形 efB} = \text{ef}^2 + 2\text{Bf} \cdot \text{eB}$$
$$\text{また　正方形 ABCD} = \text{Bf}^2 + \text{eB}^2 + 2\text{Bf} \cdot \text{eB}$$
$$\text{ゆえに　} \text{ef}^2 + 2\text{Bf} \cdot \text{eB} = \text{Bf}^2 + \text{eB}^2 + 2\text{Bf} \cdot \text{eB}$$
$$\text{ゆえに　} \text{ef}^2 = \text{Bf}^2 + \text{eB}^2$$

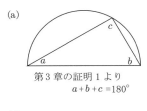 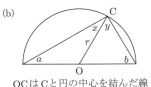

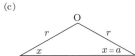 

図 19　半円に内接する角は直角

言い伝えによれば，ギリシャ幾何学の父ターレスはこれを証明できたとき，雄牛を一頭神に捧げたという．ここで (第 3 章の証明 1, 3 参照) $c = x + y$ から $c = a + b$．

ゆえに　$a + b + c = 180° = 2a + 2b$, ゆえに　$2c = 180°$

も角を二等分し，直角を作る必要があった．大昔の神殿建造者も，それよりずっと後世の中央アメリカの建造者も，今から見ても驚くほど正確に，こうした作業を行っていた．当時使うことができた手段を考えれば，太陽の影が最も短い時 (正午) の位置を確かめ，子午線 (真北と真南を結ぶ線) を引くのが最も簡単な方法だったろう．地平上の北点と南点を結ぶつもりの線が引ければ，それに直角に東西の軸線を引くことができる．正午の影の位置を正確に知るには，図22のように柱を立て，その底部aを中心として円を描き，午前と午後の影が円にかかる点 (bとc) に印をつけ，角bacを二等分するのが最も簡単な方法だろう．

角度とπ

神殿周辺の経験に基づく法則には単純な図形を作る方法が含まれていたが，なかでも直角二等辺三角形と**正六角形**はとくに興味深い (図20)．直角二等辺三角形では，他の2角は直角の半分 (45°) である (図43参照)．正六角形は6つの正三角形に分けることができ，それぞれの角は直角の3分の2，60°である．神殿の建造者は太陽光の影の長さを利用して高さを測ったと思われる (図21)．太陽光線が地平 (または鉛直線) に対して45°の角度のとき，太陽光の影と高さは1:1になる．二等辺三角形を作って，それを2つの合同な直角三角形に分けることができたのは確かだから，太陽の高さ (地平に対する傾角) が30°でいわゆる天頂距離 (鉛直線に対する傾角) が60°のときの高さと影のおよその比率も，その逆の場合も，おそらく知っていたと思われる．

この推測が正しいとすれば，ごく初期の角度の表し方は，今でいう**タンジェント** (正接) だった可能性が高い (図51)．子午線通過時 (最も高い位置にあるとき) の高度で夜空の天体の位置を測定する場合には (図24)，聖職天文学者は別の方法を使っていたと思われる．円を360°とする考え方は，イラクの宗教界の伝承と接触のあったギリシャ語圏の植民地からアレクサンドリアの天文学者に引き継がれた．そこでは最初は1ヵ月30日，12ヵ月で1年と考えられていたから，夜空の黄道を太陽が毎日1周するコースを獣帯星座によって推定したことから，この考えが生まれたのかもしれない．大昔の中国の幾何学者が円を365°としたことも，この推測を裏づけている．

紀元前1100年頃のエジプトの霊廟に描かれた星図からも，精密な観察を長期にわたって記録しなければできないレベルに天体観測が達していたことがわかる．どんな方法で天体を観測したのかは，まだわかっていない．エジプトの幾何学と

(a) 正六角形   (b) 直角二等辺三角形

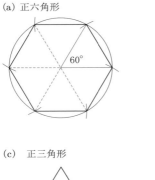
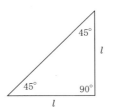

(c) 正三角形

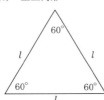
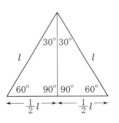

図 20 $30°, 45°, 60°$ を作る方法
円と同じ半径の弧で円周を切って作った円に内接する正六角形

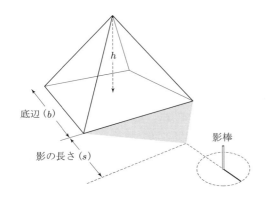
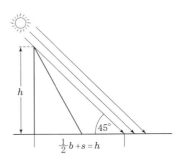

影棒の高さと同じ半径の円に影が届いたとき，影の長さ (s) に底辺 (b) の半分を足したものがピラミッドの高さ (h) になる。

図 21

エジプトのギザでは 1 年に 1 日，正午の太陽光線がアルコール水準器に対してほぼ正確に $45°$ になる日がある。正午の光線が $45°$ のとき，大ピラミッドの高さは影の長さと底辺の半分の和に等しい。

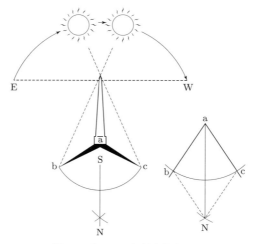

図 22 南北の子午線を特定する

　南北子午線を特定する方法のひとつは，熱帯地方より北の地域では正午の太陽光線の影が真北にできることを利用するものである。その時点の影を捕えるには，土に刺した柱を中心として円を描く。午前の太陽光線の影が円周にかかった点 b と午後の太陽光線の影が円周にかかった点 c に印をつけ，角 bac を 2 等分する方法は次の通り。a を中心として半径 r の円弧を描く。次に b と c を中心として同じく半径 r の円を描く。よって ab = r = ac, cN = r = bN。よって三角形 abN と acN は辺 aN が共通で 3 辺が等しいため合同。よって対応する角 Nab=Nac。

　計算方法を知る資料は主として 2 巻のパピルス文書で，1 巻 (『リンド数学パピルス』) はロンドンの大英博物館に，1 巻は現在モスクワにある。それぞれ紀元前 1600 年と同 1850 年に書かれたものである。モスクワのパピルスから，エジプトの神殿の書庫には 4,000 年近く前からピラミッドの体積を正確に計算する方法が隠されていたことがわかる。当時の書記は π (円の直径に対する円周の比率) の数値として 256 : 81 を使っていた。十進記数法では 1%未満の誤差でほぼ 3.16 である。これは円柱の周囲と幅を測って経験的に出されたものかもしれない。あるいは，単位長 (たとえば 1 フィート) を半径とする円に外接する正十二角形と内接する正十二角形の周の平均を使った可能性もある (図 66 参照)。

　円柱や円錐の体積を計算するのに必要な π を使うとき，古代エジプト人は分数をどう扱ったのかという疑問が湧く。我々が 1 と $\frac{7}{18}$ ヤードをときに 1 ヤード 1 フィート 2 インチとみなすように，分数を小さい測定単位に置き換えて考える程度のことしかできなかったと思って間違いないだろう。だが分子が 2 を超える分

数を，なぜ(どうやって)常に下記のように分子が1または2の分数に分割しようとしたのかは，それほど明らかではない。

$$\frac{7}{12} = \frac{1}{3} + \frac{1}{4}; \quad \frac{13}{45} = \frac{2}{9} + \frac{1}{18} + \frac{1}{90} \quad \text{または} \quad \frac{1}{5} + \frac{2}{45} + \frac{2}{45}$$

紀元前2000年以前にイラクの神殿で使われていた計算技術は，エジプトの聖職階級が最終的に到達できたレベルよりはるかにすぐれていた。だが不思議なことに，後述する期間，πの値は4%以上の誤差がある3.0で満足していたのである。平方表と立方表を使って今の2次方程式，さらには3次方程式さえ解けたことが，紀元前2000年の粘土銘版からわかる。エジプト人が知っていた5:4:3以外の比率(たとえば17:15:8)の直角三角形にもピタゴラスの定理が当てはまることを，彼らは知っていた。さらに感心するのは，ずっと後世の人々が無理数と呼ぶようになった領域にまで踏み込んでいたことである。3^2 (3の平方)が9だから$\sqrt{9}$ (9の**平方根**)は3だと言うのは大したことではない。単に9は3の3倍で，3を2乗すると9になるというだけの話である。しかし，2乗すると2になる数($\sqrt{2}$)を求めようと初めて考えたのは大きな偉業であった。それが今の分数の表記法で17/12だと言ったのは，もっと偉業だったかもしれない。これを2乗すると，2との誤差は$\frac{1}{200}$未満である。

$$\left(\frac{17}{12}\right)^2 = \frac{17 \times 17}{12 \times 12} = \frac{289}{144} = 2\frac{1}{144}$$

ところで，

$$\left(\frac{16}{12}\right)^2 = \frac{256}{144} = 1\frac{112}{144}$$

である。$\sqrt{2}$が$(16 \div 12) = 1.3$と$(17 \div 12) = 1.41\dot{6}$の間の数で，その間を**無限**に縮めることができると苦もなく考えられるようになるまでに，2000年以上かかった。たとえば$\sqrt{2}$は1.414と1.415の間にあるとも言える。その場合，

$$1.415 \times 1.415 = 2.002225$$
$$1.414 \times 1.414 = 1.999396$$
$$差 = 0.002829$$

となる。こんにち，$\sqrt{2}$はそれほど「無理」ではない。地球が寒くて住めなくなる前に計算の終点に辿り着くようにコンピューターをプログラムしたいと思えば別だが。

日食や月食などの天体の異常事象に農民，職人，商人などが畏れを抱いた時代には，聖職天文学者には自分たちの信用を高めたいという強い動機があった。紀元前1500年頃，イラクの聖職天文学者たちが，日食と月食が約18年周期で起こることを発見した。食を予言できれば彼らの社会的評価が高まり，税収などの特典が増えるのは確実だった。イラクの聖職天文学者が発見した食の周期は18年強，より正確に言うと6585.83日であった。言うまでもなく，信頼できる周期予測に到達するには，何周期にもわたって観察する必要があった。そのために，神殿の資産や徴税に必要な数字よりはるかに大きい数の計算をしなければならなかったとしても，である。紀元前300年以前のある日，25,000年周期で春分・秋分の日が一周りすることをイラクの聖職天文学者が知った。

　天文学の計算に使われたのは10の倍数で計算する初期の記号群で，それは今でも商取引や会計事務で使われている。だが60の倍数という新たな大きさが，それらの記号に与えられた。現在「度」の端数として使われているもので，中世のラテン語著書にある分 (pars minutus) と秒 (pars secundus) で端数を表したものである。4.03416度は次のようになる。

$$4°2'3'' \quad \text{すなわち} \quad 4 + \frac{2}{60} + \frac{3}{60 \times 60}$$

　この方式でいう秒は1/3000より小さく，古代の数学者が行った計算では非常に細かいものだった。そのうえ，60を基数にすると，今の記数法を10進法から12進法に変えるべきだとする意見にも共通する独特の利点があったのである。12進法の利点は，12が2, 3, 4, 6, 12の<u>整数</u>で割り切れるのに対して，10は2, 5, 10でしか割り切れないことによる。60は2, 3, 4, 5, 6, 10, 12, 15, 20, 30, 60で割り切れる。したがって分母にこれらの数のどれかをもつ真分数は分だけで正確に表すことができる。分と秒で表せる数がどれだけあるかは，3,600 (60×60) の因数を調べるだけでわかる。1/60より大きい分数の場合，分母が8, 9, 16, 18, 24, 25, 36, 40, 45, 48, 50などのものがそうで，一例を挙げると

$$\frac{7}{48}° = 7(1'15'') = 8'45''$$

がある。このように，エジプトとイラクの神殿にいた聖職者と書記集団が，ギリシャ人が弟子入りする紀元前600年頃よりずっと以前に，有用な幾何学の手段をかなりもっていたのは明らかである。後世の弟子たちが師と違っていたのは，自分たちが使う法則の根拠を系統立てて述べる必要性を認識していなかったことで

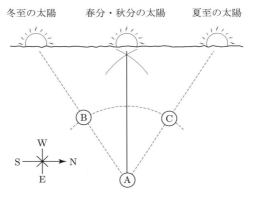

図 23 春分・秋分の特定

大昔の暦から，太陽がそれぞれ最も南と最も北に寄る冬至と夏至の日の出と日の入りを観測することによって春分・秋分を特定したことがわかる。図で A と B は冬至の日没地点と一直線上に立てた柱である。夏至の日没地点と一直線上にある AC の距離は AB の距離と同じである。冬至と夏至の中間には，太陽は真東から昇って真西に沈み，昼と夜が同じ長さになる日，春分の日と秋分の日がある。この両日は古代の儀式では非常に重要であった。角 BAC を二等分することによって，地平上の真東と真西がわかったのである。

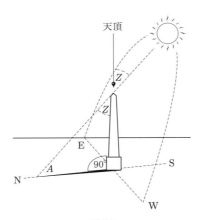

図 24

太陽が真東から昇って真西に沈む春分の日と秋分の日の正午。正午の太陽の影は必ず地平の北点と南点を結ぶ線上，すなわち北極と南極を結ぶ子午線上にある。天文学者たちは天空の真上の点を天頂と呼んだ。地平にさす太陽光線の角度 (A)(太陽の「高度」) と太陽光線と鉛直線が作る角 (Z)(太陽の天頂距離) の和は $90°$ になるから，$A = 90° - Z$，$Z = 90° - A$ である。

ある。『リンド数学パピルス』を書いた書記アーメスは直径 (d) の円の面積 (A) を経験則によって計算しているが，それは次のように書くことができる。

$$A = \left(\frac{8d}{9}\right)^2$$

d に $2r$ (r は半径) を代入すると，こうなる。

$$A = \left(\frac{16r}{9}\right)^2 = \frac{256}{81}r^2 = (3.1605)r^2$$

小数第 5 位まで正確な 3.14159 との誤差が 1％未満である 3.1605 を π とすれば，$A = \pi r^2$ になる。ここで注目すべきは，この誤差が大きいかどうかという問題ではなく，教師であった書記がなんのためらいもなく，誰がどうやって発見したのか，どうしてこの法則を信用したのか少しも説明せずに，この法則を教えたことである。

ギリシャ幾何学の誕生

後世の人々がギリシャ人を尊敬したのは，**証明の必要性を初めてはっきりと主張したからである**。この革新的な考えを助長する状況も，いくつかあった。地中海周辺の多くの地域を征服し，植民地にしたギリシャ人の先祖は，特権階級の聖職者による圧政のない地域の出身であった。海洋貿易で富を得た彼らが接触をもった地域では，ずっと以前から高度の建築技術，天体の科学知識，それに伴う測量技術が完成していた。伝聞で知ったことを額面どおりに信用する気質には無縁の人々が好奇心のままに，論争好きな隣人と忌憚のない討論をしてこそ納得できる新技術を旅先から持ち帰ったのである。

また，ギリシャ幾何学はターレス (BC 640～546) の後半生の時期に誕生したと考えるのが適当であろう。ターレスはフェニキアの諸港湾に近い小アジアのはずれ，ミレトスのギリシャ植民地を本拠とする裕福な海洋貿易商人であった。フェニキア人の血を引くターレスが生まれたのは，ちょうど商売仇であるセム族のアルファベットを，根本的に構造が違うギリシャ語に当てはめることで読み書き能力が増大し始めた時期であった。ターレスが生きた時代に，ものを書く媒体としてパピルスがエジプトから入って，ギリシャの植民地で読書人口が増えた。そしてターレスの死後 25 年足らずで，部族の合唱歌舞を初めて対話劇の形にしたアイスキュロスが生まれた。書き言葉がこのような形で使われたことから，政治，信仰その他の事柄に関する論争が組織的・論理的に，あるいは準論理的に記録さ

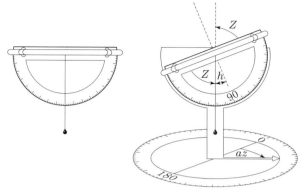

図 25

　星 (その他のどんな物体でも) と地平の角度 (高度) や鉛直線との角度 (天頂距離) を測る簡単な経緯儀 (アストロラーベ) は文具店で売っているものを使って次の方法で作れる。黒板用分度器の基線と平行に金属管を留める。分度器の中心に重り (活字合金の塊——植字工に愛想よく頼めば只でくれる——など) を付けたひもをくくり付けて測鉛線にする。対象物をのぞいたとき, ひもと管との間にできる角の対頂角が天頂距離 (Z) で, 高度 (h) は $90° - Z$ である。分度器を2枚ねじ留めした底板に木の柱を自由に回転するように取り付け, それに最初の分度器を自由に動くように取り付ける。管と同一方向上に指針を取り付ければ, 星などの物体 (沈む太陽など) と南北子午線との方位角 (az) が測れる。底部の2枚の分度器は, 0° が正午の太陽または北極星の方向を向くように置かなければならない。これが, コロンブスの時代に緯度と経度を知るのに使われた道具である。読者もこれを使って自宅の緯度と経度が測れる (第3章) し, 近隣の測量もできる (第5章)。

れる様式が生まれたのである。

　ギリシャ劇作家の第1世代の時代には, 同じように広範囲に旅をした教師たちも富裕層の弟子を集めることができた。その先駆けとなった代表がピタゴラスで, 紀元前550年頃に活躍して南イタリアのギリシャ語圏に学校を作った。ピタゴラス自身は書物を残さず, 弟子たちにも秘密を守らせた。だがギリシャ人の世界全般に関する好奇心と議論好き, 教師どうしの競争のおかげで, ピタゴラスの死から1年も経たないうちに, 知識を独占するのは不可能になった。

　ギリシャ史家が一致して言うのは, ターレスはエジプトに旅行して聖職層の科学知識に触れたことで幾何学の知識を得, またそれを好んだということである。ピタゴラスはエジプトだけでなくイラクにも行って, さらに見聞を広めたと思われる。数を三角形や四角形で表す (図35〜37) 民間伝承に関心を抱いて帰国した。ギリシャ数学の原料が輸入品だったのは明らかだが, 輸入品は疑い深いギリシャ

の税関を通る必要があった．子弟を教師の下に送る財力のある市民に商品を売るには，旅をする教師は自分が少なくとも簡単には崩れないことを客に納得させる必要があり，公開討論が増えるにつれて，証明の必要性も増したのである．それ以後，測定と計算の組み合わせが，H. G. ウェルズの言う「誰でも参加できる陰謀」となっていく．

こうした傾向は，ある意味では好結果を生んだが，別の意味では疑念を抱かざるをえない．ユークリッド幾何学の青年期にギリシャ(p.18 の定義による) 幾何学が頂点に達する前に，証明という概念はミイラ化した．ギリシャ数学には 2 つの時期があったと言える．第 1 期は大胆な青年期で，それを唱道する人々は経験則と，それまで秘密だったエジプトとイラクの神殿の科学知識の恩恵をまだ感じていた．彼らがはるか昔の文明という師への恩義を認めていたのは，きわめて明らかである．たとえば空気も含めた物質が，原子でできた粒子であると初めてわかりやすく説明したデモクリトスが，次のように認めている．

「当代の人々の中で，私ほど広範囲に旅をし，遠くの地域を訪れ，各地の気候を調査し，大勢の人々の話を聞いた者はいない．幾何学の作図と証明で私に勝る者はいない．私が丸 5 年をともに過ごしたエジプトの幾何学者でさえ，私には及ばない」

デモクリトス (BC 460 頃～370 頃) は転換期に生きていた．紀元前 347 年に 80 歳で死んだプラトンとも，プラトンの有名な弟子エウドクソス (BC 408～355) とも，生存期間が重なっている．プラトンの学校と結びつけて考えられるギリシャ数学の時期には，幾何学の教師は実用を基礎とすることを拒絶していた．その時期が終わりに近づくと，実用を捨て，測量を追放して有閑富裕層のお上品な気晴らしとなった数学は，証明の修練を大事にした．その背景はユークリッド幾何学がアレクサンドリアに渡った経緯にある (第 3 章)．だがここでは，我々が今後も**測定**の法則とみなす 3：4：5 の比率などを証明するのに不可欠だとプラトンの弟子たちが考えた主要点を述べておくに留める．

第 1 に，用語の**定義**が肝要である．
第 2 に，大前提 ($a = b$ なら $a + n = b + n$ など) を明確にするのが肝要である．
第 3 に，用語を定義し，各部分の関係を示すために図を分割する方法を明確にし，その正当性を示すのが肝要である．

第 1 章 古代の数学　　45

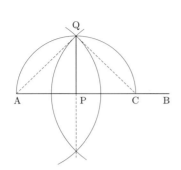
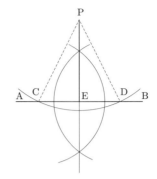

直線 AB 上の任意の点 P から垂線を立てる　　直線 AB 上にない点 P から AB に垂線を下ろす

図 26　ユークリッド幾何学の作図 2 例

　AB に P を通る垂線を立てるには，PC = r = PA の弧を描き，AC を 2 等分する．図 15 から，PQ は AC に垂直，したがって AB にも垂直である．P から AB に垂線を下ろすには，PD = R = PC の弧を描き，CD を 2 等分する．三角形 PCE と PDE で PD = PC, CE = DE, PE は共通．よって ∠CEP = ∠DEP．

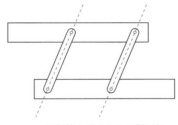

平行線を引くための製図板

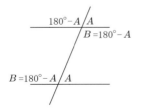
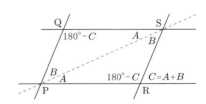

　　　　　　　　　　　　　　　　　　　　　　　　平行四辺形の対辺の長さが等しい理由

図 27　平行

　下左図で，A を同位角，B を錯角という．下右図で，PQ は RS に，QS は PR に平行．三角形 PQS と PRS は一辺が共通で両端の角が等しい（図 28(c)）．よって 2 つの三角形は合同，よって PQ = SR, QS = PR．

プラトン学派は気ままと言うべきか，第3の方法を，定規とコンパスだけで描ける図，すなわち直線と円弧に限定していた。この制限を受け入れたとしても，以下の4つの分割法については我々の法則が信頼できることを証明しなければならない。

(a) 　直線を2等分する (図 15)。
(b) 　角を2等分する (図 22)。
(c) 　直線上の1点から垂線を立てる (図 26)。
(d) 　直線上にない1点から，直線に垂線を下ろす (図 26)。

これらの方法はどれも，2つの仮説の上に成り立っている。第一に，中心と円弧上のすべての点との距離は等しい。円をどうやって描くかを考えれば，円の立派な定義になる。第2の仮説の基盤は一定の三角形を描くために必要なことであり，2つの三角形が合同であることを示せばいい。下記の条件のどれかを満たせば (図 28) 特定の三角形またはその鏡像を描くのに十分だから，2つの三角形がそのどれかで一致すれば合同である。

(ⅰ) 　2辺の長さと夾角がわかっている。
(ⅱ) 　1辺と両端の角がわかっている。
(ⅲ) 　3辺の長さがわかっている。

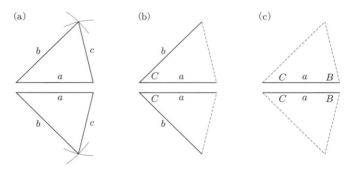

図 28　三角形の描き方
(a) 　3辺の長さがわかっている
(b) 　2辺と夾角がわかっている
(c) 　1辺と両端の角がわかっている

使える条件がある図形に当てはまることを示すには，正方形を例にとればいい。

同じ長さの直線2本を互いに直角に引けば，コンパスを次のように使うことによって正方形を描くことができる．

(ⅰ) 各辺の接していない端を中心として，辺と同じ長さの半径で円弧を描く．
(ⅱ) 両端と弧の交点を結ぶ．

あるいは，最初の2本の線の端から垂線を引けばいい．したがって，定規とコンパスで作図できる条件を使って，次のように正方形を定義することができる．

(ⅰ) 4辺が等しく，うち2辺の夾角が直角である．
(ⅱ) 隣り合う2辺が等しく，4つの角が直角である．

この場合，4辺が等しく4つの角が直角，というのを正方形の定義にはできない．上記(ⅰ)で作図する場合，他の3つの角が直角であることを証明しなければならない．(ⅱ)の場合は，他の2辺が最初の2辺と等しいことを証明しなければならない．

ユークリッドやそれ以前の人々が，定規とコンパスの使い方が定義になると主張したことについては，足が地にしっかり着いていた．だがその後，**点**，**直線**，**平面**の順に定義したときは，少なくともユークリッドは宙に浮いた屋根から下に向かって組み立てたのである．我々が言う直線は，定規のまっすぐな縁で引けるものを指す．技術者の現実社会では，平面の作り方を知らなければ，まっすぐな縁を作れない．現実的な目で見れば順序が完全に間違っている．ユークリッドが直線を定義した，2点間に**一様**に横たわるものという表現は，問題を棚上げしている．さらに現実離れしているのは，ユークリッドの**平行**の定義である．「同一平面上にあって，両側にどこまで伸ばしても交わらない」2本の直線は平行である，と定義している．このようなあいまいな定義の上に立って，2本の平行な直線に交わる直線が作る錯角と同位角は等しい，と定義と証明の順序を逆にしている．任意の線と交わったとき，それに対して等しい角を作る2本の線が平行であるという定義が正しい．任意の幅で2本の平行線を引けるおなじみの製図板(図27)は，交差する2本の部品に対して同じ角度を保つ道具にすぎない．

今では，ユークリッド幾何学が完全に正しいとは考えられていないことを，どこかで読んだことがある読者もいるだろう．不思議に思うかもしれないが，ユークリッド幾何学を当てはめたい2つの領域の違いを見ればわかる．わかりやすくするために範囲を狭めるのがいいと思うが，その理由を考えてみよう．本書で立体図形のユークリッド幾何学を考慮しない理由は2つある．1つには，立体図形

を扱うもっと良い方法がずっと以前から使われていた。もう1つの理由は，ユークリッドの立体図形の扱い方と，平面図形を扱う定義や方法との間に，納得できる整合性がないことである。整合性を見出すには，右手用と左手用の手袋や光学異性体という2つの結晶の本質的な違いを無視しなければならない。この点で妥協すれば，ユークリッド幾何学の平面図形の法則は製図板で描ける図形と矛盾しないし，したがって製図が忠実なモデルだと経験によって証明できるものとも矛盾しないとは言える。

だからといって，適切な器具を使えば描ける曲線がなんでも，ユークリッドの定規とコンパスで描けるというわけではない。それはユークリッドの時代でさえ，同じだったろう。いわゆる非ユークリッド幾何学の主張を考えるとき，製図板で作ったモデルが実態を正確に表すという意味で，ユークリッド幾何学が正しいか正しくないかというのは争点ではない。抽象概念という煙幕の陰に隠れているのが，天文学の問題である。

我々が深淵な宇宙空間の話をするとき，宇宙は光などの放射エネルギーの信号を送る媒体として想像するのが関の山である。古代の天文学はすべて，光は直線状に進む，1つの恒星が発する光線は平行である，という2つの仮定の上に成り立っていた。太陽系宇宙空間では，直線を引くための製図板のようなものは作れない。銀河からの光がどうやって地球に届くのかを製図板幾何学で忠実に説明できるという説を正当化できるのは観察だけである。ユークリッドによる論点を避けた直線の定義の代わりに，彼の後継者であるアルキメデスの定義を使うとすれば，我々のモデルの信頼性を確かめないわけにはいかない。

アルキメデスは直線を，2点間の最短距離と定義した。宇宙空間を進むのは可視光線のような放射物だけだから，どのような経路を通るとしても，それは我々が多少なりとも知り得る最短経路である。そういう意味では，光はアルキメデスの直線で進む。だが，光が製図板の線上を進むとは限らない。こう言ったからといって，数学的技術を必要とする科学分野が天文学とその所産である地理学だけだった時代におけるギリシャ幾何学の有用性を，少しも否定するものではない。ギリシャ天文学の実用目的には製図板の幾何学で十分であり，天文学は幾何学と足並みをそろえて進歩したのである。

ギリシャ天文学はプラトンの時代以前に，それまでに聖職層が達成したものよりも相当勝っていた。暦の管理が聖職層の主要な役割だった長い期間，恒星，月，太陽が昇ること，沈むこと，また子午線通過時の地平(または鉛直線)に対する角

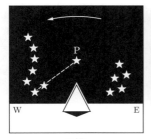  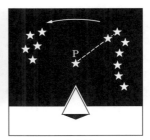

日没	真夜中	日の出直前
大熊座が下降し，カシオペアが上昇する。	カシオペアが上方子午線通過に近づき，大熊座が下方子午線通過に近づく。	大熊座が上昇しカシオペアが下降する。

図 29　夜間の星の回転

現代の晩夏に大ピラミッドから見える空の図。2つの星座は北極星に非常に近く，地平線下に沈まない。6ヵ月後にはカシオペアは日没後に沈み，日の出直前に昇るのが見える。

度に関する情報は，エジプトとイラクの神殿で保管されていた。聖職層の天文学者が食を知っていたのは前に述べた通りである。月食とは，地球が月と太陽を結ぶ線上に割って入ったときに地球の周縁が月に投げかける影だということを彼らは知っていた。このことから，地球が円盤状だと考えられていたと思われる。神殿の天体観測結果で，そうではないことを示すものは何もなかった。ただし，フェニキア人の貨物船が地中海の境界を越えて，錫を求めて北へ，香辛料を求めて南へと，ヨーロッパとアフリカの海岸線に沿って航行した，ギリシャ幾何学の黎明に先だつ 300 年間には，球形の地球という概念が，日常茶飯事からいやおうなしに発生したのである。

　北や南に長い船旅をした商船長は，生涯同じ場所から天体を観測していた聖職天文学者とはまったく違う経験を日々積み重ねていった。ギリシャ人がヘラクレスの柱と呼んだジブラルタル海峡を船が越える前に，道案内となったカノープスが，シチリア島の北では決して昇らないことを船乗りはよく知っていただろう。ちなみにカノープスはシリウスに次ぐ全天第 2 位の輝星で，地中海の南の境界上では季節によってはどこからでも見える。また，春分・秋分や夏至・冬至の正午に太陽が作る影の相対的長さ (p.113) が，マルセイユとキュレネでは違うことも知っていただろう。船乗りがもっていた海図といえば，今の言葉でいう**子午線**通過時の天体の高度が緯度によって違う (図 59〜62) ことを記録したものだけだったのだが。

船乗りが初めて地中海の領域を出て北や南に航行したときは天体の変化が頼りで，それを熱心に記録したことだろう。早くも紀元前400年には商船長ピュティアスが，真夏の正午の影を観察することによってマルセイユの緯度の1/10度まで正確に記録している。だがそれよりずっと以前に，ギリシャの船乗りと教師たちは海洋貿易の商売仇であるフェニキア人の経験則から，地球は球体だと考えるようになっていた。そうでなければ，ある星団がある緯度ではまったく見えず，ある緯度では年間の一時期だけ夜間に見え，また別の緯度では一年中見える(たとえば今のロンドンでカシオペアと大熊座がそうである)理由を説明できない。図29に示すように，ギザの大ピラミッドの位置から大熊座は，季節によって見えたり見えなかったりする。カルタゴのハンノ(紀元前500年頃)がしたように，アフリカの西岸沿いに今のリベリアまで南行した船乗りは，真夏の正午の太陽が真上にあって影ができない地に初めて立っただろう。その後熱帯地方内の沿岸を航行したら，地球は平らな円盤だという聖職層の想定ではまったく理解できない現象に遭遇したはずである。正午の太陽の影が季節によって，逆の方向にできたのだ。

　カシオペアや大熊座のような周極性の星や星座は一点の周りを回り，その他のすべての星もそれに平行な面上で円弧を描くように見える。その一点(**天の極**)は現在，極から1度未満の小さい円で回る小熊座にある北極星の位置とほぼ同じである。北極星の地平に対する角度は，春分・秋分の正午の太陽の鉛直線に対する角度と同じで(図29, 30)，今でいう緯度に一致する。これはユークリッド以前に，世界を気候によって地域分けしたのと同じように，ギリシャの天文学の常識になっていた。

　獣帯星座への見かけの日没(図30)が天空の仮想平面(天の赤道)に対して一定の角度(今でいう$23\frac{1}{2}°$)をなす特定の平面(黄道)上で起こることを，エジプトとイラクの聖職天文学者は知っていた。だが，観察結果を地上の形態や温度に照らして思い描くことはできなかった。古代ギリシャ人から見れば，特定の平面とは，天の極と極寒の地理的極を含む軸に直角である地球の赤道面を含むものだった。黄道面は，夏至か冬至の正午の太陽が真上にある特別な時点で地球表面と交差した。2つの回帰線の緯度は，そういうものだったのである。デモクリトスの弟子の1人は製図板上で地球を球の円形部として描くことができたから，船が初めてスコットランドを通りすぎてアイスランドに至る少なくとも100年前に，ある興味深い結論に正しく到達することができた。北半球で6月24日の正午に太陽が

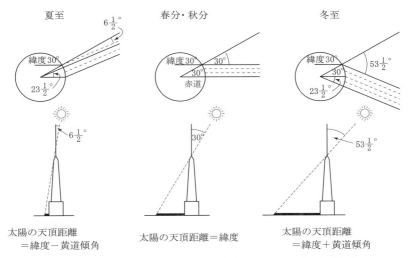

図 30 正午の太陽の影から黄道の傾角を求めるエジプト式測定法

太陽は正午に最高位置にある．極，地球の中心，観測者，太陽は同じ平面上にある．春分・秋分の正午の太陽の**天頂距離**は，観測者のいる地点の**緯度** (L：メンフィスでは 30°) に等しい．**黄道の傾角** (地球の赤道面に対する太陽の見かけの軌道の角度) を E とすれば，

$$L + E = 冬至の太陽の天頂距離$$
$$L - E = 夏至の太陽の天頂距離$$

したがって黄道の傾角は次のようになる．

$$\frac{1}{2}(冬至の太陽の天頂距離 - 夏至の太陽の天頂距離)$$

詳しくは図 59～61 参照．

真上にある北回帰線と北極との間に，6月24日の真夜中でも太陽が見える緯度圏がある．学生時代には，皆わけもわからずにそれを信じている．それはギリシャ幾何学が最も役に立った時代の，科学的地理学の功績の1つであった．

第 1 章の練習問題

●やってみよう

1. ごみ入れのふた，時計の文字盤などの円形の物の円周と直径を測り，円周÷直径をできるだけ正確に計算しよう．

2. 三角形に関する次の指示を読んで，どんな結論が得られるか考えてみよう．

(a) 3 辺がそれぞれ 10cm, 8cm, 6cm の三角形を描く。そのためには, まず紙に任意の線を引き, 10cm の線分 AB を切り取る。コンパスを 8cm に開き, A を中心として半径 8cm の円弧を描く。同じように B を中心として半径 6cm の円弧を描く。交点 C と A, B を結ぶ。

次の 3 辺をもつ三角形を描こう。

 (b)　9 cm, 15 cm, 12 cm

 (c)　17 cm, 8 cm, 15 cm

3. 上記の 3 つの三角形の短い 2 辺間の角度を測ろう。

4. エジプト人の直角の作り方は今でも使われている。次に引用するのは農漁業省告示第 2 号 (1935 年) の一部で, 果樹植え付けの配置を指示したものである。

「鎖で直角を作る最も簡便な方法は以下の通りである。直角を作るべき地点に第 24 環を杭打ちし, 鎖の零端と第 96 環を結んで基線に沿って歩み, 0〜24 環部分がピンと張るようにする。第 56 環をもって目指す方向に歩み, 24〜56, 56〜96 の部分がピンと張れば, 到達地点が基線に対して直角である」

適当な場所があったら, エジプトのロープ三角形と測量士の三角形を杭打ちしてみよう。上記の鎖 1 環の長さは 7.9 インチである。どちらの方法でも直角ができることを試してみよう。

5. (a)　直角を作る。その両辺上にそれぞれ 5 cm と 12 cm の長さをとり, 各点を結んで三角形を作る。第 3 の辺を測ろう。

 (b)　直角をはさむ 2 辺が 12 cm と 16 cm の直角三角形を作り, 第 3 の辺を測ろう。

 (c) 直角をはさむ 2 辺が 7 cm と 24 cm の直角三角形を作り, 第 3 の辺を測ろう。

6. 1 辺が 2 cm, 両端の角が 30° の三角形を描く。角は同じで 1 辺がそれぞれ 3 cm と 4 cm の三角形を描く。3 つの三角形の他の辺の長さを測ろう。

7. 1 辺がそれぞれ 2 cm, 3 cm, 4 cm で両端の角が 45° である 3 つの三角形を描き, 他の辺を測って図 16 の法則を検証しよう。

8. 2 辺が等しい三角形を 3 種類描き, すべての角を測ろう。

9. これまでに描いたすべての三角形の 3 つの角の和を計算しよう。

10. これまでに描いた三角形と形の違う三角形を 2 つ描き, それぞれの角度を測って合計しよう。

●三角形の検証

1. 前記 2(a), (b), (c), 5(a), (b), (c) で描いた三角形で長辺を c, 中辺を a, 短辺を b とする。各三角形の a^2, b^2, c^2 を計算し，次の関係が成り立つことを検証しよう。

$$c^2 = a^2 + b^2$$
$$a^2 = c^2 - b^2$$
$$b^2 = c^2 - a^2$$

2. 直角三角形で，

$c = 26$, $a = 24$ なら，b はいくつか。
$a = 24$, $b = 18$ なら，c はいくつか。
$c = 34$, $b = 16$ なら，a はいくつか。

3. 三角形において，

2 角が $45°$ なら，他の 1 角は何度か。
2 角が $30°$ なら，他の 1 角は何度か。
1 角が $30°$，他の 1 角が $60°$ なら，第 3 の角は何度か。
1 角が $75°$，他の 1 角が $15°$ なら，第 3 の角は何度か。

●これは覚えよう

1. 直角三角形で長辺を c, 他の 2 辺を a, b とすれば，

$$c^2 = a^2 + b^2$$
$$a^2 = c^2 - b^2$$
$$b^2 = c^2 - a^2$$

2. 三角形の 3 つの角を A, B, C とすれば，

$$A + B + C = 180°$$

第2章　大きさ，順序，形の文法

　エジプトのポートサイドや香港のような大きな国際港湾都市の波止場付近には，15歳くらいで6ヵ国語を流暢に話す少年がいる．寄港した船の乗客で，その少年たちを天才だと思う人はほとんどいない．だから，数学的表現を見ると船酔いにでもなったように気持が悪くなる大勢の人も，安心していい．数学は偉大な理論というより，ブライユ点字やモールス信号のようななじみのない文字に翻訳することだと思えばいいのである．本章では歴史的考察はさておき，いまや国際語となったコンパクトな「書きことば」で何を伝えるのか，そのためにどんな記号を使うのか，という2点を中心に考えてみよう．本章の目的は，数学の法則とは字数を節約すること，という考えに慣れてもらうことだから，それをはっきりさせるために，数学という記号言語の法則ではすべて，次のように算術で例示することにする．たとえば $3a+b=c$ とは，$a=2$ で $b=1$ なら $c=7$ ということである．

　最初に上記の2点のうち最初の問題を簡単に片付けてしまおう．ふつうの言語が主としてものごとの質を扱うのに対して，数学は大きさ，順序，形だけを扱う．形は説明不要と思うが，大きさと順序が何を意味するかは後で述べることにする．まず，数学の文がどんな記号でできているか考えると，次のように分類できる．

（ⅰ）　句読点
（ⅱ）　絵記号
（ⅲ）　数，測定値，配列上の位置を表す数記号 ($5, x$ など)
（ⅳ）　関係を示す記号
（ⅴ）　演算を示す記号

　本章の内容の大部分をよく知っている読者も多いだろうが，見識ある読者にとっても耳新しい部分があるかもしれない．本章を有効活用するには，知識の豊富な

読者は知っている部分を飛ばして知らなかったことだけ拾い読みし，そうではない読者は知りたい箇所をじっくり読むのがいいだろう．

数学式句読点

子供は句読点を知らないうちにアルファベットを学ぶ．古代の人類もそうだった．というのは，人類が初めてアルファベットで字を書く術(すべ)を身につけてから少なくとも 4,000 年経って，やっと句読点が登場したのである．それどころか，初期の簡単な碑文には単語間のスペースもなければ，文を区切るピリオドもなかった．その点，電報を打つときと同じである．次の文は，句読点の有無で意味が通じたり通じなかったりする例である[2]．

King Charles walked and talked half an hour after his head was cut off.

数学の文章では他の文書より，どの部分が切り離せて，どの部分がチャールズ国王の頭と胴体と同じで切り離せないのか，句読点ではっきりさせることが重要である．たとえば，$32 \div 8 + 8$ は

$$(32 \div 8) + 8 = 4 + 8 = 12 \text{ とも}, 32 \div (8 + 8) = 32 \div 16 = 2$$

ともとれる．そこで，次の仕掛けが役に立つ．

(a) 3 種類のカッコ $(\cdots)$, $[\cdots]$, $\{\cdots\}$
(b) 下記のように結びついた「語」の上に引く線

$$32 \div \overline{8 + 8} = 2, \quad \overline{32 \div 8} + 8 = 12$$

1 つの等式などに含まれる数字のグループ分けをはっきりさせるのが重要であり，グループ内でさらにグループを区切る必要がある場合もある．その場合，上記の 4 種類から別々のものを使ったほうがはっきりする．

$$5[32 \div (8 + 8)] = 5(32 \div \overline{8 + 8})$$

もっと複雑な数式では，4 つ以上のグループがたまねぎの層のように入れ子になる場合もある．だが等式を解くときは，たまねぎを剝くように外側から外してはいけない．次のように内側から外していかなければならない．

$$6\{20 - 5[32 \div (8 + 8)]\} = 6\{20 - 5[32 \div 16]\}$$
$$= 6\{20 - 5[2]\} = 6\{20 - 10\} = 60$$

---

[2] 訳注：talked の後にカンマを入れると意味が通じる．

絵記号

最古の聖職層による書物が**象形文字**で書かれているように，数学の最古の伝達手段は目盛付きの図形や模様だった (図35〜38)。紀元前の旧世界に有益な (あまり有益でないものもあったが) 数学知識がかなりあったにもかかわらず，使える手段はこのような絵記号だけであった。イスラム文化の新しい数記号が西に伝わるまで，その状態が続いた。前にも述べたし，あとでもっと明らかにするが，この新しい数記号によって，そろばんをお払い箱にして次のような単純な式にアルファベットを組み入れるようになったのである。

（ⅰ）長方形の隣り合う辺の長さが a と b なら，面積 (A) は a と b の積である。すなわち，
$$A = ab$$

例　$a = 7$ ヤード，$b = 3$ ヤードなら，$A = 21$ 平方ヤード　(図10)

（ⅱ）三角形の底辺の長さが b で高さが h なら，面積 (A) は b と h の積の半分である。すなわち，
$$A = \frac{1}{2}bh$$

例　$b = 10$ ヤード，$h = 15$ ヤードなら，$A = 75$ 平方ヤード　(図11)

しかし，古代の数学者は測定の法則を作るだけのために絵記号を使ったのではない。今では次のように書く簡単な計算の法則を考えるときも，絵記号しか手段がなかった。

$$\frac{a}{b} \times \frac{c}{d} = \frac{ac}{bd}, \quad \text{たとえば} \quad \frac{3}{5} \times \frac{4}{7} = \frac{12}{35} \quad (図31)$$

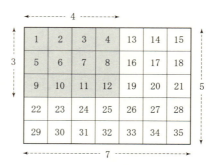

$$\frac{3}{5} \times \frac{4}{7} = \frac{12}{35}$$

図31　分数の掛け算

geometry (幾何学) は**地球の測定**という意味だが，ユークリッドのベストセラーを通じて後世に伝えられたプラトン学派の幾何学の多くは，今なら測定値 (a, b など)，演算 ($+$, a^2 の 2 など)，関係 ($=$) を示す文字で表される基礎的計算法則を記したものにすぎない．それは数学用語に消えない烙印を残した (図 32)．すなわち，a の平方を $a \times a = a^2$，b の立方を $b \times b \times b = b^3$ と表し，5 を 25 の平方根といって $\sqrt{25} = 5$，$5^2 = 25$ と書き，4 を 64 の立方根といって $\sqrt[3]{64} = 4$，$4^3 = 64$ と書くことである．ユークリッド『原論』第 2 巻で幾何学的に証明されている簡単な計算法則は次の通りである．

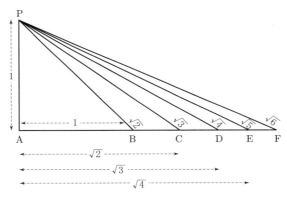

図 32　平方根を幾何学的に求める方法

ピタゴラスの定理 (図 17) を使う．$1^2 + 1^2 = 2$ から $\sqrt{2} = \sqrt{1^2 + 1^2}$，$1^2 + (\sqrt{2})^2 = 3$ など．

(i) 　$(a+b)^2 = a^2 + 2ab + b^2$　　(図 33)
　例　$(3+4)^2 = 49 = 9 + 24 + 16$
(ii) 　$(a-b)^2 = a^2 - 2ab + b^2$　　(図 33)
　例　$(9-4)^2 = 25 = 81 - 72 + 16$
(iii) 　$(a+b)(a-b) = a^2 - b^2$
　例　$(7+4)(7-4) = 33 = 49 - 16$　　(図 34)

紀元前 2000 年にはメソポタミア (イラク) の聖職天文学者が法則 (iii) を知っていたと思ってほぼ間違いない．神殿の書庫に，粘土板に楔形文字で記された膨大な平方表があった時代である．メソポタミア人はそれを使って，長々と回り道をしながら計算していたと思われる．同じ計算を私たちは子供の頃に，紀元 1000 年

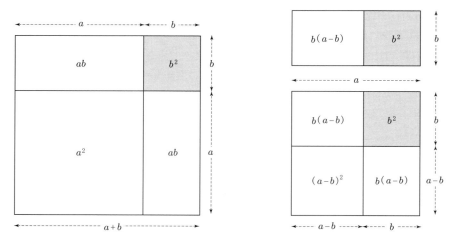

図 33 $(a+b)^2$ と $(a-b)^2$ を幾何学的に表したもの
左図 $(a+b)^2 = a^2 + 2ab + b^2$ **右図** (上) $b(a-b) + b^2 = ab$, $b(a-b) = ab - b^2$
(下) $(a-b)^2 = a^2 - b^2 - 2b(a-b) = a^2 - b^2 - 2ab + 2b^2 = a^2 - 2ab + b^2$

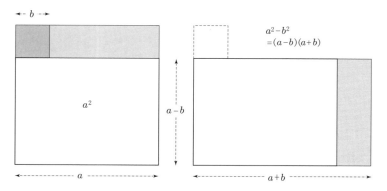

図 34 $a^2 - b^2$ を幾何学的に表したもの

までの間にインドとイスラム文化圏の人々が多大な努力を払ったおかげであることも知らずに,そのまま覚えたのだが。方法は次の通り。37×25 を計算するには,いわゆる**算術平均**,すなわち 2 つの数の合計の半分,$\frac{1}{2}(37 + 25) = 31$ を求め,$37 = 31 + 6$, $25 = 31 - 6$ となることを確認する。したがって,

$$37 \times 25 = (31+6)(31-6) = 31^2 - 6^2 = 961 - 36 = 925$$

同様に，36×28 は次のように計算できる。

$$\frac{1}{2}(36+28) = 32$$
$$36 \times 28 = (32+4)(32-4)$$
$$= 32^2 - 4^2 = 1024 - 16 = 1008$$

上記の例では，数が両方とも奇数 (37 と 25) か両方とも偶数 (36 と 28) である。37×26 のように一方が奇数で一方が偶数だと，少々ややこしくなる。粘土板に記した平方表でしか掛け算ができないとすれば，次のような方法のどれかを使わなければならない。

$$37(26) = 37(25+1) = 37(25) + 37 = (31+6)(31-6) + 37$$
$$26(37) = 26(36+1) = 26(36) + 26 = (31-5)(31+5) + 26$$
$$37(26) = 37(27-1) = 37(27) - 37 = (32+5)(32-5) - 37$$
$$26(37) = 26(38-1) = 26(38) - 26 = (32-6)(32+6) - 26$$

ここで数式への翻訳の練習として，2 つの偶数または 2 つの奇数の和の半分は整数であるが，偶数と奇数の平均が整数にならない理由を考えてみよう。

m と n が $1, 2, 3$ など任意の整数だとすると，偶数は $2m$ や $2n$ ($2, 4, 6$ など)，奇数は $2m-1$ や $2n-1$ ($1, 3, 5$ など) で表せる。したがって 2 つの偶数の和は $2m+2n$ となり，その半分は $m+n$ で整数である。両方とも奇数なら，合計は $(2m-1)+(2n-1) = (2m+2n-2)$ になり，その半分は $(m+n-1)$ で整数である。ところが偶数と奇数の合計は $2n+(2m-1)$ または $2m+(2n-1) = 2m+2n-1$ で，半分は $m+n-\frac{1}{2}$ になる。

今では小学校で習う簡単な計算法則を，古代の数学者はそろばんに頼ったり，今でいう幾何図形に頼ったりしながら伝えようとした。後世の人が**通約不能数** (下記と p.78 参照) と呼んだものは，幾何図形でしか表せなかった。$\sqrt{2}$ や $\sqrt{5}$ を表すには，直角三角形のピタゴラスの定理 (p.34) を使わなければならなかった。辺 $a=1$ で $b=1, \sqrt{2}, \sqrt{3}, \cdots$ なら，斜辺 d は以下のようになる (図 32)。

$b=1$ の場合, $d^2 = a^2 + b^2 = 1^2 + 1^2 = 2$, したがって $d = \sqrt{2}$
$b=\sqrt{2}$ の場合, $d^2 = a^2 + b^2 = 1^2 + (\sqrt{2})^2 = 3$, したがって $d = \sqrt{3}$
$b=\sqrt{4}$ の場合, $d^2 = a^2 + b^2 = 1^2 + (\sqrt{4})^2 = 5$, したがって $d = \sqrt{5}$

ここで $d = \sqrt{2}$ 以降の意味を翻訳すると，

(a) d^2 (d の 2 乗) が 2 なら,$\sqrt{2}$ が d になる。
(b) d^2 (d の 2 乗) が 3 なら,$\sqrt{3}$ が d になる。
(c) d^2 (d の 2 乗) が 5 なら,$\sqrt{5}$ が d になる。

図 32 に $\sqrt{6}$ を当てはめると,

$$(\sqrt{6})^2 + 1^2 = (\sqrt{7})^2$$

紀元前の数学者が知っていた絵記号は幾何図形だけではなかった。下の表の 3 行目に相当する図 35 は,ピタゴラス派の奥義の一部だった数列を示している。これがなぜ**三角数**と呼ばれるかは,図から明らかだろう。図 36 からは,4 行目の数列を**三角錐数**と呼ぶ理由がわかる。

1	1	1	1	1	1	1	1	1	1	......
1	2	3	4	5	6	7	8	9	10	......
1	3	6	10	15	21	28	36	45	55	......
1	4	10	20	35	56	84	120	165	220	......

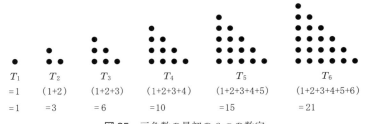

図 35 三角数の最初の 6 つの数字

この表をじっと見るとすぐに,1 行目を除く各行の数 (項と呼ぶ) に当てはまる別の構成規則がわかる。すなわち,

(ⅰ) 左の数と上の数を足したもの (たとえば $6 = 5 + 1$,$21 = 15 + 6$,$56 = 35 + 21$)

(ⅱ) 上の行の真上の数とそれより左の数全部を足したもの (たとえば 4 行目の $35 = 1 + 3 + 6 + 10 + 15$)

もっと**経済的**な,すなわち時間もスペースも節約できる法則を見つけるには,各数列で各項が現れる法則を明らかにしなければならない。まず,1 行目から同じ

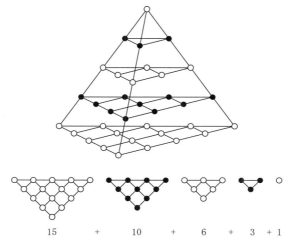

図 36 三角数から組み立てたられた 5 番目の三角錐数
三角数が自然数から作られたのと同じように作られている。
$1, \ (1+3) = 4, \ (1+3+6) = 10, \ (1+3+6+10) = 20,$
$(1+3+6+10+15) = 35$

ように組み立てられた別の数列のグループを見てみよう (図 37, 38)。

2	2	2	2	2	2	2	2	2	2	⋯⋯
1	3	5	7	9	11	13	15	17	19	⋯⋯
1	4	9	16	25	36	49	64	81	100	⋯⋯
1	5	14	30	55	91	140	204	285	385	⋯⋯

　ここでは前の表の 2 行目のいわゆる**自然数** $(1, 2, 3, 4, \cdots)$ が**奇数**に変わり，3 行目の三角数が**平方数**に，4 行目の**三角錐数**が**四角錐数**に置きかわっている。四角錐数を簡単に計算する公式は比較的最近，思いがけず役に立った。軍隊で砲弾をピラミッド状に積んでおくと，補給将校の在庫調べが簡単にできたのである。

　三角数の魅力は昔の数学の秘密集団にとって，測量士の**三角形分割**に通じるものがあったと言えそうである。**直線で囲まれた図形**は三角形に分割でき (図 12)，面積が測れる。同じように，平面図形のパターンで描かれる数列は次の例のように三角数に分割できる。

平方	三角数
1	1
4	3 + 1
9	6 + 3
16	10 + 6
25	15 + 10
36	21 + 15
以下同様	以下同様

とりあえず図形数からは離れるが，その前に上の 2 つの表の 2 行目 (自然数と奇数) を見てみよう．最初の 6 つの自然数の和を S_6 とすると，

$$S_6 = 1 + 2 + 3 + 4 + 5 + 6$$
$$S_6 = 6 + 5 + 4 + 3 + 2 + 1$$
$$2S_6 = (6+1) + (5+2) + (4+3) + (3+4) + (2+5) + (1+6)$$
$$= 7 + 7 + 7 + 7 + 7 + 7$$
$$2S_6 = 6(7), \quad S_6 = 3(7) = \frac{6}{2}(1+6)$$

次に最初の 8 つの奇数の和を Z_8 とすると，

$$Z_8 = 1 + 3 + 5 + 7 + 9 + 11 + 13 + 15$$
$$\therefore \ Z_8 = 15 + 13 + 11 + 9 + 7 + 5 + 3 + 1$$
$$\therefore \ 2Z_8 = (15+1) + (13+3) + (11+5) + (9+7)$$
$$+ (7+9) + (5+11) + (3+13) + (1+15)$$
$$= 16 + 16 + 16 + 16 + 16 + 16 + 16 + 16$$
$$\therefore \ 2Z_8 = 8(16), \quad Z_8 = 4(16) = \frac{8}{2}(1+15) = 8^2$$

ここで，以下のことがわかる．

（ⅰ） 各数列で，2 番目以降の数と前の数との差は等しく，自然数では 1，奇数では 2 である．

（ⅱ） 最初の数 (上の場合はともに 1) を f，S_n の最後の数 (上の場合は 6 か 15) を l とすると，S_n は 1 つずつ加えなくても次の式で求められる．

$$S_n = \frac{n}{2}(f + l)$$

アルキメデスやオマル・ハイヤームがそうだったように，これを言葉で表さな

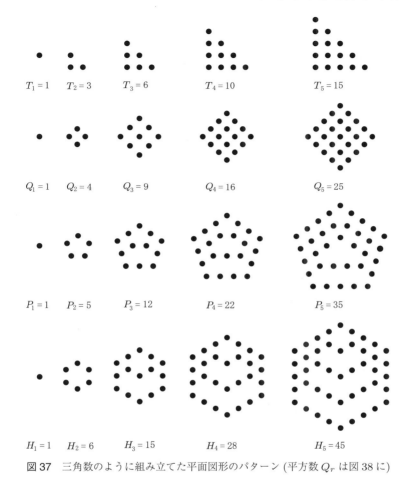

図37 三角数のように組み立てた平面図形のパターン (平方数 Q_r は図38に)

ければならないとすると，次のようなものになるだろう．

「前記の数列の最初から最後までの和を求めるには，項数の半分に最初と最後の数の和を掛ける」

このように，公式は言葉で表すより紙面と時間をずっと節約できるのは明らかである．自然数の1から100までの和を，次のようにすばやく書くことができる．

$$\frac{100}{2}(1+100) = 50(101) = 5{,}050$$

この式で最初の 100 の奇数の和を求めようとしても，それほど都合よくはいかないが，第 2 表の 3 行を見れば，$(100)^2 = 10,000$ であることがわかる．数学語の法則を使えば紙面だけでなく時間も節約できることを証明するのに，ストップウォッチはいらない．各項に同じ数 d を次々に加えて作った数式を**等差数列**と呼ぶことにする．次の数列は，$d = 5$ の等差数列の 7 項を並べたものである．

$$-8, \quad -3, \quad 2, \quad 7, \quad 12, \quad 17, \quad 22$$

上記の式より (検算してみよう)，

$$S_n = \frac{7}{2}(-8 + 22) = \frac{7(14)}{2} = 49$$

数学で使われる第 3 の絵の言語は，紀元までの 200 年間の星図と地図の作成から生まれた．俗に**グラフ**と呼ばれる座標幾何学である．本領を発揮したのはニュートンの世紀になってからで，その後は多くの発見に結びついた．この方法ではユークリッド幾何学と違って，**時間**を図に組み入れることができる．たとえば，アキレス (pp.2–4) がいつ亀に追いつき追いこしたか，またその理由が明らかになる (図 1)．

数

大きさ，順序，演算の意味を述べてきたが，数の使用と数を区別する方法については，さらに多くを語らなければならない．上記の 3 領域全部に顔を出す 2 種類の数を区別しよう．0.7 や 3,264 などの数は，ナポレオン I 世やジャンヌ・ダルクのような**固有名詞**に例えることができる．もう一方の a, b, N, M, x, y などは，皇帝や聖人のような**普通名詞**に例えることができる．ただし，アルファベット文字が全部普通名詞だと思ってはいけない．古代のユダヤ人，ギリシャ人，ローマ人はアルファベットを「固有名詞」として使った．たとえばローマ人の数体系では L = 50, C = 100, D = 500, M = 1,000 であった．現在では，数字として使うのは 0〜9 の 10 個のアラビア数字だけであるが，無限級数で表せる数 (p.4) として e やギリシャ文字 π を使っている．その理由はあとで明らかになる．

関係

関係と言われるものを一般的に言葉で定義することはしない．本書で関係を表す記号は以下のものだけで足りる．

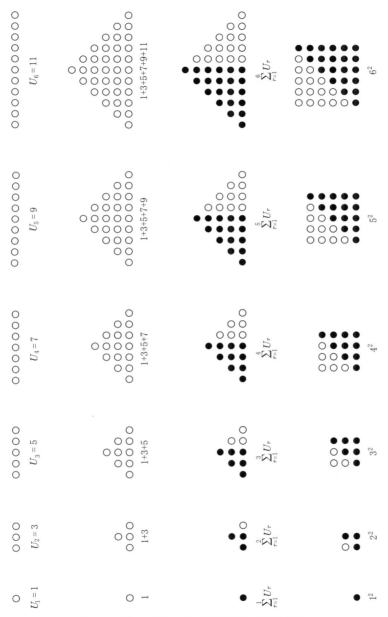

図38 最初の奇数 n 個の和で表される平方の和

$a = b$　　a は b と等しい

$a \neq b$　　a と b は等しくない

$a^2 \equiv a \times a$　　a^2 は $a \times a$ と同じものである

$a \simeq b$　　a は b とほぼ等しい

$a > b$　　a は b より大きい

$a < b$　　a は b より小さい

$a \geq b$　　a は b 以上である

$a \leq b$　　a は b 以下である

演算

演算は何かをせよという指示で，最も初歩的なものは子供のときに習う $+$, $-$, $\times$, $\div$ である。

$$a + b \equiv b + a, \quad a \times b \equiv b \times a$$

などの**交換可能な**演算と，

$$a - b \neq b - a \quad (b = a \text{ のときを除く}),$$
$$a \div b \neq b \div a \quad (b = a \text{ のときを除く})$$

などの**交換不可能な**演算がある。

$+$ と $-$ は我々の用語集に不可欠だが，$\times$ と $\div$ はそうではなく，同義語を使うことのほうが多い。2×5 は $2(5)$ と，$a \times b$ は ab と書くことができる。ただし $b = c + d$, したがって $ab = a(c + d)$ のようなときはカッコを使う。$a \div b$ は $\frac{a}{b}$ とも $a : b$ とも書ける。$b^{-1} \equiv 1 \div b$ (p.68) と書くなら同じように $a \div b = ab^{-1}$ と書けるし，2×5 は $2 \cdot 5$ とも書ける。

掛け算は**反復加法**，すなわち ab は a を b 回加えることだと学校で習う。同様に，割り算は**反復減法**だが，この言い方だと違いがはっきりしない。a と b が整数なら，ab は整数である $(28 \times 3 = 84)$。つまり，計算が完結する。しかし ab^{-1} は，同じようには正確な結果が出ない可能性がある。28 と 3 は整数だが，$28 \div 3 \equiv 28 \cdot 3^{-1} = 9.3$ となって，整数ではない。

足し算と掛け算，引き算と割り算にこのような関係があるように，足し算と引き算，掛け算と割り算の間にも大切な関係がある。それぞれが，**逆の演算**になっている。それを数学の記号言語では，次のように表すことができる。

(ⅰ) $(a+b) = c \equiv a = (c-b) \equiv b = (c-a)$
例 $(3+4) = 7 \equiv 3 = (7-4)$
(ⅱ) $ab = c \equiv a = c \div b$
例 $3 \cdot 4 = 12 \equiv 3 = 12 \div 4$

最後の式から，分数のたすき掛けの法則が得られる．

$$\frac{a}{b} = \frac{c}{d} \equiv ad = bc$$

例 $\dfrac{5}{3} = \dfrac{35}{21} \equiv 5(21) = 3(35)$

= でつながった等式では，両辺に同じ数を足したり掛けたり，両辺から同じ数を引いても，両辺が等しいことに変わりはない．

$$a = b \equiv (a+c) = (b+c) \equiv (a-c) = (b-c) \equiv ac = bc$$

これは $c = 0$ でも同じだから，0 を含む任意の数 N について，次の式が成り立つ．

$$N + 0 = N, \quad N(0) = 0$$

割り算を含む**簡約**の法則については，c がゼロでないときだけ次の関係が成り立つ．というのは，$0 \div 0$ に実体がないからである．

$$c \neq 0 \text{ なら } \frac{a}{b} = \frac{ac}{bc}$$

例 $\dfrac{5}{7} = \dfrac{15}{21} = \dfrac{3 \cdot 5}{3 \cdot 7}$

$a(b+c) \equiv ab + ac$ と同様に，$(a \neq 0$ なら$)$ $(b+c) \div a \equiv (b \div a) + (c \div a)$ といえる．簡約法則を使えば，次のように分数の足し算や引き算ができる．

$$\frac{a}{c} + \frac{b}{d} \equiv \frac{ad}{cd} + \frac{bc}{cd} \equiv \frac{ad + bc}{cd}$$

$$\frac{a}{c} - \frac{b}{d} \equiv \frac{ad}{cd} - \frac{bc}{cd} \equiv \frac{ad - bc}{cd}$$

分数の掛け算は次のようになる．b も d もゼロではないものとし，$a = pb$, $c = qd$ を代入すると，簡約の法則によって次のようになる．

$$\left(\frac{a}{b}\right)\left(\frac{c}{d}\right) = pq = \frac{pq \cdot bd}{bd} = \frac{pb \cdot qd}{bd} = \frac{ac}{bd}$$

本書の初めのほうでは，$1, 4, 7, 10, 13, \cdots$ や，$1, 3, 9, 27, 81, \cdots$ のように**ある法則**でつながった数列を扱う演算記号が必要だった．しかし，それを完全に理解す

るには，こうした数列の各項の順番を表す数の使用法も，明らかにしなければならない (p.80)。

まず，数学の多くの分野で，ある演算を何度行ったらいいかを数字や文字を使って示す点に注目しよう。たとえば，$3 \times 3 \times 3 \times 3$ の代わりに 3^4 と書く。ほとんどの人は3を4つ掛けたものと考えるが，下記のように**1に3を4回掛ける**と考えたほうがいい。

$$3^4 = 1 \times 3 \times 3 \times 3 \times 3, \quad 3^3 = 1 \times 3 \times 3 \times 3, \quad 3^2 = 1 \times 3 \times 3,$$
$$\text{したがって} \quad 3^1 = 1 \times 3 (= 3), \quad 3^0 = 1 \, (\text{1に3をゼロ回掛けたもの})$$

高等数学では通常，いわゆる逆の演算をマイナス記号で表す。すなわち 3^{-4} は1を3で4回割ることを示す。数の累乗をこのように解釈することが，いくつかの意味で非常に有益であることは後でわかる。参考までに一部を表にしておく。

$$n^1 = 1 \cdot n \qquad\qquad n^{-1} = 1 \cdot \frac{1}{n}$$

$$n^2 = 1 \cdot n \cdot n \qquad\qquad n^{-2} = 1 \cdot \frac{1}{n} \cdot \frac{1}{n}$$

$$n^3 = 1 \cdot n \cdot n \cdot n \qquad\qquad n^{-3} = 1 \cdot \frac{1}{n} \cdot \frac{1}{n} \cdot \frac{1}{n}$$

$$n^4 = 1 \cdot n \cdot n \cdot n \cdot n \qquad\qquad n^{-4} = 1 \cdot \frac{1}{n} \cdot \frac{1}{n} \cdot \frac{1}{n} \cdot \frac{1}{n}$$

$$n^5 = 1 \cdot n \cdot n \cdot n \cdot n \cdot n \qquad n^{-5} = 1 \cdot \frac{1}{n} \cdot \frac{1}{n} \cdot \frac{1}{n} \cdot \frac{1}{n} \cdot \frac{1}{n}$$

$$n^0 = 1$$

n^{-a} のように $-a$ を使うのは，n^a を n で割るとき a から -1 を引くという引き算の考えと一致する。$n^a \div n = n^{a-1}$ となり，たとえば次の通りである。

$$100{,}000 \div 100 = (10^5 \div 10^2) = 10^3 = 1000$$

しかし絵記号を使うにしても使わないにしても，実用目的の計算手段がそろばんしかなかった時代には，これは非常に難しかっただろう。そこで，引き算とはどういうことか，もっと詳しく考えてみたい。

マイナス記号の使用

a から b を引くという意味の $a - b$ については，a 個のそろばんの玉から b 個を取り去る，または a の長さの線に沿って b の長さの線を描いて $(a - b)$ の長さの

部分を作ることによって，マイナス記号が表す演算を目に見えるようにすることができる。その場合，下記の2つの仮定が必要である。

（ⅰ）$a > 0$。これについては後で，やや誤解を招く表現とみなすことになるが，a はいわゆる**正**の数である。

（ⅱ）$a \geq b$。すなわち，a は b より大きいか，$a = b$ で $(a - b) = 0$。

引き算に昔ながらのマイナス記号を使うのは，**等式の両辺を等しく保つ**，すなわち左右の辺の項を移すとき，＋を－に，－を＋に変えることを意味する。ユークリッド幾何学の公理の1つは，a と c が等しければ $a + n = c + n$ ($a = 3 = c$ で $n = 5$ なら，$a + n = 8 = c + n$) という自明のことである。同様に，$a = c$ なら $a - n = c - n$ ($a = 7 = c$ で $n = 4$ なら，$(a - n) = 3 = (c - n)$) になる。上記の2つを合わせると，

$$(a - b) = c \equiv (a - b) + b = c + b, \quad \text{したがって } (a - b) = c \equiv a = c + b$$

同様に，

$$a = (c - b) \quad \text{なら} \quad (a + b) = c$$

$a \geq b$ なら，$(a - b)$ を線の一部やそろばんの玉で表せるが，逆の場合にどうなるかは，a と b がそれぞれ貸方と借方にあって，$a < b$ だと赤字になる帳簿を考えればいい。数字の上では，赤字を c とすると $a + c = b$ または $a = b - c$ である。両辺に同じ量を加えても赤字すなわち貸方残高に変化はないから，

$$(a - b) = (b - c) - b = -c$$

これで $-c$ の意味がわかる。たとえば -10 ドルは 10 ドルの赤字である。温度計の目盛にマイナス記号を使った場合もまったく同じで，気温が夜間の $5°$ から明け方に $8°$ 下がると，気温は $(5 - 8) = -3°$ になる。だが学校で習う次のような**記号の法則**を，温度計の目盛や帳簿の記帳方法で意味づけできるとは限らない。

$$(+a) \times (+b) \equiv +ab$$
$$(+a) \times (-b) \text{ または } (-a) \times (+b) \equiv -ab$$
$$(-a) \times (-b) \equiv +ab$$

割り算の法則もこれと同じで，次のようになる。

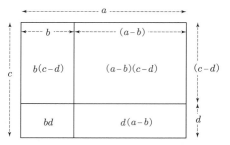

図 39 符号の法則を幾何学的に表したもの

$a > b$, $c > d$ と仮定すれば,
$(a-b)(c-d) + bd + b(c-d) + d(a-b) = ac$
$(a-b)(c-d) + bd + bc - bd + ad - bd = ac$
$(a-b)(c-d) + bc + ad - bd = ac$
両辺から bc と ad を引き, bd を加えると,
$(a-b)(c-d) = ac - ad - bc + bd$

$$(+a) \div (+b) \equiv +(a \div b)$$
$$(+a) \div (-b) \text{ または } (-a) \div (+b) \equiv -(a \div b)$$
$$(-a) \div (-b) \equiv +(a \div b)$$

$(a+b)$, $(a-b)$, $(c+d)$, $(c-d)$ がどれもゼロより大きければ, 線の一部で表すことができるし, 下記の解を長方形の面積とする図を描くこともできる (図 39)。

$$(a+b)(c+d) = ac + ad + bc + bd$$
$$(a+b)(c-d) = ac - ad + bc - bd$$
$$(a-b)(c+d) = ac + ad - bc - bd$$
$$(a-b)(c-d) = ac - ad - bc + bd$$

だが, この種の図形に記号の法則を当てはめるには条件がある。$(-a) \times (-b) = ab$ と書くだけでは正しくない。貸借対照表や温度計の目盛でも表せない。当座貸越どうしを掛けたり, 当座貸越に貸方残高を掛けたりするのが意味をなさないのは明らかである。マイナス 5° にプラス 8° を掛けるのも, 意味不明である。ただ, 当座貸越や貸方残高, または温度計のプラスやマイナスの数値に**符号のない数**を掛けることはありうる。たとえば $7(-3°) = -27°$ の意味はわかる。しかし $(-3°)(-7°)$ と書くと意味は不明である。要するに, 幾何学図形が当てはまらない状況で記号

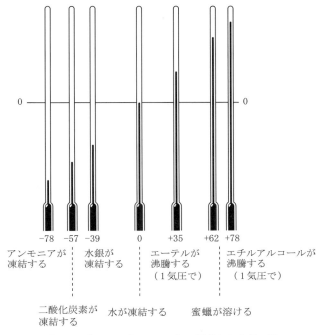

図 40 『ワールズ・ワーク』に掲載された負の数

の法則を使いたいと思ったら，別の解釈を探さなければならない。$-n$ をいわゆる**負の数**と考えず，演算した，あるいはこれから演算する数と考えれば，別の解釈を見つけやすい。(-1) を掛けること，とすれば明らかになる。

そのために，まず温度計を図 41 のように球を左にして横に置いてみよう。$0°$ より左の温度 t は $-t°$ になる。次に $-t°$ は，プラス目盛の t を反時計回りに $180°$ 回したものと見ることができる。これをもう一度やると，プラスの部分に戻る[3]。今度は $-t$ を，数 t と，実施した (またはこれから行う) 演算 (-1) を合わせたものと考えることができる。これは $(-1)t$ とも書けるし，比喩的に (-1) を掛ける演算と言うこともできる。これを 2 回行うと 2 重演算 $(-1)(-1)$ は $(-1)^2$ と書くことができ，$360°$ 回したのと同じことになる。したがって次のようになる。

$$-t \equiv (-1) \cdot t, \quad (-1)^2 \cdot t \equiv t$$

---

[3] この場合，回す方向は時計回りでも反時計回りでも関係ない。ただし $\sqrt{-1}$ の意味を考えるときは別だが。

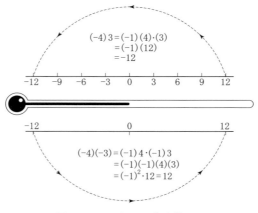

図 41 (-1) と $(-1)^2$ を掛ける

したがって，$n(-t) = -nt$ と書いてもいい。つまりマイナスの位置にある目盛 t を n 回続けて延長したという意味である。だが，$(-n) \cdot t$ と考えると，t はプラス側の t の位置を意味し，まず n を掛けてから (-1) を掛けたもの，$(-1)(n \cdot t)$ ということになる。これには，プラスの部分の目盛 t を n 回延長してから $180°$ 回すか，プラスの t 目盛を $180°$ 回してから n 回延長するかの，2 通りの順序がある。したがって記号の法則を次のように書くことができる。

$$(-a)(b) \equiv (-1)a(b) \equiv -ab$$
$$(a)(-b) \equiv a(-1)b \equiv -ab$$
$$(-a)(-b) \equiv (-1)^2 ab \equiv ab$$

ニュートンの時代の数学者も自信をもって解釈できなかった，謎めいた $i \equiv \sqrt{-1}$ も，同じように目盛を回せば -1 と同じで少しも不可思議ではないことを，後で説明する。

割り算，比，比率

　マイナス符号のついた演算にはユークリッド幾何学やそろばんを使った計算では伝えられない意味があった，と言明してほしかった読者もいるだろう。ここで交換不可能な演算である**割り算**を考えてみよう。今では，$27 \div 4$，$27 : 4$，仮分数の $\dfrac{27}{4}$ を区別する意味はない。$a \times b$ を ab または $a(b)$ と書くのと同じことである。だが昔は，そうではなかった。そろばんでも，整数 a は整数 b で割り切れる。

a が b と別の整数 m との積であればの話だが。

　現在では，数の範囲を正確に述べることができれば，それは正確だということになる。そして分数に十進表記を使うことで，プラトンにとっては正確ではなかった2つの数の割り算も正確にできる。次の a と b について，$a \div b$ の意味を考えてみよう。

$$1.125 < a < 1.126, \quad 2.666 < b < 2.667$$

ここで $a \div b$ は次の場合が考えられる。

$$1.125 \div 2.666, \quad 1.125 \div 2.667, \quad 1.126 \div 2.666, \quad 1.126 \div 2.667$$

この中で最も小さい分数になるのは，分母が最大 (2.667) で分子が最小 (1.125) の場合であり，最も大きい分数になるのは，分子が最大 (1.126) で分母が最小 (2.666) の場合である。

$$\frac{1.125}{2.667} < \frac{a}{b} < \frac{1.126}{2.666}$$

つまり，$a \div b$ は 0.4218 と 0.4223 の間にある。これは2つの測定値の比に望める最も正確な記述である。

　比というものをもっと深く探究しようと思えば，まず**比率**が何を意味するかを明らかにする必要がある。日常語では，比率という語を2つの意味で使う。男女共学の大学で男子学生の比率が 60% だというのは，集団全体 (全学生) の中の一部 (男子学生) の数が $\frac{3}{5}$ ということだ。だがガソリン消費量が走行距離に比例する (directly proportional) というときは，集団の一部を他との比率で示しているのではない。ガロンとマイルのような異なる単位体系間の関係を言っているのである。g_a (たとえば2) ガロンに対して m_a (たとえば70) マイル，g_b (たとえば5) ガロンに対して m_b (たとえば175) マイル，というように，2つの単位の間に対応する組み合わせがあると言っているのである。また比例とは，すべての m 値が対応する g 値の一定の倍数 (**比例定数**) であることを意味する。たとえば1ガロンに対応する走行距離が 35 マイルだとすると，$m = 35g$ で比例定数は 35 である。

　$x = Cy$ のとき x は y に比例するという場合，定数 C の数値は使う単位 (マイルとガロン，キロメートルとリットルなど) によって決まる。ただし特定の単位に限定される数値定数を使わず，より一般的な形でこの関係を表すことができる。$m_a = 35g_a$, $m_b = 35g_b$ だから，

$$\frac{m_a}{m_b} = \frac{35 g_a}{35 g_b} \quad \text{したがって} \quad \frac{m_a}{m_b} = \frac{g_a}{g_b}$$

言い換えれば，第1の組 ($q_1 : q_2$) の比が対応する第2の組 ($Q_1 : Q_2$) の比と等しければ，ある量 (q) は他の量 (Q) に比例すると言える．この場合，等式の片側の量はともにマイルとかガロンのように，同じ単位で表される．どちらかに決めれば，距離がマイルでもキロメートルでも，消費量がガロンでもリットルでもかまわない．

タイヤ内の空気の体積 (v) と圧力 (p) の関係はこれとは違って，特定の単位 (たとえば立方フィートとポンド/平方フィート) について，積 pv が一定値 K だと言える．そこで，たすき掛けの法則となる下記の理由で，圧力と体積の関係を**反比例**と呼ぶ．すなわち，対応する組について次の関係が成り立つ．

$$p_a \cdot v_a = K = p_b \cdot v_b, \quad \text{したがって} \quad \frac{p_a}{p_b} = \frac{v_b}{v_a}$$

ここで，任意の組み合わせの圧力の比は対応する体積の比の逆数に等しい．反比例の場合も，単位は統一されていれば何でもいい．以下に便利な方法を書いておく．マイルとガロン，圧力と体積のように組み合わせられる2つの**変数**を結びつける式では，同じ単位体系を使う場合，値が一定である量 (定数) を**大文字**で表す．たとえば比例の式は $x = Cy$，反比例の式は $xy = K$ のようになる．

上記の2通りの比例の定義から，ギリシャ幾何学を世界の研究から絶縁させることになった分かれ目がわかる．理由は後で検討するが，プラトンの教えの影響を受けた完全主義者たちは，2つの**通約不能数**($\sqrt{2}$ や $\sqrt{5}$) の比がありうるという考えを受け入れなかった．だが，1組の数の比が他の組の比と等しいということは拒否しなかった．プラトンの弟子のエウドクソスが練り上げ，ユークリッドがそっくり受け継いだこの学説では，2つの円の周の比 ($p_1 : p_2$) と対応する直径の比 ($d_1 : d_2$) は等しかった．逆にユークリッドは，比を割り算に変えられるとは思わなかっただろう．だが，ここで細かい区別にこだわる必要はない．この法則からは，直径から円周を求める方法は生まれないという事実のほうが重要だろう．直径から円周を求めるには，**比例定数**を図に組み込まなければならない．ペリメーター (perimeter) は**周囲の長さ**を表すギリシャ語，π はローマ字の P を表すギリシャ語であることから，昔から π がこの定数として使われてきた (p.42)．そこでこの法則は $p = \pi d$ と記すことができる．アルキメデスとアレクサンドリアの後継者がユークリッドの粗い測定を復権させた．再び**数**を使うようになったという

ことは，不完全な測定器具しかない不完全な人々に用が足りる程度には，比例定数を詳細に計算できると考えていたことを意味する．

2 種類の大きさ

数字が大きさ，順序，形の言語だと言うには，この 3 つの名詞の意味を知らなければならない．形は自明のものと考えていいだろうが，大きさと順序には慎重な考察が必要である．大きさには**数えたもの**と**測ったもの**がある．この違いは大きい．牧草地にいる羊の数は，数え間違いがない限り結果は 1 つである．だが，牧草地の 1 辺の測定値は 1 つではない．羊の数を n_s 匹としたとき，$n_s = 25$ は正しいか間違っているかのどちらかだが，牧草地の 1 辺を L_f ヤードとしたとき，$L_f = 25$ が完全に正しいことはありえない．また，いかなる測定値も，正確に記すことはできない．

この違いについてはすでに述べた (p.26) が，**対応付け**という観点から，もう一度考えてみたい．牧草地に羊が 25 匹いるとして，頭の中で羊を 1 列に並べ，それぞれの横にカブを 1 つずつ並べていく．カブが残らなければ，カブも 25 個あったことがわかる．牧草地の辺の長さの対応付けは，そうはいかない．物差しの目盛の間隔や目盛自体の幅がすべての物差しでまったく同じという保証はない．それだけでなく，計測能力にも限界がある．

私が書いている紙の長さ (L) について考えてみよう．物差しの目盛の間隔は $\frac{1}{10}$ インチ (にできるだけ近い) とする．物差しのゼロ目盛 (にできるだけ近いところ) を紙の端に当てると，反対の端は 108 番目や 110 番目より 109 番目の目盛に近い．したがって，俗な言葉では長さが 10.9 インチだと言える．だが，$L = 10.9$ と書くのは，厳密には正しくない．正しいと言えるのは，10.85 インチと 10.9 インチの間のどこか，または 10.9 インチと 10.95 インチの間のどこか，ということである．下記の (ⅰ) と (ⅱ) を結びつけて (ⅲ) のようにもいえる．

(ⅰ)　$10.85 < L < 10.9$,　(ⅱ)　$10.9 < L < 10.95$,　(ⅲ)　$10.85 < L < 10.95$

言い換えれば，目盛の間隔を d (それ自体が近似値)，最も近い目盛を nd，長さを L とすると，ざっと $L = nd$ という意味は，せいぜい下記のどれかにすぎない．

$$\left(n - \frac{1}{2}\right)d < L < nd, \quad nd < L < \left(n + \frac{1}{2}\right)d, \quad \left(n - \frac{1}{2}\right)d < L < \left(n + \frac{1}{2}\right)d$$

これに関連して，数が**有理数**かどうかという問題がある．2 つの**整数** (ものを数

えるときに使う数)の比で表せる数を有理数という。以下は有理数である。

$$\frac{51}{1}(=51), \quad \frac{52}{4}(=13), \quad \frac{53}{8}(=6.625), \quad \frac{51}{13}(=3.9\dot{2}307\dot{6})$$

学校で習ったように，最後の数は次のように永遠に続く。

$$3.923076\ 923076\ 923076\ 923076\ \cdots\cdots$$

つまり，有理数には整数(たとえば上の4つのうち最初のもの)と**分数**があり，後者には次の3種類がある。

(i) 整数に約分できる。
(ii) **有限小数**で表せる。
(iii) 数が周期的に永遠に循環する**無限小数**。

(iii)の周期(循環部分)は次のように，1つないし有限の整数である。

$$3.1\dot{8}=\frac{287}{90}, \quad 3.\dot{1}\dot{8}=\frac{315}{99}, \quad 3.12\dot{8}3\dot{9}=\frac{312527}{99900}$$

小数を使えば，3.12839 は 9 の後に数字を加えても 3.1284 を超えることはなく，3.1284 になれるのは 9 を永遠につけ加えたときだけである。また，3.12839… が正確に 3.12839 になるのは，ゼロが永遠に続くときだけである。数学の簡略な表現では次のようになる。

$$3.12840 > 3.12839\cdots > 3.12839$$

したがって，いくらでも小さな範囲に閉じこめることはできるが，**厳密には定義できそうもない数**があると考えられる。そうした循環節をもたない無限小数を**無理数**という。

数字を無限に生み出す機械は作れない。したがってコンピューターでは無理数どうしを区別することに実体がともなわない。だがこれは，歴史上重要な意味をもっている。ギリシャ幾何学の先駆者たちは，これでつまずいた。当時は，そろばんに頼らない割り算の一般則である**極限**という考え —— たとえば級数 (pp.4–6) が収束するという考え —— は，分数を小数で表すという現在ではおなじみの方法と同じように，ギリシャの数の知識とかけ離れたものだった。古代の最初の非聖職数学者を襲った危機は，2 の平方根を 2 つの整数の比で表せないことであった。どうしてその問題にぶつかったのかは後で述べるとして，まずこの問題を実際に考えてみよう。1.5 の 2 乗 (1.5×1.5) は 2.25 で，1.4 の 2 乗 (1.4×1.4) が 1.96 だ

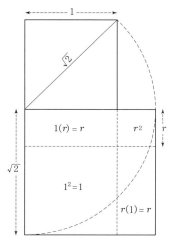

図 42　$(1+r)^2 = 2$ を幾何学的に表したもの

ということはわかっている。したがって 2 乗して 2 になる数は 1.5 と 1.4 の間にあり，$1.4 < \sqrt{2} < 1.5$ である。試行錯誤の末，次のことがわかる。

$$1.41 < \sqrt{2} < 1.42, \quad 1.410 < \sqrt{2} < 1.415, \quad 1.414 < \sqrt{2} < 1.415, \quad \cdots\cdots$$

うんざりするほどこれを繰り返しても $\sqrt{2}$ の循環小数に辿り着かないからといって，絶対に辿り着かないという保証はない。では，プラトン博士が青年たちのために開設した学園「アカデメイア」の観点で考えてみよう。彼らのジレンマは次のように発生した。三角定規を作るという太古の方法 (p.34) によって，2 辺が (聖書の単位で) 3 キュービットと 4 キュービットにできるだけ近く，斜辺が 5 キュービット (にできるだけ近い) の図形ができる。同じ方法で (図 32, 42) 1 辺が 1 キュービットの正方形を作ると，$d^2 = 1^2 + 1^2 = 2$ から対角線は $\sqrt{2}$ キュービットになる。ギリシャの算術では $\sqrt{2}$ の範囲を細かく限定できなかった。

2 の平方根が最も簡単な分数，すなわち 2 つの整数の比で表せないという事実は，一部の学者先生が思うほどわかりやすくはない。そこで，ギリシャのジレンマを段階的に見ていこう。まず，分数を共通因数のないように約分すると次のようになる。

$$\frac{33}{24} = \frac{11}{8}, \quad \frac{50}{35} = \frac{10}{7}, \quad \frac{119}{77} = \frac{17}{11}$$

そうすると，分子と分母がともに偶数（共通因数2をもつ）ということはない．昔の人が奇数と偶数をそれぞれ**男**と**女**と考えたのにならって (p.134)，奇数を M と m，偶数を F とする．2乗すると2に近い比を例にとると，約分した比は次の3種類しかない．

$$\frac{M}{F} \text{ たとえば } \frac{11}{8}, \quad \frac{F}{M} \text{ たとえば } \frac{10}{7}, \quad \frac{M}{m} \text{ たとえば } \frac{17}{11}$$

個々に可能性を調べてみよう．

（i） 最初の $(M:F)$ が2の平方根だとすると，$(M:F)^2 = 2$ となり，$M^2 = 2F^2$ になる．奇数は因数2を含まないから，その2乗も含まない．したがって，これはありえない．

（ii） 3番目が成り立つのは $M^2 = 2m^2$ のときだけである．その場合，2が M の因数となり，M は奇数ではなくなるから，これもない．

（iii） 残るは $F^2 = 2M^2$ だが，偶数の2乗は因数として4をもつから，M^2 は2を含まなければならない．M は奇数だから，それはありえない．したがって2の平方根はふつうの分数では表せない．

プラトンの時代の人々が循環無限と非循環無限の区別 —— もっと単純に言えば小数で表せること —— を知っていたら，話は違っただろう．ある数が偶数か奇数かは，最後の数字で決まる．たとえば5943, 4945, 5947, 5949は奇数で，5940, 5942, 5944, 5946, 5948は偶数である．$a \div b$ の a と b それぞれに無限に数字を付け足していくとすれば，どちらの最後の数字も決まらない．非循環の無限小数は，分子と分母が整数である分数では表せないのである．

各辺の長さが1の正方形の対角線を，彼らが言う正確な数で表せないことがわかったプラトン学派の幾何学者は，対角線が辺と**通約不能**と言った．だが現実生活では，辺そのものが互いに通約不能である．なぜなら前にも述べたように，辺の長さ（L または l）について言えるのは，$L_1 < L < L_2$ または $l_1 < l < l_2$（L_1, l_1 は下限，L_2, l_2 は上限）だけだからである．その場合，比 $R(=L:l)$ は L が最小で l が最大のとき最小であり，L が最大で l が最小のとき最大になる．

$$R_1 = (L_1 \div l_2) \text{ で } R_2 = (L_2 \div l_1) \quad \text{なら} \quad R_1 < R < R_2$$

数学の専門家は無理数を次の2つに分けて考える．

（i） 2の平方根や4の五乗根のような数（**無理数**），

(ii) 円周と直径の比を表すπのような数(**超越数**)。

πは約 22 : 7 であり，不確定な範囲を $\dfrac{1}{3000\,万}$ 未満にすれば，

$$3.1415926 < \pi < 3.1415927$$

になる。2と10の平方根を誤差の範囲 $\dfrac{1}{100\,万}$ 未満で表すと，次のようになる。

$$1.414213 < \sqrt{2} < 1.414214$$
$$3.162277 < \sqrt{10} < 3.162278$$

コンピューターのプログラムでは，この区別はあまり意味がない。せいぜい，無理数を必要な程度に詳しく ($\sqrt{2} \simeq 1.4142$, $\pi \simeq 3.1416$ など) 表すようにプログラムできるだけである。その方法は3つある。第1の方法は反復法，すなわち $\sqrt{2}$ について示した (p.77) ように，逐次近似の方法である。第2の方法は，ある項以降の和が一定の値を超えない**無限級数**を使うもので，$\sqrt{2}$ の無限級数は **2項定理** で得られる (下巻 p.110)。πの無限級数は，次のようになるとだけいっておく (下巻 p.174)。

$$\frac{1}{4}\pi = 1 - \frac{1}{3} + \frac{1}{5} - \frac{1}{7} + \frac{1}{9} - \frac{1}{11} + \frac{1}{13} - \cdots\cdots$$

整数の平方根，πの値，もう1つの重要な超越数 e を求める第3の方法がある (下巻 p.115)。e は次の無限級数で表せる。

$$e = 1 + \frac{1}{1} + \frac{1}{2 \cdot 1} + \frac{1}{3 \cdot 2 \cdot 1} + \frac{1}{4 \cdot 3 \cdot 2 \cdot 1} + \frac{1}{5 \cdot 4 \cdot 3 \cdot 2 \cdot 1} + \cdots\cdots$$

この級数の和が一定限度を超えないことを理解するのは難しくはない。第11項と第12項の分母はそれぞれ $10 \cdot 9 \cdot 8 \cdots 3 \cdot 2 \cdot 1$ と $11 \cdot 10 \cdot 9 \cdots 3 \cdot 2 \cdot 1$ になる。したがって第11項より後の項は前項の $\dfrac{1}{10}$ より小さいので，最初の11項に次の12項以降を加えても，最後の小数位の数値は変わらない。このようにして計算すると，小数第7位までは誤差のない状態で，次のように表せる。

$$2.71828182 < e < 2.71828183$$

いわゆる通約不能数を表す第3の方法は第2の方法より歴史が古く，$\sqrt{2}$ は次のようになる。$2^2 = 4$, $1^2 = 1$ だから $1 < \sqrt{2} < 2$。したがって $(1+r) = \sqrt{2}$ (図42) とすると，$(1+r)^2 = 2 = (1 + 2r + r^2)$, $2r + r^2 = 1$ から $r(2+r) = 1$。したがって

$$r = \frac{1}{2+r}$$

右辺の r は次のように無限に置き換えることができる。

$$r = \cfrac{1}{2+\cfrac{1}{2+r}} \qquad r = \cfrac{1}{2+\cfrac{1}{2+\cfrac{1}{2+r}}}$$

右辺の r を次々に置換していくと，左辺の r との差がだんだん小さくなり，$1+r$ の 2 乗は 2 より大きくなったり小さくなったりを繰り返す。最初の 3 つは次のとおり。

$$\frac{1}{2} = 0.5, \quad \cfrac{1}{2+\cfrac{1}{2}} = 0.4, \quad \cfrac{1}{2+\cfrac{1}{2+\cfrac{1}{2}}} = 0.41\dot{6}$$

すなわち $\sqrt{2} \simeq 1.5$, $\sqrt{2} \simeq 1.40$, $\sqrt{2} \simeq 1.41\dot{6}$ である。次は $\sqrt{2} \simeq \dfrac{41}{29}$。最初の 4 つの近似値を 2 乗すると，

$$2\frac{1}{4}, \quad 1\frac{24}{25}, \quad 2\frac{1}{144}, \quad 1\frac{840}{841}$$

4 つ目の近似値と 2 との差は $\dfrac{1}{1000}$ 強である。この方法で $\sqrt{4}$ を求めると，$\sqrt{4} = (3-r)$ から $r(6-r) = 5$。上記のようにすると値は次第に正解の 2 に近づく。つまり，有理数かどうかに関係なく，整数の平方根は**連分数**で表せる。その方法は 2 つある。N が n^2 と $m^2 = (n+1)^2$ の間にあるとする。n^2 のほうに近ければ $(n+r)^2 = N$ だが，m^2 のほうに近ければ $(m-r)^2 = N$ と書いたほうがいいだろう。たとえば $2^2 = 4$, $(2.5)^2 = 6.25$, $3^2 = 9$ だから $\sqrt{5}$ も $\sqrt{8}$ も 2 と 3 の間にある。$\sqrt{5}$ には 2 のほうが近く，$\sqrt{8}$ には 3 のほうが近いから，次のように書くのがいい。

$$(2+r)^2 = 5 \text{ から } 4 + 4r + r^2 = 5, \ r(4+r) = 1$$
$$(3-r)^2 = 8 \text{ から } 9 - 6r + r^2 = 8, \ r(6-r) = 1$$

ランクと順序

数字はものを数えたり測定値を表したり演算を示したりする (n^3 など) だけで

なく，暦のように順番を記すのにも使う．それがおそらく最も古い数字の使い方だということは，すでに述べた．また，級数を扱う数学の大部分でも，中心的役割を果たすのは順番である．級数とは，各項がそれ以前の項と一定の法則でつながっている数列を和の形に書いたものである．次のように順に並んでいる自然数は，各項が直前の項に最も単純な法則でつながっている数列である．

$$1, 2 = (1+1), 3 = (2+1), 4 = (3+1), 5 = (4+1), \cdots\cdots$$

おなじみの級数に，アキレスと亀のパラドックス (p.4) で見た小数 11.i がある．この種の級数の連続する項を結びつける法則をできるだけ簡潔に表すために使う整数を**ランク** (順番を表す数字) と呼ぶ．最初の項をランク 1 の項としてもいいが，しなくてもいい．重要なのは，ランク r の項の次の項をランク $(r+1)$ の項と呼び，最初の項を除いてランク r の項の前の項をランク $(r-1)$ の項と呼ぶことである．ランク r の項を**下つきの添字**を使って t_r とする．たとえば，下の数列で $t_3 = 10^{-3}$ はランク 3 の項である．

ランク $(r) =$	1	2	3	4	5	$\cdots\cdots$
項 $(t_r) =$	0.1	0.01	0.001	0.0001	0.00001	$\cdots\cdots$
	$\dfrac{1}{10}$	$\dfrac{1}{10^2}$	$\dfrac{1}{10^3}$	$\dfrac{1}{10^4}$	$\dfrac{1}{10^5}$	$\cdots\cdots$

項をこのように表現すると，法則の表現方法が他にもあることがわかる．ランク r の項を t_r とすると，次のように書くことができる．

$$t_r = \frac{1}{10} \cdot t_{r-1} \quad \text{または} \quad t_r = \frac{1}{10^r}$$

数列をこのように書くことは，仰々しいことではない．似た法則の数列を考えてみよう．

$(r) =$	1	2	3	4	5	$\cdots\cdots$
項 $(t_r) =$	10	100	1000	10000	100000	$\cdots\cdots$
	10^1	10^2	10^3	10^4	10^5	

これは次のようにも書ける．

$$t_{r-1} = \frac{1}{10} t_r \quad \text{または} \quad t_r = 10^r$$

ここでランク r の使い方を少し変えて，上の数列を次のように表してみよう．

$$
\begin{array}{cccccc}
r = & -1 & -2 & -3 & -4 & \cdots\cdots \\
t_r = & 0.1 & 0.01 & 0.001 & 0.0001 & \cdots\cdots \\
& 10^{-1} & 10^{-2} & 10^{-3} & 10^{-4} & \cdots\cdots
\end{array}
$$

以下のように，各項のランクが前の項 (左) より 1 つ小さくなるように並べ換えると，各項は前の項の $\dfrac{1}{10}$ になる。

$$
\begin{array}{ccccccccc}
r = & 4 & 3 & 2 & 1 & 0 & -1 & -2 & -3 & \cdots\cdots \\
t_r = & 10{,}000 & 1000 & 100 & 10 & 1 & \dfrac{1}{10} & \dfrac{1}{100} & \dfrac{1}{1000} & \cdots\cdots \\
& 10^4 & 10^3 & 10^2 & 10^1 & 10^0 & 10^{-1} & 10^{-2} & 10^{-3} & \cdots\cdots
\end{array}
$$

これを，次のように各項のランクが前の項 (左) より 1 つ大きくなるように昇順で並べ換えると，各項は前の項の 10 倍になる。

$$
\begin{array}{cccccccc}
r = & -3 & -2 & -1 & 0 & 1 & 2 & 3 & 4 \\
t_r = & 0.001 & 0.01 & 0.1 & 1 & 10 & 100 & 1000 & 10{,}000 \\
& 10^{-3} & 10^{-2} & 10^{-1} & 10^0 & 10^1 & 10^2 & 10^3 & 10^4
\end{array}
$$

同様に，各項が前の項の **2 倍**になる**等比数列**は，次のようになる。

$$
\begin{array}{cccccccc}
r = & -3 & -2 & -1 & 0 & 1 & 2 & 3 & 4 & \cdots\cdots \\
t_r = & \dfrac{1}{8} & \dfrac{1}{4} & \dfrac{1}{2} & 1 & 2 & 4 & 8 & 16 & \cdots\cdots \\
& \left(\dfrac{1}{2}\right)^3 & \left(\dfrac{1}{2}\right)^2 & \dfrac{1}{2} & 1 & 2 & 4 & 8 & 16 & \cdots\cdots \\
& 2^{-3} & 2^{-2} & 2^{-1} & 2^0 & 2^1 & 2^2 & 2^3 & 2^4 & \cdots\cdots
\end{array}
$$

$b^0 = 1$, $b^{-1} = \dfrac{1}{b}$, $b^{-2} = \dfrac{1}{b^2}$, ... と書くとき，証明の必要なことを言っているのではなく，単に昇順で並べた各項が前の項の b 倍であるという法則でつながった**数列**を記述するときにランクをどう使うかを示しているだけである。それが唯一の正しい方法だからではなく，$t_r = b^r$ という法則を最も明確に表せるからである。

次に並び方の法則が多少わかりにくい数列を見てみよう。図 35 の**三角数**は次のようになる。

$$r = 1 \quad 2 \quad 3 \quad 4 \quad 5 \quad 6 \quad \cdots\cdots$$
$$t_r = 1 \quad 3 \quad 6 \quad 10 \quad 15 \quad 21 \quad \cdots\cdots$$

この場合，各項は前項にそのランクを足したもので，数学の文では次のようになる。

$$t_r = t_{r-1} + r, \quad \text{たとえば}, \ t_6 = t_5 + 6 = 15 + 6 = 21$$

この法則は，$r = 1$ なら $t_r = 1$ であることを知らなければ不完全なものである。各項が次のパターンになっていることは，あれこれやっているうちに気づくかもしれない。

$$r = \quad 1 \quad\quad 2 \quad\quad 3 \quad\quad 4 \quad\quad 5 \quad\quad 6 \quad\quad \cdots\cdots$$
$$t_r = \quad 1 \quad\quad 3 \quad\quad 6 \quad\quad 10 \quad\quad 15 \quad\quad 21 \quad\quad \cdots\cdots$$
$$\quad \frac{1(2)}{2} \ \frac{2(3)}{2} \ \frac{3(4)}{2} \ \frac{4(5)}{2} \ \frac{5(6)}{2} \ \frac{6(7)}{2} \ \cdots\cdots$$

これで次のように書ける。

$$t_r = \frac{r(r+1)}{2}$$

これが常に正しいと，どうしてわかるのだろう。それには，次のことを思い出せばいい。

$$t_r = t_{r-1} + r$$

したがって，

$$t_{r+1} = t_r + (r+1)$$

この法則が正しければ，次のようになる。

$$t_{r+1} = \frac{r(r+1)}{2} + (r+1) = \frac{r^2 + r + 2(r+1)}{2} = \frac{r^2 + 3r + 2}{2}$$
$$= \frac{(r+1)(r+2)}{2}$$

$r + 1$ を n とすれば，次のようになる。

$$t_n = \frac{n(n+1)}{2}$$

したがって，あるランクの値 r を次のランクの値 $r+1$ で置き換えても同じ形の式が成り立つ。そこから，数列を1項ずつ組み立てていかなくても，数列の任意の項を計算する確かな法則を得ることができる。その法則が必要なのは，数を並べたと

き，任意の項とその前の項との間になんらかの定まった関係があるときだけその数の集まりを数列と呼べるからである。以下では，各項とその直前の項との間に，上記の例のように $t_r = 2^r$ なら $t_r = 2t_{r-1}$，$t_r = \frac{1}{2}r(r+1)$ なら $t_r = t_{r-1} + r$ のような関係があると仮定する。その方法 (**数学的帰納法**) は以下のとおり。

$(r+1)$ 番目の項の式が r 番目の項の式の r に $r+1$ を代入して得られ，**最初の項についてもそのとおりなら，その後のすべての項にも当てはまる。**

この方法は一見して感じたよりもはるかに広範囲に当てはまる。たとえば下のように，数列のいくつかの項の和を並べたものそれ自体が数列になっている，という例がある。最初の r 個の奇数の和 (S_r) にこれが当てはまることは，すでに述べた (p.62) が，帰納法によってそのことを検証できる。次の例を考えてみよう。

$$
\begin{array}{cccccc}
r = 1 & 2 & 3 & 4 & 5 & \cdots\cdots \\
n_r = 1 & 3 & 5 & 7 & 9 & \cdots\cdots \\
S_r = 1 & 4 & 9 & 16 & 25 & \cdots\cdots \\
= 1 & 2^2 & 3^2 & 4^2 & 5^2 & \cdots\cdots
\end{array}
$$

2 行目の項 (奇数) は $n_r = 2r - 1$ の式を使って 1 行目から得られる。次の行の項と上の行との関係は，$S_r = S_{r-1} + n_r$ (たとえば $S_5 = S_4 + n_5 = 16 + 9 = 25$) である。2 行目の各項 n_r は 1 行目の項 (r) で表せるから，3 行目の各項と前項との関係は次の法則に従っている。

$$S_r = S_{r-1} + (2r - 1), \quad \text{または} \quad S_{r+1} = S_r + 2(r+1) - 1 = S_r + (2r + 1)$$

4 行目から (図 38)，3 行目のどの項も r^2 で表せることがわかる。最初の項にも当てはまるのは明らかである。そして既知の事柄から $S_{r+1} = (r+1)^2$ が次のように導ける。

$$S_r = r^2 \quad \text{から} \quad S_{r+1} = S_r + (2r+1)$$

したがって

$$S_{r+1} = r^2 + (2r + 1) = r^2 + 2r + 1 = (r+1)^2$$

したがって r 番目に当てはまる法則は $r+1$ の項にも当てはまる。最初の項に当てはまるなら 2 番目にも当てはまり，3 番目以降にも当てはまる。

この方法で数列のランク r の項の式を求めるとき，**最初の項をランク 1 とせずランク 0 としたほうがいい場合が多い**。その場合は次の 2 点に注意する必要がある。

(a) ランク r の項は $r+1$ の項の 1 つ前である。
(b) 両方に同じ式は当てはまらない。

最初の奇数をランク 1 とすると任意のランク r の奇数は $2r-1$ であり (たとえば 6 番目の奇数は 11)，最初の奇数をランク 0 とすると，式は $2r+1$ である。この場合は後の方法に利点はないが，下の例では最初の項をランク 0 にしたほうが，一般式が簡略になる。

$$
\begin{array}{cccccccc}
r = & 1 & 2 & 3 & 4 & 5 & 6 & \cdots\cdots \\
t_r = & 3 & 7 & 11 & 15 & 19 & 23 & \cdots\cdots \\
r = & 0 & 1 & 2 & 3 & 4 & 5 & \cdots\cdots
\end{array}
$$

上の例は**等差数列**で，最初の項をランク 1 にすると，r 番目の項の式は $3+4(r-1)$ になり，ランク 0 とすると $3+4r$ になる。**等比数列**の最初の項をランク 0 にしたほうが簡単なのは，次の例でわかる。

$$
\begin{array}{cccccccc}
r = & 1 & 2 & 3 & 4 & 5 & 6 & \cdots\cdots \\
t_r = & 3 & 6 & 12 & 24 & 48 & 96 & \cdots\cdots \\
r = & 0 & 1 & 2 & 3 & 4 & 5 & \cdots\cdots
\end{array}
$$

上の場合，式は次のようになる。

最初の項がランク 1 なら $t_r = 3(2^{r-1})$
最初の項がランク 0 なら $t_r = 3(2^r)$

第 2 章の練習問題

●やってみよう

1. $x > a > b$ と仮定して，次の法則を表す図を図 39 にならって描こう。

$(x+a)(x+b) = x^2 + (a+b)x + ab$，たとえば $x^2 + 7x + 12 = (x+4)(x+3)$
$(x+a)(x-b) = x^2 + (a-b)x - ab$，たとえば $x^2 + 2x - 15 = (x+5)(x-3)$
$(x-a)(x+b) = x^2 + (b-a)x - ab$，たとえば $x^2 - 3x - 40 = (x-8)(x+5)$
$(x-a)(x-b) = x^2 - (a+b)x + ab$，たとえば $x^2 - 10x + 16 = (x-8)(x-2)$

下の例のような他の数字でも確かめよう。

$(x-5)(x+2) = x(x+2) - 5(x+2) = x^2 + 2x - 5x - 10 = x^2 - 3x - 10$

2. 下記の式を表す図を描こう。

$(x+y+z)^2 = x^2 + y^2 + z^2 + 2xy + 2xz + 2yz$

$(g+f)(a+b+c+d) = g(a+b+c+d) + f(a+b+c+d)$

$(g+f)(a+b+c+d) = ga + gb + gc + gd + fa + fb + fc + fd$

上記に $x=2$, $y=4$, $z=7$ などを代入して検算しよう。

3. 次の整数の和を計算しよう。

(a) 7 から 21 まで。

(b) 9 から 29 まで。

(c) 1 から 100 まで。

1 つずつ足して検算しよう。

4. 下の数の和を公式と足し算で求めよう。

(a) 3, 7, 11, 15, 19, 23, 27, 31, 35

(b) 5, 14, 23, 32, 41, 50

(c) $7, 5\frac{1}{2}, 4, 2\frac{1}{2}, 1, -\frac{1}{2}$

5. 30° の角を描き，その角を挟む 1 辺の任意の点から，その辺に直角で他の辺に交わる線を引こう。それで 1 つの角が 30° の直角三角形ができる。直角三角形の辺には特別な名前がある。直角に向かい合う最長の辺を斜辺といい，他の 2 辺は他の 2 角との関係で呼ばれる。ここでは 30° の角度を問題にしているので，それに向かい合う辺を垂辺，残る辺を底辺と呼ぶ。1 角が 30° の直角三角形を，大きさと向きを変えていくつか描き，どの向きでも垂辺，底辺，斜辺を即座にいえるようにしよう。

6. それぞれの三角形について，次の比を測ろう。

$$\frac{垂辺}{斜辺}, \quad \frac{底辺}{斜辺}, \quad \frac{垂辺}{底辺}$$

7. 1 角が 60° の直角三角形と 1 角が 45° の直角三角形を，それぞれいくつか描き，各直角三角形の比を測ろう。その比にも名前がある。任意の角を A とすると，それをはさむ辺が斜辺と底辺で垂辺が A の対辺である。$\dfrac{垂辺}{斜辺}$ を $\angle A$ のサイン ($\sin A$)，$\dfrac{底辺}{斜辺}$ を A のコサイン ($\cos A$)，$\dfrac{垂辺}{底辺}$ を A のタンジェント ($\tan A$) と

呼ぶ．いろいろな大きさの直角三角形を描いてみれば，それぞれの比が角によって決まることがわかる．

8. 直角三角形をいくつか描き，測定値の平均を取って $15°, 30°, 45°, 60°, 75°$ のサイン，コサイン，タンジェントの表を作ろう．

上で描いた三角形を見て，次の理由を考えよう．

(a) $\sin(90° - A) = \cos A$
(b) $\cos(90° - A) = \sin A$
(c) $\tan A = \dfrac{\sin A}{\cos A}$

9. 半径 1 インチの円を描き，$15°$ の角をはさむ 2 本の半径を引こう．角度は半径で切り取られる弧の比率で測れる．これを**ラジアン** (弧度) と呼び，弧が半径と等しければ，その角は **1 ラジアン**である．円周と直径の比 π の概数はすでに承知のとおり．描いた図を見れば円内で $15°$ の角が 24 できることがわかるから，切り取る弧は円周の $\dfrac{1}{24}$ である．したがって弧は直径の $\dfrac{\pi}{24}$ 倍，半径は直径の半分だから半径の $\dfrac{\pi}{12}$ 倍になる．半径は 1 インチだから，角 $15°$ は $\dfrac{\pi}{12}$ ラジアンともいえる．

10. $30°, 60°, 90°, 180°$ は何ラジアンか．

11. 1 ラジアンは何度か ($\pi = 3\dfrac{1}{7}$ とする)．1 度はラジアンの何分の 1 か．

●測定値の検証

1. 庭の辺を正確に測りたいとする．まず概数を知ろうと思えば，歩測するだろう．測量士ならチェーンとリンクという単位で計測する．1 チェーンの長さは 66 フィート，1 リンクはチェーンの $\dfrac{1}{100}$，すなわち 7.92 インチとする．ふつうの歩幅は約 $2\dfrac{2}{3}$ フィートである．したがって歩数を 4 倍した数値の下 2 桁がリンクの数値になる．垣根の長さが 120 歩なら歩幅を掛けて 4 チェーンと 80 リンク ($4 \times 120 = 480$) になる．これで距離がチェーンとリンクで表せる．

(a) 庭の 1 辺がちょうど 80 歩だとする．測量士の物差しでは 3 チェーン 20 リンクすなわち 211 フィート 2.4 インチになる．今度は床の歩幅にチョークで印をつけて物差しで測ろう．自分の歩幅と標準的歩幅の差を考慮して推定値を補正するには，どうしたらいいだろう．

注意 子供の読者は，大またにしないと差が大きくなる．

(b) 測量士は直線距離をガンター氏尺規 (7.92 インチのリンクを 100 個つなげて 66 フィートのチェーンにしたもの) で測る。これで庭の辺を測った場合の測定値の範囲はどうなるか。わかっているのは，読者の歩幅と標準的歩幅の差を補正した長さは 211 フィート 2.4 インチだということである。

(c) ときには 60 フィートのリンネルのテープにフィートとインチの目盛をつけたものを使う。濡れた牧草地を測ったら 55 フィート 4 インチに縮んでしまった。測定値をどうやって補正したらいいだろう。

2. 仕立て屋のメジャーテープの目盛の幅が $\frac{5}{8}$ mm だとする。1mm は $\frac{1}{25}$ インチ。目盛の外側，または内側で測った場合の，次の長さの最長と最短の推定値はどれだけか。

(a) 約 6 フィートの長さのカーテン。(1 フィートは 12 インチ)
(b) ベビー服の 2 つのボタンの $\frac{1}{2}$ インチの間隔。

(a) の 2 つの推定値の偏差は何%か。

●作表

3. 本章の近似法によって，1〜20 の数の平方根 (小数第 3 位まで) を表にしよう。

4. 2^n を $n = 1\,(2^n = 2)$ から $n = 12\,(2^n = 4{,}096)$ の場合について作表しよう。また，$n = 1$ から $n = 10$ までの 3^n の値を表にしよう。これらの結果を使って $n = 1$ から $n = 8$ の $\left(1\frac{1}{2}\right)^n$ と $\left(\frac{2}{3}\right)^n$ の値 (小数第 3 位まで) を表にしよう。

●大きさの言語に翻訳する

5. 次の文を数学の言語に翻訳しよう。

(a) 長さの 2 倍に幅の 2 倍 (単位は m) を加え，それに 1m あたりの柵の値段を掛けて，庭を柵で囲む費用を求める。

(b) n 人で紅茶を飲む。まず 1 人あたり茶さじ 1 杯分の茶葉をポットに入れる。おいしくするために，さらに茶さじ一杯分の茶葉をポットに加える。n 人分の紅茶をいれるのに茶葉がどれだけ必要か求める。

(c) 卵 n 個が入ったかごの重さが W，空のかごの重さが w とすると，卵 1 個の重さの平均を求めるには W から w を引いて残りを n で割る。

(d) 底辺に高さを掛けて 2 で割ると三角形の面積が得られる。

(e) a 円のお金を単利 r% で n 年預金した場合の元利合計を求める式を書く。

●代数計算

記号の使い方を学ぶときは，次の例のように算術的に照合するといい。

　　簡約しよう。$a + 2b + 3c + 4a + 5c + 6b$

代数で式を簡約するとは，計算しやすくすることである。この式は，a は a，b は b，c は c でまとめると簡単になる。

$$a + 2b + 3c + 4a + 5c + 6b = 5a + 8b + 8c$$

算術的に検算するために $a = 1, b = 2, c = 3$ を代入すると，

$$a + 2b + 3c + 4a + 5c + 6b = 1 + 2 \times 2 + 3 \times 3 + 4 \times 1 + 5 \times 3 + 6 \times 2$$
$$= 1 + 4 + 9 + 4 + 15 + 12 = 45$$

また，
$$5a + 8b + 8c = 5 \times 1 + 8 \times 2 + 8 \times 3$$
$$= 5 + 16 + 24 = 45$$

以下の問題を簡約し，同じように検算しよう。

6. 簡約しよう。

(a) $x(x + 2y) + y(x + y)$

(b) $(x + 2y + 3z) + (y + 3x + 5z) + (2z + 3y + 2x)$

(c) $(a + 1)(a + 2) + (a + 2)(a + 3) + (a + 3)(a + 1) + 1$

(d) $(x - 1)^2 - (x - 2)^2$

(e) $a^2 - ab - (b^2 + ab)$

(f) $(zx)(xy) + (xy)(yz) + (yz)(zx)$

(g) $(2ab)(3a^2b^3)$

(h) $(x^3)^2 + (x^2)^3$

(i) $(a - b)(a + 2b) - (a + 2x)(a + x) - (a - 2x + 2b)(a - x - b)$

(j) $\dfrac{2x^4 y^5}{4x^3 y^2}$

(k) $\dfrac{(3ab^2)^3}{9a^2 b^5}$

(l) $\dfrac{2ab}{3c} \times \dfrac{4cd}{8b}$

7. 等式 $xy = kz$ には

(a) z が一定なら x は y に反比例する，

(b) y が一定なら x は z に比例する，

という内容が含まれていることを十分に理解しよう。これは必ず覚えておかなければならない。(ヒント：一定の量を別の文字——定数 constant を表す C や c——で置き換える)

●単純な方程式

8．次の各式で，求めた x の値が方程式を満たすことを確認しよう。

(a)　$3x + 7 = 43$

(b)　$2x - 3 = 21$

(c)　$17 = x + 3$

(d)　$3(x + 5) + 1 = 31$

(e)　$2(3x - 1) + 3 = 13$

(f)　$x + 5 = 3x - 7$

(g)　$4(x + 2) = x + 17$

(h)　$\dfrac{x}{4} = \dfrac{1}{8}$

(i)　$\dfrac{x+2}{5} = \dfrac{x-1}{2}$

(j)　$\dfrac{x}{2} - \dfrac{x}{3} + 7 = \dfrac{5x}{6} - 5$

(k)　$\dfrac{3}{x} = 3$

(l)　$4 + \dfrac{15}{x} = 7$

(m)　$-2x - 5 + 12x - 3 - 4 = 8$

以下について，x を a と b の式で表そう。

(n)　$x - a = 2x - 7a$

(o)　$2(x - a) = x + b$

(p)　$a(a - x) = 2ab - b(x + b)$

●方程式に関する簡単な問題

答をすべて検算しよう。

9．540 ドルを A と B に，A のほうが 30 ドル多くなるように分ける (B の取り分を x とすると，A の取り分は $x + 30$ になる)。

10. 627ドルをAとBとCに，AがBの2倍，Cの3倍になるように分ける（Cの取り分をxとする）。

11. トムは1時間に4マイル，ディックは3マイル歩く。ディックが30分早く出発すると，トムは何時間後にディックに追いつくか（ディックの出発から追いつかれるまでの時間をxとする）。

12. 1ページに大型活字だと1,200ワード，小型活字だと1,500ワード入る。30,000ワードの論文を22ページに入れるには，何ページを小型活字にしたらいいか。

13. 自動車Aはガソリン1ガロンで30マイル走るが，走行には1ガロンで500マイル走るエンジンオイルが必要である。自動車Bはガソリン1ガロンで40マイル走るが，1ガロンで400マイル走るエンジンオイルが必要である。オイルとガソリンの値段が同じである場合，どちらの自動車が経済的か。

14. 早生のエンドウ豆は60フィートの畝(うね)で12箱とれ，出盛りのエンドウ豆は80フィートの畝で18箱とれる。出盛りが1箱32セントだとすると，同じ収入を得るには早生の値段を1箱いくらにしたらいいか。

15. $\sqrt{3}, \sqrt{5}, \sqrt{6}, \sqrt{10}$を連分数で表そう。それぞれを4けたの近似値で表し，2乗することによって誤差を調べよう。

●これは覚えよう

1.
$$(a+b)(a+b) = a^2 + 2ab + b^2$$
$$(a-b)(a-b) = a^2 - 2ab + b^2$$
$$(a+b)(a-b) = a^2 - b^2$$

2. 角Aについて

$$\sin A = \frac{垂辺}{斜辺} \qquad \sin(90° - A) = \cos A$$

$$\cos A = \frac{底辺}{斜辺} \qquad \cos(90° - A) = \sin A$$

$$\tan A = \frac{垂辺}{底辺} \qquad \tan A = \frac{\sin A}{\cos A}$$

3. y が定数で $x \propto z$, z が定数で $x \propto \dfrac{1}{y}$ なら, $xy = kz$[4]。

4.
$$-= -\div + \qquad += +\times +$$
$$-= +\div - \qquad -= +\times -$$
$$+= -\div - \qquad += -\times -$$

---

[4] 記号 $\propto$ は「比例する」を意味する。

第3章　飛躍をもたらしたユークリッド

　数学や科学の歴史を知ることが役に立つ理由の1つはプロローグで述べたが，もう1つの理由がある。それは，20世紀の半ば以降，ユークリッド(エウクレイデス)の肖像が学校や大学の台座からころげ落ちたことと大いに関係がある。教育とは多かれ少なかれ，現代の状況に合わなくなった伝統を永久保存するものではあるが，何々はもう現状に合わないとわかったときは，先祖が予測できなかった近道をして時間と手間を節約することができる。

　国際色豊かなアレクサンドリアの学校の偉大な教師たちの第一人者，ユークリッドの生地はわからない。エジプト人ともユダヤ人とも考えられる。だが，アレクサンドリアの他の学者たちと同じように，ユークリッドは紀元前300年頃に13巻の本をギリシャ語で書いた。ユークリッドはアリストテレスと同時代に生き，プラトンとも同時代だった可能性がある。ユークリッドの数学書のすべてにプラトン学派の影響が見える。13巻(全部残っているわけではない)でギリシャ数学の成果を網羅しているが，幾何図形を扱っているのは7巻だけである。最初の4巻に115，第6巻に33，第11〜12巻に70の証明が載っている。第12〜13巻の証明は2つを除いて立体図形を扱ったものである。

　ニュートン(1642〜1727)の時代には，ユークリッドの著作は西洋の数学教育の基礎だった。20世紀の初めにはまだ，西洋の大部分の学校で数学教育の重要な部分を占めていた。だが今は，そうではない。それを喜ぶべき理由が2つある。ユークリッドもプラトンと同じで，教育者としては最悪だった。2人とも，数学力の進歩に「王道なし」という立場で，進歩への道をできるだけ楽にしようという熱意はまったくなかった。つまり，ユークリッドのものの書き方は人を寄せつけないものだった。今の見方からすると，過度に長たらしくもあった。たとえば最も重要な発見である3:4:5の直角三角形の法則(図17)に辿り着くには，第1

巻の 40 の証明を先に咀嚼しなければならない。

　ユークリッドの教育法を近づきがたいものにした最大の原因は，彼が通約不能性 (p.74) の泥沼にはまっていたために，製図板による測定の正しい方法を示したくなかったことにある。等しい長さではなく等しい線，等しい面積ではなく等しい図形 (三角形，円，長方形など) について語りたがった。ユークリッドが第 5 巻全体を使って述べたことは私たちから見ればひどい空論と言えるものだが，ユークリッドの先輩エウドクソスはそれを使って，比の相等性を定義しようとした。図形に数も入れなければ，通約不能性を本書で $\sqrt{2}$ について使った方法や後に詳しく述べる π の近似値の求め方で示せることなど，認めもしなかったのである。

　速い計算には向かないそろばんと数字を使っていた幾何学者には，比と無限の割り算が難しかったのは理解できる。ユークリッドが初期に比を取り入れたがらなかったのは，それが理由だったかもしれない。不必要にまわりくどいのも，しっかりした基盤のない平行線の定義 (p.47) が原因である。ユークリッドの後継者アルキメデス (BC 287?～212) がしたように，ユークリッドの結果にかかずらって時間をむだにすることなく，測定に戻って平行を製図板の方法で定義すれば，後世の方法でもっと簡単に導くことができる。ユークリッド幾何学の規則では，アメリカ革命またはワーテルローの戦いまで，数学上の発見を理解するのに必要なことを正確に指摘できなかった。それらの方法が進歩に果たした役割は，ヒッパルコス (BC 190～120) からプトレマイオス (83?～168) の時代のアレクサンドリア学派のすぐれた業績の 1 つだったのだが，多くの読者はどこかで触れたことはあっても，はっきり理解してはいないだろう。

　ユークリッドがプラトンの哲学に従ってギリシャ幾何学を体系化するずっと以前に，先人たちは**三角比**の表作成に関係するあらゆる発見をして，測量士や天文学者の必要を満たしていた。本章では後知恵の利を生かして，この目的に到達するのに不可欠な道しるべであるギリシャ幾何学の規則について述べる。その多くを読者が知っているとしたら，お許し願いたい。まず，少々の定義をしておくのがいいだろう。2 つの角が**あらゆる点で等しい**とユークリッドが言うとき，2 つの角を重ねると対応する辺と角がぴったり合うという意味である。次に対応する角 ABC と DEF とは，AB = DE, BC = EF がそれぞれ挟む角であり，対応する辺 AB = DE, …… とは，両端が角 ABC = DEF と BAC = EDF の間にある辺を指す。このようにすべての点で等しい三角形を**合同** (同値) という。略号では，頂

点が B である角を ∠ABC と書いて，頂点が A, B, C である三角形 (△)ABC と区別する。

次の 8 項目は自明のこととみなす。

（ⅰ）　直角の定義から導かれる次の 2 つの規則は証明する必要がない。

> 角の規則 1 (図 14)

ある直線が他の直線上の 1 点でその直線と交わるとき，できる 2 つの角の和は 2 直角 (180°) である。

> 角の規則 2 (図 14)

2 本の直線が交わるとき，向かい合う角は等しい。

（ⅱ）　平行線を，1 本の直線と等しい角で交わる複数の直線と定義する場合 (p.45)，次のことを仮定する。

> 平行の規則 1 (図 27)

複数の直線は，それらに交わる任意の直線 (横断線) と作る角が等しければ平行である。

> 平行の規則 2 (図 27)

一組の平行線と任意の横断線が作る**錯角**は等しい。

（ⅲ）　下記のいずれかがわかれば，ある三角形と合同である三角形 (またはその鏡像) が作れる。

> 三角形の規則 1 (図 28)　　2 辺と夾角。

> 三角形の規則 2 (図 28)　　1 辺と両端の角。

> 三角形の規則 3 (図 28)　　3 辺。

（ⅳ）　円を描く方法から，中心と円周上の点との距離はすべて等しく，したがって (ⅲ) を利用して以下のことができる。

　(a)　線分を 2 等分する (図 15)。
　(b)　角を 2 等分する (図 22)。
　(c)　直線上の任意の点から垂線を立てる (図 26)。

(d) 直線外の任意の点から直線に垂線を下ろす (図 26)。

(v) 円周上の 2 点を結ぶ直線を弦と定義する。円に関する前提 (p.46) と (iii) から，等しい弦の両端と中心を結んだ直線は等しい角を作る。

(vi) それぞれ 2 本の半径で切り取られた円の部分どうしの面積は，2 本の半径が中心部で作った角が等しければ等しい。直径は円を面積の等しい 2 つの部分に分ける弦であり，その長さは半径の 2 倍である。

(vii) ここで，平行四辺形を 2 組の平行な辺でできた四辺形，長方形を **1** 角が直角である平行四辺形と定義する。これらの図形の他の点については，証明が必要である (図 27)。

(viii) 長方形の面積 (図 10) は隣接する 2 辺を掛けたものに等しく，三角形の面積 (図 11) は同じ底辺と高さをもつ長方形の面積の半分である。

これで，ユークリッドの 7 巻の本を知るのに必要な 7 つの規則を要約する準備ができた。教科書では，それらを定理と呼ぶが，ここでは最初の原子論者にならって**証明** (demonstration) と呼ぶことにする。

証明 1

三角形の 3 つの角の合計は 2 直角である。

これを証明するには，三角形の 1 つの頂点を直線上に立てて，それと 1 辺が平行になるように傾けるだけでいい。図 43 から明らかである。

この規則から，直角三角形の重要な特性が導かれる。直角を C，他の 2 角を A と B とすると，

$$A + B + 90° = 180° から A + B = 180° - 90° = 90°$$
$$\therefore \quad B = 90° - A, \quad A = 90° - B$$

したがって，2 つ目の角がわかれば，3 つ目の角もわかる。たとえば，$A = 45°$ なら $B = 45°$，$A = 30°$ なら $B = 60°$ (逆も同じ) である。すなわち (図 44)，

(i) 1 つの鋭角が等しいすべての直角三角形は**相似**である。

(ii) 2 組の隣辺を一直線上に置ける直角三角形も，同様に相似である。

直角三角形の辺についても，図 43 の下の図のように名前をつける必要がある。最長の辺を斜辺，角 A の対辺を A の垂辺，残りの辺を A の底辺という。したがっ

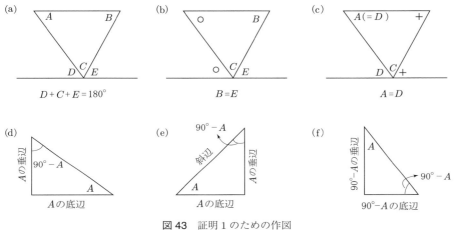

図 43 証明 1 のための作図

$D + C + E = 180°$ なら $A = D$, $B = E$。したがって $A + B + C = 180°$.

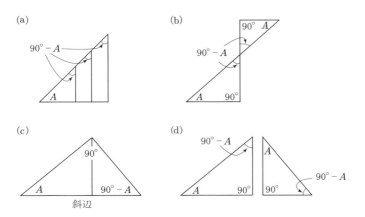

図 44 直角三角形の特性

て，$(90° - A)$ の垂辺は A の底辺である (逆も同じ)。

対応する角どうしが等しい 2 つの三角形を**相似**または**等角**という。図 44 の (c) と (d) から，すべての直角三角形に次の分割の規則が当てはまることがわかる。

直角から斜辺に下ろした垂線は，直角三角形をそれぞれ元の三角形と相似な **2 つの直角三角形に分割する**。

p.96 の (vii) で平行四辺形と長方形を定義したが，これらの図形について言える他の点を証明しよう。対角線で分けられた 2 つの三角形は 1 辺 (対角線) が共通であり (図 27)，p.95 の (ii) により横断線が 2 本の平行線と作る角は等しいことから，両端の角も等しい。したがって 2 つの三角形は合同，したがって第 3 の角も等しい。したがって平行四辺形の対角は等しく，もし 1 角が直角なら，他の 3 角も直角である。正方形を，隣接する 2 辺が等しい長方形と定義すれば，同じ作図から 4 辺すべてが等しい。

証明 2

2 つの相似直角三角形の対応する辺の比は等しい。

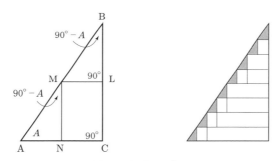

図 45　証明 2 の作図

右の図から，垂辺と斜辺を限りなく 2 等分でき，限りなく小さい相似な三角形を作れることがわかる。

この証明は，ユークリッドの生徒たちが，裕福な 2 年生用の教材である第 6 巻で到達する骨子である。すべての相似三角形の対応する辺の比は等しい。あらゆる三角形が 2 つの直角三角形に分けられることから，直角三角形についても同じことが言える。この演習は必ずしなければならないものではない。測定から幾何学に戻ることによってアテネからアレクサンドリアにジャンプするには，測量士と後代の天文学者が活用する一定比を以下のように示すだけでいい。

この規則の証明は，上記 (図 45) から，次のようになる。

（ⅰ）　直角三角形 ABC において $\angle C = 90°$, $\angle B = 90° - A$ である。このとき斜辺を 2 等分すると，AM = BM となる。

（ⅱ）　AC に平行な ML を引くと，角 MLB = 角 ACB = $90°$, 角 BML = 角 A。

(iii)　LC に平行な MN を引くと，角 ANM $= 90°$，角 AMN $= 90° - A$。

こうしてできた3つの三角形で，MBL と AMN はそれぞれ ABC と相似である。2つの三角形で MB $=$ AM。この辺の両端の角は，それぞれ A と $90° - A$ だから2つの三角形は相似，BM $=$ MA $= \frac{1}{2}$AB。MLCN は長方形だから，MN $=$ LC から BL $=$ LC $= \frac{1}{2}$BC, ML $=$ AN $= \frac{1}{2}$AC。したがって，

$$\frac{\text{NM}}{\text{AM}} = \frac{\frac{1}{2}\text{BC}}{\frac{1}{2}\text{AB}} = \frac{\text{BC}}{\text{AB}}, \quad \frac{\text{AN}}{\text{AM}} = \frac{\frac{1}{2}\text{AC}}{\frac{1}{2}\text{AB}} = \frac{\text{AC}}{\text{AB}}, \quad \frac{\text{MN}}{\text{AN}} = \frac{\frac{1}{2}\text{BC}}{\frac{1}{2}\text{AC}} = \frac{\text{BC}}{\text{AC}}$$

同じように AB を限りなく2等分して，AB と相似の小さい三角形を次々に作ることができる。3つの角が A，$90° - A$，$90°$ の三角形の AB, AC, BC をどこまで分割しても，BC : AB, AC : AB, BC : AC は A のみによって決まる一定値である。

この結論が実用上重要なのは，直角三角形に分けられる形については，縮尺図形を作れるからである。そうすれば，直角三角形の1つの角 A と1辺を測るだけで，近づけない，測定できない長さを再構成することができる。

ターレス (BC 624～546?) がギザの大ピラミッドの高さを測ったと思われる方法を示した図46は，この原理を利用した簡単な例である。この原理を最大限に活用するために，あとで上記の比に名前をつけるが，今は次のようにしておく。

$$(\text{サイン } A) \quad \sin A = \frac{A \text{の垂辺の長さ}}{\text{斜辺}}$$

$$(\text{コサイン } A) \quad \cos A = \frac{A \text{の底辺の長さ}}{\text{斜辺}}$$

$$(\text{タンジェント } A) \quad \tan A = \frac{A \text{の垂辺の長さ}}{A \text{の底辺の長さ}} = \frac{\sin A}{\cos A}$$

図43のように，$90° - A$ の底辺 $= A$ の垂辺で，逆も同じ。したがって，

$$\sin A = \cos(90° - A), \quad \cos A = \sin(90° - A)$$

この規則によって，線分をいくつにでも等分できる。たとえば3等分する方法は図47のとおり。これらの比が固定値であることから，もっと重要な応用が可能になる。すなわち，間隔 D と同じ比率 d の縮尺が作れる。図48にその方法を，図49に重要な応用の一例である，ニュートンの時代に測定を革命的に正確にした**副尺**を示す。

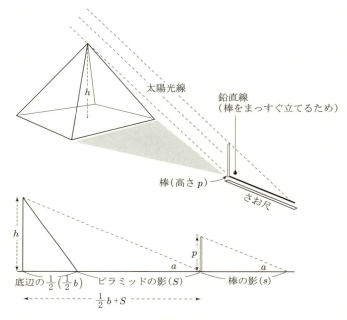

図46 ターレスが正午の影の長さを使ってギザの大ピラミッドの高さを測ったと思われる方法

$$h \div \left(\frac{1}{2}b + S\right) = \tan a = p \div s \qquad \therefore \quad h = p\left(\frac{1}{2}b + S\right) \div s$$

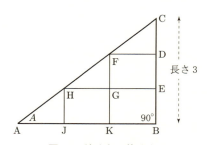

図47 線分を3等分する

3等分する線分 AB に，CD = DE = EB = 1 になるように長さ3の垂線 BC を立てる．AB に平行な FD と HE，CB に平行な FK と HJ を引くと，

$$\mathrm{FD} = \frac{1}{\tan A} = \mathrm{KB}, \quad \mathrm{HG} = \frac{1}{\tan A} = \mathrm{JK}, \quad \mathrm{AJ} = \frac{1}{\tan A} \qquad \therefore \quad \mathrm{AJ} = \mathrm{JK} = \mathrm{KB}$$

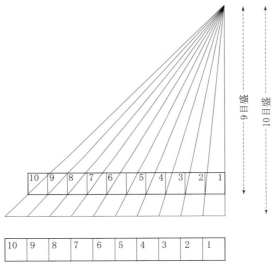

図 48　長さを 9/10 の縮尺にする方法

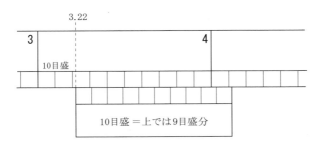

図 49　副尺

17 世紀初めにフランスの数学者ピエール・ヴェルニエが発明した副尺は可動性の補助定規で，非常に正確な測定ができる。下の定規で，上の定規の 9 目盛分を 10 目盛に切ったものが見られる。端が 3.2 と 3.3 の間にある物を測るには，副尺の先端をその部分に置いて，上の定規と正確に一致する最初の部分を探す。図では 2 番目の目盛がそうだから，正確な測定値は 3.22 である。副尺の理論は次のとおり。x が上の定規の目盛にぴったり合わない場合，正確な測定値は $3.2+a$。下の定規の小さい目盛が，上の目盛とぴったり合う最初の整数は a で，上の目盛との差は x。下の目盛は上の目盛の 9/10 だから，

$$\left(\frac{9}{10}a\right)+x=a, \quad \text{したがって} \quad x=\frac{1}{10}a$$

a が 2 なら，$x=$ 上の目盛の 2/10。上の目盛が 0.1 なら，$x=0.02$。

証明 3

三角形の 2 辺の長さが等しければ，それぞれの対角は等しく，三角形の 2 角が等しければ，それぞれの対辺の長さは等しい。

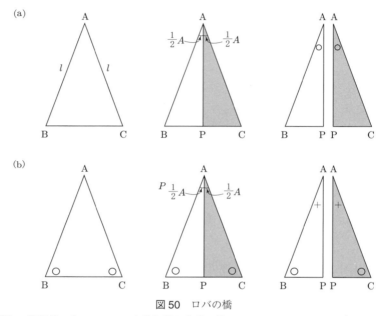

図 50 ロバの橋

わずか 1 世紀前でもユークリッド幾何学が非常に難しかったのは，証明 3 で多くの生徒がつまづいたため。ロバの橋 (愚か者は渡れない橋) と呼ばれたことでわかる。

（i） 前半の文は，図 50(a) で $AB = l = AC$ を意味する。角 $A (=$ 角 $BAC)$ を直線 AP で 2 等分すると三角形が 2 つできる。その一方では AP と AB が角 $\frac{1}{2}A$ を挟み，他方では AP と $AC (= AB)$ が角 $\frac{1}{2}A$ を挟んでいる。これらの三角形は 2 辺と夾角が等しいから，それぞれ AC, AB の対角である角 ABC と角 ACB は等しい。

（ii） 後半の意味は，図 50(b) で $\angle ABC = \angle ACB$ を意味する。角 BAC を上記のように直線 AP で 2 等分すると，$\angle ABP = \angle ABC$, $\angle ACP = \angle ACB$。したがって

$$\angle ABP + \angle \tfrac{1}{2}A + \angle APB = 180° = \angle ACP + \angle \tfrac{1}{2}A + \angle APC$$

∴　∠ABC + ∠$\frac{1}{2}A$ + ∠APB = 180° = ∠ACB + ∠$\frac{1}{2}A$ + ∠APC

∴　∠APB = 90° = ∠APC

三角形 ABP と ACP は 1 辺の長さが等しく，その両端の 2 角が等しいので合同である．したがって対応する辺 AB と AC の長さは等しい．

2 辺が等しい三角形を**二等辺**三角形，3 辺が等しいかまたは 3 角が等しい三角形を正三角形という．証明 1 から，次のことがわかる (図 20)．

（ⅰ）　直角三角形で 1 つの角 (A) が 45° なら，もう 1 つの角も 45° だから，直角を挟む 2 辺の長さは等しい．

（ⅱ）　正三角形の角はそれぞれ 60°．その 1 つを 2 等分すると，できた 2 つの三角形の角は 30°, 60°, 90° である．

これで，**三角比**作表の第 1 歩 (図 51) に進める．すなわち

$$\tan 45° = \frac{l}{l} = 1 \;;\; \cos 60° = \frac{\frac{1}{2}l}{l} = \frac{1}{2} \;;\; \sin 30° = \frac{\frac{1}{2}l}{l} = \frac{1}{2}$$

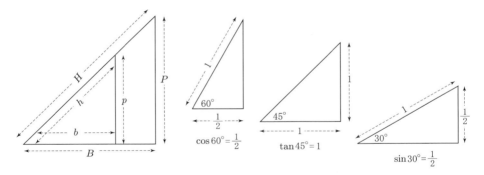

図 51　三角比の表を作る第 1 段階

証明 1 と 3 から得られる下記の規則は，ターレスが見つけたとされている．円の直径の両端と円周の任意の点を直線で結ぶと (図 19)，直角三角形ができる．この規則は通常，「半円内の角は直角である」と言われる．原典によれば，ターレスはこの規則を証明できたとき，雄牛を 1 頭神々に捧げたという．p.35 で述べたように，これは三角定規を作るのに非常に役立つ．

$\tan 45° = 1$ という事実は，次のように，いろいろ応用がきく．

(i) 直立している棒の影の長さが棒の高さと等しいとき，壁や垂直の塔の高さは，幅の半分に影の長さを足したものと等しい (図 21)。

(ii) 川岸の目標から対岸に垂線を引くと (図 52)，図 25 の自家製経緯儀と目標との水平角度が 45° になる地点で直角三角形ができる。

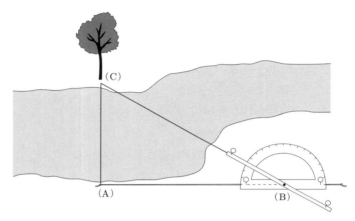

図 52 川幅を測る

分度器の中心に木片を自由に回転するように留めることで，簡単な道具が作れる (図 25)。木片の両端と分度器の底辺の両端を丸環ねじ (カーテンレールを留めるようなもの) で留めて，のぞき穴にする。川岸 A に立って，対岸の同じ位置にある目標物 (たとえば木) を決める。定規の可動腕を 90° にセットして分度器の底辺と一直線上にひもを留めて，AC に対して 90° の基線を作る。この線に沿って A から B まで歩くと，C は AB に対して正確に 30° の位置にある。AB を測定する。ABC は直角三角形で $AC = \frac{1}{2}BC, AB = \frac{\sqrt{3}}{2}BC$。したがって，川幅 AC は $AB \div \sqrt{3}$。

証明 4

直角三角形の斜辺の 2 乗は，他の 2 辺の 2 乗の和に等しい。

これは古代幾何学の発見のなかで最も重要なもので，**ピタゴラスの定理**と言う。逆についてはここでは考えないが，直角三角形を作る方法の 1 つである (p.34)。図 18 に，少なくとも紀元 1 世紀当時の中国での証明方法が示してある。ここでは図 44 の方法を使う。図 53(a) の直角三角形を相似な 2 つの直角三角形に分割し，(c)(d) のように，最初の直角三角形と同じく斜辺を下に，対応する辺と角が一目でわかるように置く。証明 2 から，

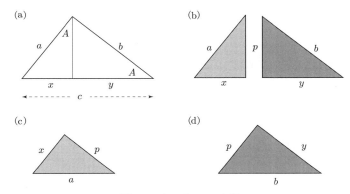

図53　ピタゴラスの定理

$$\frac{a}{c} = \frac{x}{a}, \quad \text{したがって} \quad a^2 = cx$$
$$\frac{b}{c} = \frac{y}{b}, \quad \text{したがって} \quad b^2 = cy$$

これを合わせると，

$$a^2 + b^2 = cx + cy = c(x+y)$$

したがって

$$(x+y) = c, \quad c(x+y) = c^2, \quad \text{よって} \quad a^2 + b^2 = c^2$$

最後の等式を，これから証明する。その際，次の点に留意する。

$$\frac{p}{x} = \frac{y}{p}, \quad \text{したがって } p^2 = xy, \ p = \sqrt{xy}$$

最後の式で，p を x と y の**幾何平均**という。ここで $x=3$ で $y=27$ なら，$p^2 = 27 \times 3 = 81$ で $p = 9$。したがって x, p, y は等比数列の項をなし，$3 ; 3^2 = 9 ; 3^3 = 27$ である。対数のところで，これを思い出そう。

これで，大きく前進する準備ができた。まず，図51の直角二等辺三角形を思い出すと，等しい2辺の長さが1なら，斜辺 (h) は次のように表せる。

$$h^2 = 1^2 + 1^2 = 1 + 1 = 2$$
$$\therefore \quad h = \sqrt{2}$$

したがって (図54)：

$$\sin 45° = \frac{1}{\sqrt{2}} = \cos 45°$$

次に角 $A = 30°$, $B = 60°$, $C = 90°$ の三角形 (図 51) を思い出そう. 辺の長さが 1 の正三角形を分割してこれを作ったとすると, $\triangle$ABC の斜辺 $h = 1$, 他の 2 辺の 1 つ $b = \frac{1}{2}$ である. また第 3 の辺を p とすると, $h^2 = b^2 + p^2$. したがって $p^2 = h^2 - b^2$ で,

$$p^2 = 1^2 - \left(\frac{1}{2}\right)^2 = 1 - \frac{1}{4} = \frac{3}{4} \qquad \therefore \quad p = \frac{\sqrt{3}}{2}$$

したがって次の結果に到達する (図 54).

$$\sin 60° = \frac{\sqrt{3}}{2} = \cos 30°$$

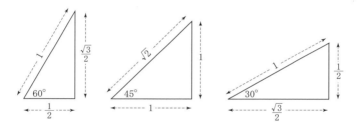

図 54 三角比表を作る第 2 段階
$\tan 45° = 1$, $\sin 45° = 1/\sqrt{2}$, $\cos 45° = 1/\sqrt{2}$
$\tan 60° = \sqrt{3}$, $\sin 60° = \sqrt{3}/2$, $\cos 60° = 1/2$
$\tan 30° = 1/\sqrt{3}$, $\sin 30° = 1/2$, $\cos 30° = \sqrt{3}/2$

図 54 から同様に,

$$\tan 30° = \frac{1}{\sqrt{3}}, \quad \tan 60° = \sqrt{3}$$

三角比表の最初の部分を作る前に, 次の点に留意しておこう.

 (i) 直角三角形の角 A (図 55) が $90°$ に近づくにつれて p が r に近づき, $A = 90°$ のとき $p = r = 1$ になる.

 (ii) 角 A がゼロに近づくにつれて b が r に近づき, $A = 0$ のとき $b = r = 1$ になる.

したがって, 次の式を表に加えることができる.

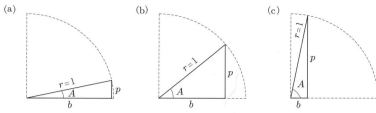

図 55 小さい角などの比

この円の半径を 1 とすると, 斜辺 (r) は 1 ($r = 1$)。
$$\sin A = \frac{p}{r} = p, \quad \cos A = \frac{b}{r} = b$$

$$\sin 90° = 1 = \cos 0°$$
$$\sin 0° = 0 = \cos 90°$$

証明 4 から, 次の重要な規則が得られる。$\sin A = p \div r$, $\cos A = b \div r$ なら $r^2 = p^2 + b^2$ だから,

$$\frac{r^2}{r^2} = \frac{p^2}{r^2} + \frac{b^2}{r^2}, \quad \text{したがって} \quad 1 = (\sin A)^2 + (\cos A)^2$$

ふつうは次のように簡潔に書く。

$$\sin^2 A \equiv (\sin A)^2 ; \quad \cos^2 A \equiv (\cos A)^2 ; \quad \tan^2 A \equiv (\tan A)^2$$

この略記法の問題は, $\sin^{-1} A$ が実際とは別のものになってしまうことである (下巻, 第 8 章)。しかし, 現在ではほとんどの本がこれを使っているので, 本書でも次のように表記することにする。

$$\sin^2 A + \cos^2 A = 1$$
$$\therefore \quad \sin A = \sqrt{1 - \cos^2 A}, \quad \cos A = \sqrt{1 - \sin^2 A}$$

つまり, サインの表とコサインの表を互いに変換できるということである。前の表で以下を試してみよう。

$$\sin 30° = \sqrt{1 - \cos^2 30°} = \sqrt{1 - \frac{3}{4}} = \frac{1}{2}$$
$$\cos 30° = \sqrt{1 - \sin^2 30°} = \sqrt{1 - \frac{1}{4}} = \frac{\sqrt{3}}{2}$$

サインの表とコサインの表を互いに変換できる以上, $\tan A = \sin A \div \cos A$ から,

どちらかがわかればタンジェントの表ができる．最後の表から，次のように書けば最初の表の数字が思い出せる．

$A°$	$0°$	$30°$	$45°$	$60°$	$90°$
$\sin^2 A$	$\frac{0}{4}$	$\frac{1}{4}$	$\frac{2}{4}$	$\frac{3}{4}$	$\frac{4}{4}$
$\cos^2 A$	$\frac{4}{4}$	$\frac{3}{4}$	$\frac{2}{4}$	$\frac{1}{4}$	$\frac{0}{4}$

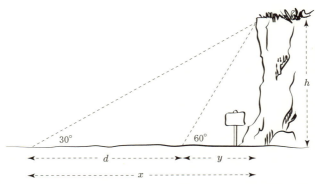

図 56 崖の真下に侵入すると訴えられる場合，どうやって崖の高さを測るか

図のように，x や y はわからなくても，$d = (x - y)$ は測定できる． $\therefore x - d = y$
$\therefore \dfrac{h}{x} = \dfrac{1}{\sqrt{3}}$ すなわち $h \cdot \sqrt{3} = x$, $\dfrac{h}{y} = \sqrt{3}$ すなわち $y = \dfrac{h}{\sqrt{3}}$.
$h \cdot \sqrt{3} - d = \dfrac{h}{\sqrt{3}}$.

両辺に $\sqrt{3}$ を掛けると，$3h - d\sqrt{3} = h$. $\therefore 2h = d\sqrt{3}$, $h = \dfrac{\sqrt{3}}{2} \cdot d$.
地球と月の距離も，基本的には同じ方法で測る．

図 21 と図 56 から，高さなどの距離を測る表の作り方がわかる．その際，図 25 の自家製経緯儀が使える．高さを測るには鉛直線を基準として縦に，幅を測るにはアルコール水準器を基準として水平に使う．どちらの場合も基線上の測定可能な距離の場所に，目標 (崖の頂上や土手の木など) を 30° と 60°，90° と 45° などの角度で見られる場所があるのを前提とする．崖の高さの測定を図示すると基線は地面だが，実際上は目の高さだろう．スケッチしてみれば，この誤差を補正する方法がわかる．ただし崖が高ければ，この誤差は問題にならない．

実生活では，これらの図のように仰角が30°と60°になり，かつ距離の測定が可能な2ヵ所を見つけるのは困難だろう。ユークリッドを踏み台として新たな測定方法を組み立てる前に，測定する基線の両端からある物体を見る角度が何度でもいいように，表を拡張する必要がある。

証明 5

円に接する直線 (接線) は，円の中心と接点を結ぶ直線に対して直角である。

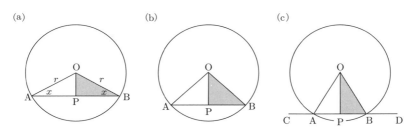

図 57　証明5のための作図

図13は，これを略式に証明する方法を示している。円の中心からぶら下げた測鉛線が円弧に沿って振れるとき，円が水平面と接する地点で止まる。もっと正式に証明するには (図57)，半径 r の円の任意の弦 (AB) の中点 P と中心 O を結ぶ線を引く。すると2つの三角形ができて，OA = r = OB，AP = PB，OP は共通。三角形の規則3から2つの三角形は合同だから，∠OPA = 90° = ∠OPB (∠OPA + ∠OPB = 180° だから)。ここで直線 APB を円外の点 C と D まで延長する。OB と OA は ∠AOB = 0° になるまで OP に近づけることができる。すると P が接点，CD が接線となり，OP はそれに垂直である。

ここで，円に接する直線すなわち接線と，p.99 で定義した比に，なぜ同じ言葉 tangent(ラテン語の tangere = 触れる) を使うのかという疑問が湧くかもしれない。その答は意義深い。後で述べるが，その答によって三角比の意味を拡大もできるし単純にもできるのである。図58で関連する事柄がわかる。OR が円の半径で PR がそれに R で直角に交わり (すなわち**接線**)，∠POR = A とすると，最初の定義は $\tan A$ = PR ÷ OR となる。ここで，この比は (証明2により) OR の長さに左右されず，A の大きさの**みに**よって決まる。したがって，半径の長さを 1 とする (OR = 1 = OS) ことができ，次のようになる。

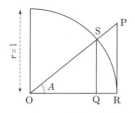

図58 三角比の定義に役立つ方法

半径の長さを1とする円で，OS = 1 = OR，

$$\sin A = SQ \div OS = SQ$$
$$\cos A = OQ \div OS = OQ$$
$$\tan A = PR \div OR = PR$$

これによって，三角形に関する昔の書物で，PR ÷ OR が A のタンジェント，SQ ÷ OS が A の半弦と書かれている理由がわかる。

$$\sin A = SQ, \quad \cos A = OQ, \quad \tan A = PR$$

これで，三角法に関する昔の書物で，SQ ($=\sin A$) が $2A$ の**半弦**と呼ばれた理由がわかる。もしわからなければ，図84を見るといい。半径が1でない場合，$r = $ OR と書けるから，

$$\sin A = SQ \div r, \quad \cos A = OQ \div r, \quad \tan A = PR \div r$$

したがって，次のように書ける。これはたびたび使うので，覚えておこう。

$$SQ = r \sin A, \quad OQ = r \cos A, \quad PR = r \tan A$$

この論証はいろいろ応用できる。そのうち2例について，半径を使って円周，ひいては地球の周囲を表す方法を見てから考えることにする (p.176)。まさに科学的な地理学の要である。光が直進するという仮定のもとに，次のように言える (図59)。

（ⅰ）観察者と地平線上の一点を結ぶ直線は，観察者と地球の中心を結ぶ直線，すなわち鉛直線の延長に対して直角である。

（ⅱ）天頂 (p.41)，観察者の鉛直線，地球の中心は同一直線上にある。

（ⅲ）正午の太陽のように天体が子午線上，すなわち地平上の最高位にあるとき，鉛直線，地球の中心と同一平面上にある。

この3点は，地球が球形だという仮定のもとに，航海士の緯度 (と経度) の考え

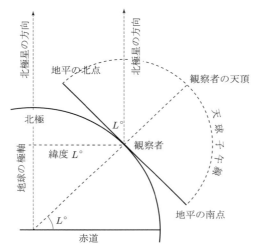

図 59 子午線通過のときの星は観察者，地球の極，天頂，地平の南点と北点，地球の中心と同一平面上にある。

特定の平面上にない直線は，その平面を 1 回しか切れない。したがって平面の 2 ヵ所以上を通る直線は，その通過点と同じ平面上にあることになる。観察者の経度の大円と地球の軸で囲まれる平面には，地球の中心，観察者，地球の極が含まれる。天頂と観察者を結ぶ直線は，地球の中心も通る。すなわち，この平面の複数の点を通るから，どれもこの平面上にある。地平の北点と南点は，地球の中心から経度の子午線を通る直線が地平面を突き抜ける点にほかならないから，これらの直線と同じ平面上になければならない。したがって，北点と南点，天頂と観察者はすべて，地球の中心・極と同じ平面上にある。円は，それを含まない平面を 2 ヵ所でしか切れない。北点と南点，天頂を通る円は同じ平面の 2 ヵ所以上を通るから，その平面上にある。したがって，この想像上の円 (天球子午線) も，同じ平面上にある。

を製図板で作った図面に組み入れるのに必要不可欠な情報を，すべて含んでいる。p.50 で述べたように，フェニキア人ピタゴラスの教えの要諦であるこの考えは非常に古いもので，船乗りの経験から必然的に生まれた。船がジブラルタル海峡東端のヘラクレイトスの柱を超えて南北に航行する以前に，船乗りは停泊中に船が少しずつ視界に現れたり消えたりするのを見，航海中の船が陸地に近づいたり遠ざかったりするときに山頂が徐々に現れたり消えたりするのを見ていた。地球が平面だとしたら説明できないことである。長い経験から，球形の地球を緯度で分ける考えが生まれたことも，すでに述べた。重要なデータを簡単に振り返ってみよう。

緯度の求め方 (図 60, 61)

　星は天の極を通る軸を中心とする円を描いて，東から昇り西に沈むように見える。今では地球が，その中心，極，天の極を通る軸を中心に，天体の見かけの動きと逆方向に回転していることがわかっている。季節によっては，ほとんどの星が地平線の下に沈んで夜しか見えないが，大熊座，小熊座，琴座，竜座，カシオペア座のように極に非常に近い星は，イギリスでは地平線の下に沈まず，季節によって極の下になったり上になったりしながら，ほとんど毎晩見える。北極星は天の極に非常に近いため，常に同じ場所，すなわち地球の北極および中心と同一線上にあるように見える。星からの光は平行光線なので，北極星から地球に届く光は地軸に平行である。図 60 から，ある場所の緯度とは，天の極と地平がなす角度 (高度) であることがわかる。だから晴れた日の夜，庭に出て自家製天体観測儀 (図 25) で北極星の高度を測れば，自分の家の緯度がわかる。現在，北極星は天の極から 1 度ずれた円を描いて回転しているから，運悪くその角度が天球子午線の上か下に見えたとしても，自分の緯度より 1 度以上ずれることはないだろう。地球の周囲は 25,000 マイル (約 40,000 キロ) だから，誤差が 1 度とすると赤道からの距離にして 25,000 ÷ 360，約 70 マイル (約 112 キロ) になる。厳密に計測した

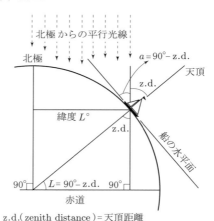

図 60　北極星からわかる緯度

　北極星が正確に天の極にあるとすれば，その高度 (地平との角) が観察者の緯度であり，ともに 90°− 北極星の天頂距離である。

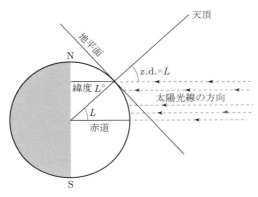

図 61 春分・秋分の日の月影で緯度を測る

春分の日と秋分の日には，世界中どこでも昼夜の長さが同じで，太陽は赤道の真上にある．正午には地平の北点と南点を結ぶ線，すなわち経度の子午線上に太陽がある．そのため太陽，両極，観察者，天頂，地球の中心はすべて，同一平面上にある．太陽光線の先端は平行だから，春分・秋分の日の正午の太陽の天頂距離が観察者の緯度と同じである．

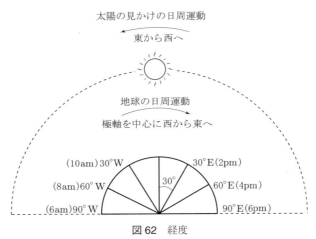

図 62 経度

正午の太陽は地平の北点と南点を結ぶ線上，すなわち観察者がいる場所の経度子午線の真上にある．図ではグリニッジ子午線の真上にあるから，これはグリニッジの正午の図である．人がグリニッジの 30° 東にいる場合，日時計が正午を指してから地球が 30° 回転したことになる．24 時間で回転する分の 1/12 回転したわけだから，現在 2 時である．60° 西にいる場合，太陽が子午線上に来るまでに地球が 60°（24 時間の回転の 1/6）回転しなければならないから，現在午前 8 時である．

ければ，6ヵ月の間隔をおいて夜間の同じ時刻に観察すれば，天の極からの北極星のずれが相殺される．

経度を知る方法も考えよう (図 62)．今なら，長期の航海をする船にもグリニッジ標準時を刻む正確な時計があるし，たいていの人はラジオでグリニッジ標準時に合わせられるから，いとも簡単である．正午には，太陽が子午線の上，天空の最高点にある．グリニッジ標準時の1時間後に日時計が正午を指したら，その時間の差を埋めるには，昔の言い方では太陽は 15° 西に動かなければならないし，今で言えば地球が軸を中心に 15° 東に回転しなければならない．したがって，グリニッジの 15° 西にいることになる．いつ食が起きるか，つまりいつ惑星が月の後ろを通るかを観察した場合，場所が違えば日時計が記録する時刻は違うことに，古代の人々が気づいた．バビロニア人は砂時計をもっていて，ある日の正午と，食が始まった，または終わった時刻の差を観測することができた．クロノメーターの発明以前は，これが経度を知る主たる方法であった．ある場所で月食がその地の正午の8時間後に始まり，別の場所で9時間半後に始まったとすると，第2の場所では第1の場所より1時間半早く正午になったわけで，$1\frac{1}{2} \times 15° = 22\frac{1}{2}°$ 西にある．ギリシャ人は，緯度と経度で地図を描くことができなかった．それができるようになったのは，ギリシャの幾何学が古代の大出港地アレクサンドリアに伝わってからのことになる．

正接 (タンジェント) の規則を応用して，円に外接する正多角形を作図することができる．正三角形は3つ，正方形は4つというふうに，正多角形には n 個の等しい辺があるから，内接円または外接円の半径に等しい2辺 (図 67) と $360° \div n$ の頂角をもつ三角形 n 個に分けることができる．$n = 6$ で 60°，$n = 8$ で 45° などの角を作ることができたら，その角度で長さ r の線分を n 本引くことができる．半径 r の円に**内接する**多角形を作図するには，線分の端を結ぶだけでいい．半径 r の円に**外接する**多角形を作るには，端に対して直角の線を引けばいい．60° と 45° の角は作れるから，それを2等分することで 30°，15°，$7\frac{1}{2}°$，… と $22\frac{1}{2}°$，$11\frac{1}{4}°$，$5\frac{5}{8}°$，… の角を作ることができる．したがって，定規とコンパスで辺が 6, 12, 24, 48, 96, … 本と 8, 16, 32, 64, 128, … 本の正多角形を作図することができる．

証明 6

弦の両端から円周上の1点に引いた直線が挟む角は，弦の両端と中心を結ぶ直

線が挟む角の半分である。

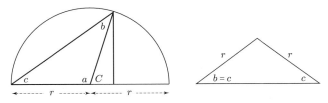

図 63　証明 6 の作図

　古代から伝わってきた重要な規則を，私たちはこう学んだ。だが重要なのは，円を図 63 のように 2 つに分割したらどうなるかということだけである。ここで，大きいほうの三角形には 2 つの等しい辺がある (r は円の半径だから)。1 点と直径の 1 端を結んでできた角 (c) は，1 点と円の中心を結んでできた角 (C) の半分である。

証明 3 から，$b = c$ ($r = r$ だから)

証明 1 から，$a + b + c = 180° = a + 2c$

角の規則 1(p.95) から，

$a + C = 180°$,　$a + 2c = 180° = a + C$,　したがって　$2c = C$,　$c = \dfrac{1}{2}C$

　一見，大したことはないようだが，(p.110 のように) 半径 1 の円で $C = A$, $c = \dfrac{1}{2}A$ (図 64) という形にすると，すごい結果になる。あとは，△POQ を，PQ に直角な OS で 2 つの直角三角形に分ければいい。

$$SO = SO$$
$$\angle SOP = 90° - \dfrac{1}{2}A = \angle SOQ$$
$$OP = 1 = OQ$$

したがって，三角形の規則 2 より 2 つの直角三角形は合同である。

　したがって PS の長さが y なら，$PS = \dfrac{1}{2}PQ$, $PQ = 2y$。円の半径は 1 だから，$OQ = OP = 1$。図から

$$\cos A = \dfrac{x}{OQ} = x \tag{i}$$

$$\cos \dfrac{1}{2}A = \dfrac{PR}{PQ} = \dfrac{1+x}{2y} \tag{ii}$$

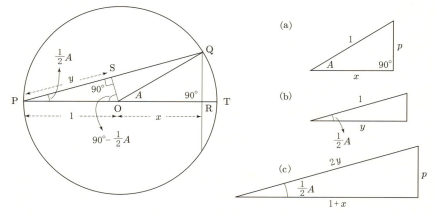

図64　三角比の表を作る第3段階

また，△POS から，
$$\cos \frac{1}{2}A = \frac{y}{\mathrm{PO}} = y \tag{iii}$$

(ⅰ)(ⅱ)(ⅲ) を合わせると，
$$\cos \frac{1}{2}A = \frac{1+\cos A}{2\cos \frac{1}{2}A}$$

$$2\left(\cos \frac{1}{2}A\right)^2 = 1+\cos A$$

$$\left(\cos \frac{1}{2}A\right)^2 = \frac{1}{2}(1+\cos A)$$

$$\cos \frac{1}{2}A = \sqrt{\frac{1}{2}(1+\cos A)} \tag{iv}$$

次に進む前に，これを試してみよう。$\cos 60° = 0.5$ だから，今の規則で

$$\cos 30° = \cos \frac{1}{2}(60°) = \sqrt{\frac{1}{2}(1+\cos 60°)} = \sqrt{\frac{1}{2}(1.5)} = \sqrt{\frac{3}{4}}$$

すなわち　$\cos 30° = \frac{1}{2}\sqrt{3}$

同じようにして半角のサインの規則が得られる。

$$\sin A = p, \qquad \sin \frac{1}{2}A = \frac{p}{2y} = \frac{\sin A}{2\cos \frac{1}{2}A} \tag{v}$$

これを確かめるには，まず既知の $\sin 60° = \frac{1}{2}\sqrt{3}$, $\cos 30° = \frac{1}{2}\sqrt{3}$ を使って，

$$\sin 30° = \sin \frac{1}{2}(60°) = \frac{\sin 60°}{2\cos 30°} = \frac{\left(\frac{1}{2}\sqrt{3}\right)}{2\left(\frac{1}{2}\sqrt{3}\right)} = \frac{1}{2}$$

同じように 2 つの規則を，次のように図 84 で確かめられる。

$$\sin 15° = \sin \frac{1}{2}(30°) = \frac{\frac{1}{2}}{2\cos 15°}$$

$$\cos 15° = \cos \frac{1}{2}(30°) = \sqrt{\frac{1}{2}(1+\cos 30°)} = \sqrt{\frac{1}{2}(1+0.866)}$$

すなわち $\cos 15° = \sqrt{0.933} = 0.966$ （最後は平方根の表から）

そこで，

$$\sin 15° = \frac{0.5}{2(0.966)} = 0.259$$

この数値と図から得られた値の差は 1% 未満である。

半角の規則が正しいと納得したら，ヒッパルコスが紀元前 150 年頃に，アレクサンドリアで使ったのと同じようなサインの表が作れる。今では当時より正確な平方根表と小数があるだけ有利である。$\cos 15° = 0.966$ だから，$\sin(90° - 15°)$ すなわち $\sin 75° = 0.966$。

また，$\sin 15° = 0.259$ から，$\cos(90° - 15°)$ すなわち $\cos 75° = 0.259$。次に平方根表を使って同じように，

$$\cos 7\frac{1}{2}° = \cos \frac{1}{2}(15°) = \sqrt{\frac{1}{2}(1.966)} = \sqrt{0.983} = 0.991$$

$$\sin 7\frac{1}{2}° = \frac{\sin 15°}{2\cos 7\frac{1}{2}°} = \frac{0.259}{2(0.991)} = 0.131$$

したがって

$$\cos 7\frac{1}{2}° = 0.991 = \sin 82\frac{1}{2}°, \qquad \sin 7\frac{1}{2}° = 0.131 = \cos 82\frac{1}{2}°$$

$\cos 75° = 0.259$, $\sin 75° = 0.966$ から，

$$\cos 37\frac{1}{2}° = \cos \frac{1}{2}(75°) = \sqrt{\frac{1}{2}(1.259)} = \sqrt{0.629} = 0.793$$

$$\sin 37\frac{1}{2}° = \sin \frac{1}{2}(75°) = \frac{0.966}{2(0.793)} = 0.609$$

したがって

$$\cos 37\frac{1}{2}^\circ = 0.793 = \sin 52\frac{1}{2}^\circ, \qquad \sin 37\frac{1}{2}^\circ = 0.609 = \cos 52\frac{1}{2}^\circ$$

$\cos 45^\circ = 0.707 = \sin 45^\circ$ から,

$$\cos 22\frac{1}{2}^\circ = \cos \frac{1}{2}(45^\circ) = \sqrt{\frac{1}{2}(1.707)} = \sqrt{0.853} = 0.924$$

$$\sin 22\frac{1}{2}^\circ = \sin \frac{1}{2}(45^\circ) = \frac{0.707}{2(0.924)} = 0.383$$

したがって

$$\cos 22\frac{1}{2}^\circ = 0.924 = \sin 67\frac{1}{2}^\circ, \qquad \sin 22\frac{1}{2}^\circ = 0.383 = \cos 67\frac{1}{2}^\circ$$

以上の結果を表にする。4列目は $\tan A = \dfrac{\sin A}{\cos A}$ で計算した。

$7\frac{1}{2}^\circ$ 間隔の三角比の表

角 (A°)	$\sin A$	$\cos A$	$\tan A$
90	1.000	0.000	∞
$82\frac{1}{2}$	0.991	0.131	7.56
75	0.966	0.259	3.73
$67\frac{1}{2}$	0.924	0.383	2.41
60	0.866	0.500	1.73
$52\frac{1}{2}$	0.793	0.609	1.30
45	0.707	0.707	1.00
$37\frac{1}{2}$	0.609	0.793	0.77
30	0.500	0.866	0.58
$22\frac{1}{2}$	0.383	0.924	0.41
15	0.259	0.966	0.27
$7\frac{1}{2}$	0.131	0.991	0.13
0	0.000	1.000	0.00

もちろん, お望みなら, $\frac{1}{2}\left(7\frac{1}{2}\right) = 3\frac{3}{4}$, $\frac{1}{2}\left(3\frac{3}{4}\right) = 1\frac{7}{8}$, $\frac{1}{2}\left(1\frac{7}{8}\right) = \frac{15}{16}$, …… と間隔をどんどん小さくしてもいい。サインの表を初めて発表した

ヒッパルコスの表は，我々が知る限り，もっと粗いものだった．今までの計算をすべて検算した人は，サインなどの表の作り方を把握したはずだから，簡単には忘れないだろう．

　ヒッパルコスに対する優越感に浸るのはこれくらいにして，これで遠大な地理学の研究も，科学的な地図作成と測量を使ってできるようになった．図56で崖の高さを測った方法は，第1に望みの仰角 (30°と60°) になる場所まで近づけること，第2にその場所を探し回れる時間があることを前提としている．第1の前提は不可能なことが多く，第2はしなくてもいい苦労である．細かい表があれば，ただ遠くの物体までの角度を調べ，そこから直線的に**適当**な距離を歩いて角度を測ればいい．図65では歩いた距離が d，角度は34°と26°．それで崖の高さと，その直下までの水平距離がわかる．高さを h，近いほうの観測点までの水平距離を x とすると，表から

$$\tan 34° = 0.674, \quad \tan 26° = 0.488$$

距離 d を64ヤードとすると，

$$\frac{h}{x} = \tan 34° \quad \text{すなわち} \quad x = \frac{h}{0.674} \qquad (\text{i})$$

$$\text{また} \quad \frac{h}{x+64} = \tan 26° \quad \text{すなわち} \quad h = 0.488(x+64) \qquad (\text{ii})$$

(i) と (ii) を合わせると，

$$h = 0.488 \left(\frac{h}{0.674} + 64 \right) = \frac{0.488}{0.674} h + 64(0.488)$$

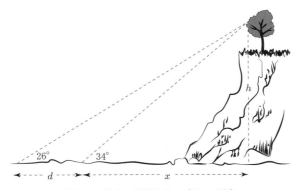

図65　任意の場所からの高さの測定

したがって $h - \dfrac{0.488}{0.674}h = 64(0.488)$ すなわち $h\left(1 - \dfrac{0.488}{0.674}\right) = 31.232$

したがって

$$0.276h = 31.232$$

$$h \simeq \dfrac{31.232}{0.276} = 113.16 \text{ ヤード, または } 339\dfrac{1}{2} \text{ フィート}$$

h がわかったので，x は (i) からただちに得られる．

$$x = \dfrac{113.16}{0.674} \simeq 168 \text{ ヤード}$$

$\tan 34°$ と $\tan 26°$ を小数第 4 位までにして，同じようにやってみよう．$h = 112.76$ ヤード，$x = 167.2$ ヤードと，より正確な数値が得られるはずである．それによって，最初の数値がどの程度信頼できるかがわかる．

証明 7

辺の数が同じである 2 つの正多角形の周囲の長さの比は，それらに外接する円の半径の比に等しく，また内接する円の半径の比に等しい．

(a) 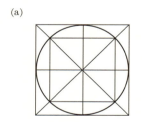 (b) 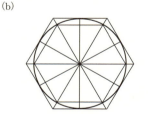 (c)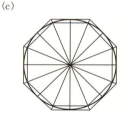

図 66　内接・外接正多角形 (証明 7)

これはユークリッドの『原論』第 12 巻で最も重要な定理の骨子で，円の測定のすべてを要約している．だが前にも述べたように (p.74)，ユークリッドは裕福で辛抱強い弟子たちが数値で結果を得られるようには証明していない．そこで当方としては，ユークリッドの後継者で幾何学に数値を戻したアルキメデスの考え方で，この点を検討することにする．

p.37 で述べたように，n 個の辺をもつ**正多角形** (正三角形，正方形，正六角形[5]) な

---

5)　正六角形 (図 20) の規則と作図は，以下の事実に従っている．正三角形の 3 つの角はどれも 60° だから，各三角形の 1 頂点を中心として 6 つの三角形を合わせれば，中心角が $6 \times 60° = 360°$

ど)では，周囲は同じ長さの n 個の直線でできている。この種の図形(図66)はどれも，n 個の合同な二等辺三角形，さらには $2n$ 個の合同な直角三角形に分けることができ，後者の共通な辺が作る角は $A = (360° \div 2n)$ に等しい。そこで(図67)，周囲 (P) を $2n$ 個に分け，それぞれを A に**垂直な辺** (p) と呼ぶことにする。外接円の半径は各直角三角形の**斜辺** (h) であり，内接円の半径は**底辺** (b) である。

(a) 外接正多角形　　　　(b) 内接正多角形

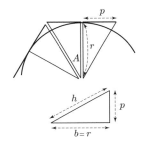
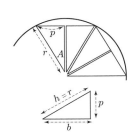

図67 アルキメデスが π の値を求めた方法

多角形が n 個の等しい辺をもつとき，$A = \dfrac{360°}{2n}$

$$\frac{p}{r} = \tan A = \tan \frac{360°}{2n}$$
$$\therefore \quad p = r \tan \frac{360°}{2n}$$

$$\frac{p}{r} = \sin A = \sin \frac{360°}{2n}$$
$$\therefore \quad p = r \sin \frac{360°}{2n}$$

外接円の半径を r_1 とすると，

$$\sin A = p \div r_1, \quad \text{したがって} \quad p = r_1 \sin A$$

内接する多角形の周囲は $P_1 = 2np$ だから，

$$P_1 = 2n r_1 \sin A$$

半径 r_2 の円に内接する他の多角形でも，辺の数が同じなら，

$$P_2 = 2n r_2 \sin A$$

の多角形ができ，6本の同長の放射辺は円の半径，外側の辺6本も，長さがそれぞれ半径に等しい。したがって，円周の任意の点から半径と同じ長さの弦を続けてとっていけば，正六角形ができる。

したがって 2 つの多角形の周囲の比は

$$\frac{P_1}{P_2} = \frac{2nr_1 \sin A}{2nr_2 \sin A} = \frac{r_1}{r_2}$$

内接円の半径を r_1，外接する多角形の周囲を P_1 とすると，

$$\tan A = p \div r_1, \quad \text{したがって} \quad p = r_1 \tan A$$

したがって，2 番目の外接多角形の周囲を P_2，内接円の半径を r_2 とすると，

$$\frac{P_1}{P_2} = \frac{2nr_1 \tan A}{2nr_2 \tan A} = \frac{r_1}{r_2}$$

ここまではユークリッドが，ルートは違っても連れてきてくれた。ここからはアルキメデスに乗り換える。この場合，正多角形の辺の数 (n) を制限する必要はない。n が 2 か 3 の倍数，たとえば 6, 12, 24, 48, 96, … または 4, 8, 16, 32, 64, 128, … の正多角形を規則とコンパスで作図することができる。n が大きくなればなるほど，半径 r，直径 $d = 2r$ の円に外接する多角形と内接する多角形の周囲の差は小さくなる。つまり，

$$2nr \sin \frac{360°}{2n} = 2nr \tan \frac{360°}{2n}, \quad nd \sin \frac{360°}{2n} = nd \tan \frac{360°}{2n}$$

の 2 つの多角形の区別がつかなくなる。ここで，数学の偉大な発見に初めて出会った。n が大きくなるに従って，$\sin A$ も $\tan A$ も限りなくゼロに近づく。ところが $n \sin A$ と $n \tan A$ は有限の数に近づき，最終的に同じになる。それが π であり，π をはさむ差

$$n \sin \frac{360°}{2n} < \pi < n \tan \frac{360°}{2n}$$

は，n をどんどん大きくすると限りなく小さくなる。たとえば，多角形の辺の数が 24 だとすると，$2n = 48$，$360° \div 48 = 7\frac{1}{2}°$ で，

$$24 \sin 7\frac{1}{2}° < \pi < 24 \tan 7\frac{1}{2}°$$

本書巻末の表 (小数第 4 位まで) から，$\sin 7\frac{1}{2}° = 0.1305$, $\tan 7\frac{1}{2}° = 0.1317$ だから，

$$24(0.1305) < \pi < 24(0.1317)$$
$$\therefore \quad 3.1320 < \pi < 3.1608$$

同じ論理で，外接正 n 角形と内接正 n 角形のすき間を縮めて合体させることがで

きる。したがって，直径 $d(=2r)$ の円の周 (P) は

$$P = \pi d = 2\pi r$$

であると言える。

円の面積

円の面積を最も簡便に求めるには，内接する正 n 角形 (図 68 では $n = 8$) と外接する $\frac{1}{2}n$ 角形 (図では 4) に円が挟まれていると思えばいい。内側の多角形を，各頂角が $A = 360° \div n$ の，合同な n 個の三角形に分ける。外側の多角形も，頂角が $A = 360° \div n$ の，$2\left(\frac{1}{2}n\right) = n$ 個の合同な三角形に分ける。各三角形の底辺の長さは R (円の半径)，高さはそれぞれ $R\sin A$ と $R\tan A$ だから，面積はそれぞれ次のようになる。

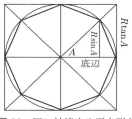

図 68　円に外接する正方形と円に内接する正八角形

$$\frac{1}{2}R \cdot R\sin A = \frac{1}{2}R^2\sin A, \quad \frac{1}{2}R \cdot R\tan A = \frac{1}{2}R^2\tan A$$

したがって 2 つの多角形の面積は

$$\frac{1}{2}nR^2\sin A = \frac{1}{2}nR^2\sin\frac{360°}{n}$$

$$\frac{1}{2}nR^2\tan A = \frac{1}{2}nR^2\tan\frac{360°}{n}$$

$\frac{1}{2}n = N$ とすると，円の面積 S は

$$NR^2\sin\frac{360°}{2N} < S < NR^2\tan\frac{360°}{2N}$$

N が測定不能なほど大きくなると，

$$N\sin\frac{360°}{2N} \simeq \pi \simeq N\tan\frac{360°}{2N}$$

半径 R の円の面積 (S) は

$$S = \pi R^2$$

これで，三角比の角の公式に基づいて，p.118 の表を使って π の近似値をいくつか連続して出す準備ができた。

辺の数 (n)	$n \sin \dfrac{360°}{2n}$	$n \tan \dfrac{360°}{2n}$	π の平均	誤差 (%)
3	2.598	5.196	3.90	24
4	2.828	4.000	3.41	8.5
6	3.000	3.464	3.23	2.8
8	3.062	3.314	3.19	1.5
12	3.106	3.215	3.16	0.6
18	3.125	3.173	3.150	0.3
36	3.139	3.150	3.144	0.07

円周の式を導く過程でも円の面積の式を導く過程でも，1つの因数 (n) を無限に大きくし，もう1つの因数 ($\sin A$ か $\tan A$) を無限に小さくした**極限**という考えに辿りついた．その結果，無限に大きい因数と小さい因数をもつ**有限数**という言葉が生まれる．そろばんしか計算方法がなく，分数を表す明確な方法がなかったギリシャ幾何学の創始者たちにとっては，これは解きがたい難問だったに違いない．だが今では次の例のように，それほど難しいものではない．

$$(5.0)(0.1) = 0.5 = (50.0)(0.01) = (500.0)(0.001)$$
$$= (5,000,000,000.0)(0.000,000,0001), \quad \cdots\cdots$$

ここでは，一方が小数点の左にゼロが9個，もう一方は小数点の右に9個のところでやめたが，ゼロが99個でも999個でも9999個でもかまわないし，無限に増やしても有限の積の数値 0.5 は変わらない．

無限大を表す記号 ∞ を使って，上記の方法を π を極限として表すと，

$$\lim_{n \to \infty} n \sin \frac{360°}{2n} = \pi = \lim_{n \to \infty} n \tan \frac{360°}{2n}$$

ここで地球の研究に話を戻そう．この証明 (と証明 5) を使えば，地球の周囲も，船や山などの物体が水平線の下に消える距離も計算できる．

地球の周囲

進化についてダーウィンと大論争をした A. R. ウォレスは，最初は測量士で，地球の半径と周囲を測る非常に簡単な方法を示した．強便な「平らな地球」論者と賭けをした結果である．2本の棒 (図69) を，上端 A と B が直線状の水路で測定可能な距離 (AB) になるように，また水面からの高さがともに h になるように立てる．その中間に3本目の棒を，上端 D が A, B と一直線に並ぶように立てる．地

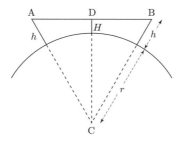

図 69　水路で地球の周囲を測る方法

球の表面も，したがって水路の水面も，実際には曲面だから，D の水面上の高さ H は h より少し低い。h, H, BD を正確に測れば，以下から証明3と4を使って地球の半径が求められる。

$$\mathrm{AC} = (r+h) = \mathrm{BC}$$

△ABC は

$$\mathrm{AD} = \frac{1}{2}\mathrm{AB} = \mathrm{DB}$$

で二等辺三角形だから，CD は AB に直角 (証明3) で，△DBC は直角三角形。したがって (証明4),

$$\mathrm{DB}^2 + \mathrm{DC}^2 = \mathrm{BC}^2$$
$$\mathrm{DB}^2 + (r+H)^2 = (r+h)^2$$
$$\therefore\ \mathrm{DB}^2 + r^2 + 2rH + H^2 = r^2 + 2rh + h^2$$
$$\therefore\ \mathrm{DB}^2 + H^2 - h^2 = 2rh - 2rH = 2r(h-H)$$
$$\therefore\ r = \frac{\mathrm{DB}^2 + H^2 - h^2}{2(h-H)}$$

DB の距離は棒の高さと比べて非常に長く，$(H^2 - h^2)$ は無視できるから，

$$r = \frac{1}{2}\mathrm{DB}^2 \div (h-H) = \frac{1}{8}\mathrm{AB}^2 \div (h-H)$$

水平線の距離

図70で観察者は A 点におり，BC は遠くの物体 (山や船) で，最上部 B だけが見えて他の部分は水平線 AB の下に隠れている。直線状に進む光は B を通って A 点で地球の外周をかすめる。したがって ∠BAD は直角である。証明4で

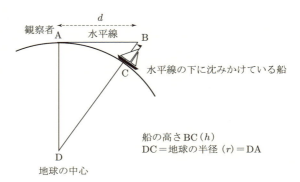

図70 水平線の果て

$$AB^2 + AD^2 = DB^2$$
$$= (DC + CB)^2$$
$$= DC^2 + 2DC \cdot CB + CB^2$$

ADとDCはともに地球の半径だから，AD = r = DC

$$\therefore \quad AB^2 + AD^2 = AD^2 + 2DC \cdot CB + CB^2$$
$$\therefore \quad AB^2 = 2DC \cdot CB + CB^2$$

ABの距離をd，BC（全部見えた場合の高さ）をhとすると，

$$d^2 = 2rh + h^2$$
$$= h(2r + h)$$

山は高くても約5マイル(8,000メートル)，地球の半径は約4,000マイル(6,400キロメートル)だから，$(r+h)$とrの差の割合は1/800程度。船の高さhはもちろん，rに比べると極めて小さい。したがって$(2r+h) = 2r$とすることができ，

$$d^2 = 2hr$$

これで，観察者の目が海面の高さのとき，海面から消えかけている高さ2,000フィートの山までの距離は次のようになる。

$$d^2 = 2 \times \frac{2,000}{5,280} \times 4,000 = \frac{100,000}{33} \text{マイル} \quad (1 \text{マイル} = 5,280 \text{フィート})$$

$$\therefore \quad d = \sqrt{100,000 \div 33} = 約55 \text{マイル}$$

第3章の練習問題とテスト

1. 2本の直線が交わると4つの角 A, B, C, D ができる。A が (i) $30°$, (ii) $60°$, (iii) $45°$ の場合について，他の3つの角の値を入れた表を作ろう。

2. 三角形 ABC の3辺の長さが a, b, c, 対角がそれぞれ A, B, C とする。C を越える a の延長線を E まで伸ばした図を描き，(i) $A = 30°$, $B = 45°$, (ii) $A = 45°$, $B = 75°$ の場合について ∠ACE を求めよう。角 ACE を C の「外角」と呼ぶと，ある三角形の外角と向かい合った2つの内角の間に，どんな一般規則があるか。

3. 辺が長さ1の正三角形を描き，1つの頂点から対辺に垂線を引く。三角形の面積を (a) $\sin 60°$, (b) $\cos 30°$ で表そう。辺の長さを a とすると，面積はどれだけか。

4. 1角が $120°$ の二等辺三角形を描く。等辺が長さ1の場合，三角形の面積はどれだけか。等辺の長さが a の場合はどうなるか。

5. 次の式を表す図を描こう。

$$(2a + 3b)^2 = 4a^2 + 12ab + 9b^2$$
$$(3a - 2b)^2 = 9a^2 - 12ab + 4b^2$$
$$(2a + 3b)(3a - 2b) = 6a^2 + 5ab - 6b^2$$
$$(2a + 3b)(2a - 3b) = 4a^2 - 9b^2$$

6. 前章で，$(a+b)^2$, $(a-b)^2$ の展開式を学んだ。これを使って，さまざまな式の2乗を求めることができる。たとえば，

$$(\boxed{x+y} + 1)^2 = \boxed{x+y}^2 + 2 \cdot 1 \cdot \boxed{x+y} + 1^2$$
$$= x^2 + 2xy + y^2 + 2x + 2y + 1$$

これはふつう，次のように書く。

$$\{(x+y) + 1\}^2 = x^2 + 2xy + y^2 + 2x + 2y + 1$$

カッコの中にさらにカッコを使うときは，混乱しないように別の形のカッコを使う。その方法で，次の式を展開してみよう。

(i) $(x+y+2)^2$ (ii) $(x+1)^2$
(iii) $(x+y-2)^2$ (iv) $(x-1)^2$
(v) $(2a^2 + 3y^2)^2$ (vi) $(4a - 5b)^2$

(vii)　$(x^2+y^2)^2$ 　　　　　　　　(viii)　$(xy-1)^2$
   (ix)　$(x^2-y^2)^2$

7. 逆の方法で，次のような式の平方根を求めることができる。
$$a^2 \pm 2ab + b^2$$
次の式の平方根を求めよう。
   (i)　$9x^2 + 42xy + 49y^2$ 　　　　(ii)　$a^2 + 6a + 9$
   (iii)　$4a^2 - 20ab + 25b^2$ 　　　　(iv)　$16a^2 - 72ab + 81b^2$
   (v)　$x^2 - 2x + 1$ 　　　　　　　(vi)　$x^2 + 2x + 1$
   (vii)　$x^2 + 24xy + 144y^2$

8. $(a+b)(a-b) = a^2 - b^2$ の恒等式を使って，次を展開しよう。
   (i)　$(x+1)(x-1)$ 　　　　　　　(ii)　$(x+3)(x-3)$
   (iii)　$(ab+1)(ab-1)$ 　　　　　　(iv)　$(a^2-b^2)(a^2+b^2)$
   (v)　$(x+y-2)(x+y+2)$

9. 複雑な式を因数に分解できると，非常に便利である。$a^2 + 2ab + b^2$ のような式の因数分解はすでに学んだ。$a^2 - b^2 = (a-b)(a+b)$ の恒等式を使って，2つの平方の差を示す式の因数を求めることができる。たとえば
$$64x^4 - 81y^2 = (8x^2)^2 - (9y)^2$$
$$= (8x^2 - 9y)(8x^2 + 9y)$$
同じようにして，次の式の因数を求めよう。
   (i)　$x^2 - 1$ 　　　　　　　　　(ii)　$a^2 - (b+c)^2$
   (iii)　$(a+b)^2 - c^2$ 　　　　　　(iv)　$(x+y)^2 - 1$
   (v)　$a^2 - (b-c)^2$ 　　　　　　(vi)　$x^8 - y^8$
   (vii)　$a^4 - b^4$ 　　　　　　　　(viii)　$a^2 + 2ab + b^2 - 1$
   (ix)　$81 - x^2$ 　　　　　　　　　(x)　$x^2 + 2xy + y^2 - 2^2$
   (xi)　$(x+2)^2 - (x-1)^2$

10. 三角形の 2 角が以下のとき，残る角は何度か。
   (i)　$15°, 75°$ 　　(ii)　$30°, 90°$ 　　(iii)　$49°, 81°$
   (iv)　$110°, 60°$ 　　(v)　$90°, 12°$

11. 図 24 の天頂距離 (z.d.) と高度 (a) について，$a = 90° - \text{z.d.}$, $\text{z.d.} = 90° - a$

になる理由を説明しよう。

12. 北極星の高度がメンフィスで30°, ニューヨークで41°, ロンドンで$51\frac{1}{2}$°だとすると, これらの場所における天頂距離はどれだけか.

13. シリウスは子午線に沿って北極星から$106\frac{1}{2}$°の位置にある. 問12の3ヵ所で子午線上にある場合の北極星に対する位置を図示しよう. それぞれの天頂距離と高度はどれだけか.

14. 1つの角がそれぞれ10°, 30°, 45°, 75°の直角三角形を描く. 直角の頂点から斜辺に垂線を下ろす. それぞれの三角形で, 直角は垂線で分けられて何度と何度になったか.

15. 垂直の壁に対して30°の角度ではしごが立ててある. はしごの最下部は壁から3フィート離れている. はしごの最上部がかかっている壁の高さと, はしごの長さは何フィートか.

16. 高さ5フィートのたんすを置く屋根裏部屋は, 屋根が床まで傾斜している. たんすを隅から2フィートのところまでしか置けないとすると, 屋根の傾斜は何度か.

17. 傾斜60°の茅葺き屋根の端は地上15フィートの高さである. 増築で屋根を延長したら, その端が地上6フィートの高さになった. 増築部分の幅はどれだけか.

18. 高さ17フィートの電柱の正午の影の長さが205インチである. 太陽のおよその天頂距離はどれだけか. (正接表を使う) (1フィート＝12インチ)

19. 正午の太陽の天頂距離が45°のとき, 街灯柱の影がちょうど, 街灯柱の最上部まで届く12フィートのはしごの最下部に達した. その後, 太陽の天頂距離が60°になったとき, 街灯柱の影はどれだけ長くなったか. (図を描く. 計算は不要)

20. 長さ3フィート6インチの柱の影が, 午後4時に5フィートだった. 同じ時刻に, 太陽がすぐ後にある崖の影が60ヤードあった. 崖の高さは何ヤードか.

21. 渡れない川の幅を測りたい測量士がいる. 対岸の土手に目立つ物体Pがある. 川のこちら側の, Pより左側の地点AからPを見ると30°, 右側の地点Bからは45°である. ABの距離を測ると60フィートだった. これを図にして, 川幅を求めよう. (ヒント：PからABに引いた垂線と, 2つに分かれたABの各部分の関係を考える. するとABは？)

22. 半ペニー銅貨(直径1インチ)を目から3ヤード離すと, 太陽か月がちょう

ど隠れる。太陽までの距離を 9,300 万マイルとすると，太陽の直径は何マイルか。月までの距離を 2,160 マイルとすると，直径は何マイルか。

23. $\sin A = \cos 60°$ だと，A の値は？
$\sin A = \cos 45°$ だと，A の値は？
$\cos A = \sin 15°$ だと，A の値は？
$\cos A = \sin 8°$ だと，A の値は？

24. $\sin x = \dfrac{\sqrt{3}}{2}$, $\cos x = \dfrac{1}{2}$ だと，$\tan x$ は？
$\sin x = 0.4$, $\cos x = 0.9$ だと，$\tan x$ は？
$\cos x = 0.8$, $\sin x = 0.6$ だと，$\tan x$ は？
$\sin x = 0.8$, $\cos x = 0.6$ だと，$\tan x$ は？

25. 平方表か平方根表を使って，下の 2 辺をもつ直角三角形の第 3 の辺を求めよう。

(a) 17 フィート，5 フィート
(b) 3 インチ，4 インチ
(c) 1 cm, 12 cm

各辺について，解がいくつありうるか。

26. 2 つの異なる幾何図形を作図することによって，1 から 7 の整数の平方を表にしよう。

27. 幾何図形によって 2 と 8，1 と 9，4 と 16 の算術平均と幾何平均をそれぞれ求めよう。

28. 星がちょうど地平線をかすめるとき，その星の天頂距離はどれだけか。シリウスの次に明るいカノープスが子午線の真上にあるとき，大ピラミッド (北緯 30°) 付近では地平線の南点の $7\dfrac{1}{2}°$ 上方にある。カノープスと北極星の間の角度は何度か。子午線上にある任意の 2 つの星の角度が一定だとすると，カノープスが見える最北の緯度は何度か。

29. 夏至に太陽が北回帰線 (北緯 $23\dfrac{1}{2}°$) の真上にあるとして，図 61, 62 のような図を使って，子午線上にあるとき (すなわち正午) のニューヨーク (北緯 41°) における太陽の高度と天頂距離を求めよう。また，同日の夜中の 12 時に太陽が見える最南の緯度は何度か。

30. 秋分の日の北極星の天頂距離は，ニューヨーク (北緯 41°) とロンドン (北

緯 $51\frac{1}{2}^{\circ}$）ではどれだけか。また，正午の太陽の高度は何度か。

31. デボンシャー州のある村では，12月25日のグリニッジ標準時午後12時14分に，電柱の影が最も短かった。村の経度は何度か。

32. 正 x 角形を x 個の合同な三角形に分け，任意の2辺の間の角が直角 $\times \dfrac{2x-4}{x}$ になることを示そう。

33. 12マイル離れたところまで見える灯台の高さはどれだけか。

34. 海面から60フィートの船のマストの先から，高さ100フィートの崖の頂上がようやく見える。船と崖の距離はどれだけか。

35. ある日の正午に，高さがともに5フィートの柱AとBの影がそれぞれ3フィート3インチ，3フィート $1\frac{1}{2}$ インチだった。AがBより69マイル北にあるとすると，地球の半径はどれだけか。

36. 半径1インチの円に外接する正方形を描いて周囲が $8\tan 45°$ であることを示そう。また正方形の四隅が円周上にあるように円の内部に正方形を描いて，周囲が $8\sin 45°$ であることを示そう。同様に，外接正六角形の周囲が $12\tan 30°$，内接正八角形の周囲が $12\sin 30°$ になることを示そう。外接・内接正八角形と正十二角形の周囲はどうなるだろう。

37. 外接・内接正方形，正六角形，正八角形，正十二角形の周囲を数値で表そう。また結果を作表し，サインとタンジェントの表を使って π の値の範囲を調べよう。

38. 半径の長さが1の円について，外接正方形の面積が $4\tan 45°$，内接正方形の面積が $4\sin 45°\cos 45°$ であることを示そう。外接・内接正六角形の面積はどれだけか。また外接正 n 角形の面積を表す一般式を書こう。ただし，正方形では $4\tan\dfrac{360°}{8}$ である。

39. 半径の長さが1の円の面積は π（$r=1$ だから $\pi r^2=\pi$）だから，前問の一般式を使って π の範囲を表そう。ただし，π は外接・内接正一八〇角形の面積の間にあるものとする。

40. 地球の半径を3,960マイルとすると，経度が同じで緯度が1°違う2つの場所の距離は何マイルか。

41. 赤道上にあって経度が1°違う2つの場所の距離は何マイルか。

42. 船が真西に200マイル航行すると，経度が5°変わっていた。緯度何度の

場所にいるか。(巻末のサインの表を使う)

43. 夏至の太陽は北回帰線 (北緯 $23\frac{1}{2}°$) の真上に，冬至には南回帰線 (南緯 $23\frac{1}{2}°$) の真上にある。夏至と冬至にロンドン (北緯 $51\frac{1}{2}°$) で，正午の太陽が地平線に対して作る角を図によって示そう。

44. ニューヨーク (北緯 $41°$) では，正午の影が常に北に向くことを図によって示そう。

45. 年間の正午の影を見て以下の場所にいるかどうか，どうすればわかるか。
  (a)　北緯 $66\frac{1}{2}°$ の北
  (b)　北緯 $66\frac{1}{2}°$ と北緯 $23\frac{1}{2}°$ の間
  (c)　北緯 $23\frac{1}{2}°$ と赤道の間
  (d)　北極点
  (e)　北極線上
  (f)　北回帰線上
  (g)　赤道上

46. (a) 夏至，(b) 春分の日，(c) 冬至に正午の太陽の影が影棒と同じ高さになる地点の緯度は何度か。

47. 秋分の日に太陽が北の地平線に対して $56°$ の角度で子午線を通ったとき，船のクロノメーターがグリニッジ標準時で午前 10 時 44 分を記録した。船はどこの港に近づいているか。(地図で調べよう)

48. ニューヨークが西経 $74°$ の，モスクワが東経 $37\frac{2}{3}°$ の子午線上にあるとすると，グリニッジ標準時で午後 9 時のとき，両地ではそれぞれ何時か。

49. 証明 5 と円の定義 (周上のすべての点が，中心という一定の点から等距離にある図形) を使って，円の任意の 2 つの弦の中心から直角に引いた線が中心で交わることを示そう。

50. これを使って，円板の中心に穴をあけるにはどうしたらよいか考えよう。

51. 三角形 ABC の辺 BC を D まで延長すると，∠ACD = ∠CAB + ∠ABC になることを示そう。2 人の観察者が B と C から A にある物体を見たとき，∠CAB を 2 人にとってのその物体の**視差**という。A の方位角が 2 人の観察者から見て同じだったとき，物体の視差は B と C からの仰角の差であることを，証明 5 を使って説明しよう。

●これは覚えよう

1. 三角形で $\angle B$ の対辺を b, $\angle A$ の対辺を a, $\angle C$ の対辺を c, B から b に引いた垂線の高さを h としたとき,

(ⅰ) 面積 $= \dfrac{1}{2}hb$ (ⅱ) $A + B + C = 180°$

$B = 90°$ なら,

(ⅰ) $C = 90° - A, \quad A = 90° - C$

(ⅱ) $b^2 = c^2 + a^2$

(ⅲ) $\sin A = \dfrac{a}{b} = \cos C, \quad \cos A = \dfrac{c}{b} = \sin C, \quad \tan A = \dfrac{a}{c} = \dfrac{1}{\tan C}$

2. 半径 r (直径 d) の円で,

円周 $= 2\pi r (= \pi d)$, 面積 $= \pi r^2$

3. 次のとき,2 つの三角形は合同である。

(ⅰ) 3 辺の長さが同じ

(ⅱ) 2 辺と夾角が同じ

(ⅲ) 1 辺と両端の角が同じ

4.

角 ($A°$)	$\sin A$	$\cos A$	$\tan A$
90	1	0	∞
60	$\dfrac{\sqrt{3}}{2}$	$\dfrac{1}{2}$	$\sqrt{3}$
45	$\dfrac{1}{\sqrt{2}}$	$\dfrac{1}{\sqrt{2}}$	1
30	$\dfrac{1}{2}$	$\dfrac{\sqrt{3}}{2}$	$\dfrac{1}{\sqrt{3}}$
0	0	1	0

5. $\cos^2 A + \sin^2 A = 1, \quad \sin A = \sqrt{1 - \cos^2 A}, \quad \cos A = \sqrt{1 - \sin^2 A}$

6. $\cos \dfrac{1}{2}A = \sqrt{\dfrac{1}{2}(1 + \cos A)}, \quad \sin \dfrac{1}{2}A = \dfrac{\sin A}{2\cos \dfrac{1}{2}A} = \sqrt{\dfrac{1}{2}(1 - \cos A)}$

第4章　古代の数の知識

　紀元前の数学者は機械的な手段や図に頼ったが，今では算術 (arithmetic) という言葉を，そういう手段に頼らない計算技術という意味で使う。arithmetic はギリシャ語で，古代のギリシャ語圏では数の分類を意味していた。分類の多くは，元をただせば迷信に行きつき，その迷信の一部はおそらく，アジアにあったギリシャの植民地と接触のあった地域の東部を歩きまわったピタゴラスが集めたものである。中国最古の数学的な文書，とくに『易経』が書かれた時期には諸説あるが，ピタゴラス派のとりとめのない長話に組み入れられた数の知識は，アジアの隊商ルートを経由して西洋にもたらされたと思われる。砂糖，絹，紙，木版印刷，火薬，凧，石炭，運河の水門を運んだのと同じルートである。

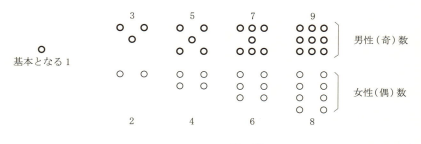

図 71　古代の数として使われた男根象徴型の記号

　『易経』の「洛書」は，おそらく世界最古の魔方陣を記号で示している (図 72)。これは縦，横，斜めに加えた数が常に等しい数を $n \times n$ ($3 \times 3, 4 \times 4$ など) 個並べたものである。次の数を並べてみよう。

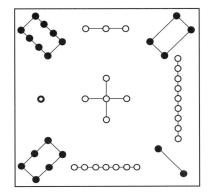

図 72 中国の「洛書」で，図形で示された魔方陣

1段目　8＋3＋4 = 15,　　2段目　1＋5＋9 = 15,　　3段目　6＋7＋2 = 15
1列目　8＋1＋6 = 15,　　2列目　3＋5＋7 = 15,　　3列目　4＋9＋2 = 15
斜め　　4＋5＋6 = 15, 2＋5＋8 = 15

中国の魔方陣では，白丸が奇(男)数を，黒丸が偶(女)数を表している。この分類法が奇妙な形で実を結んだのが，ピタゴラスの弟子たちが5に与えた独特な意味である (図71)。「プロローグ」で触れたように，数と幾何図形に道徳性 (あるいは不道徳性) をもたせたピタゴラス派の考えが，プラトンの蒙昧主義に投影しているのが見られる。

数字というより，あらゆる数の源泉とみなされた1は理性を，2は意見を，4は正義を，5は結婚を意味した。最初の男性数3と最初の女性数2を合わせた数だからである (図71)。5には色の秘密，6には寒さの秘密，7には健康の秘密，8には愛の秘密 (3(力)＋5(結婚)) があった。6面の立体図形には地球の秘密が，ピラミッドには火の秘密 (後にストア学派の logos spermatikos＝すべての人を照らす光となる) があり，12面の立体図形には天の秘密があった。球は最も**完全**な形であった。星と星の間の距離は初期の弦楽器の弦の長さのように和声的な数列を作ると考えられ，「天球の和声」と言われた。数は聡明な少年少女と愚鈍で不満のある少年少女に分類された。また，因数の総和がそれ自身に等しい**完全数**もあった。最初の完全数は6(約数の1, 2, 3を加えると6)，2番目は28(1＋2＋4＋7＋14 = 28)である。アレクサンドリアの新ピタゴラス派の哲学者ニコマコスは，長い時間をかけて次の2つ (496と8,128) を見つけた。その次の完全数は33,550,336までない。

さんざん無駄な努力をしたニコマコスが発見したのは,「美しくて良いものは稀で,簡単に計算できるが醜くて悪いものはたくさんある」ということだった。**友愛数**もある。友とは何かと聞かれたピタゴラスは答えた。「もう1人の自分,たとえば220と284だ。」つまり,284の約数 (1, 2, 4, 71, 142) を全部足すと220に,220の約数 (1, 2, 4, 5, 10, 11, 20, 22, 44, 55, 110) を全部足すと284になる。ピタゴラスの信奉者のように,友だちどうしの数を自身で探すと面白いだろう。

縁起がいい数の集団に,三角数がある (図35)。三角数の見方で,ピタゴラス派の人々が研究した数学と,ギリシャの商人と職人が使った数学が,いかに違うかがわかる。後者の1人ターレスは,数学の知識で海上の船と港の距離を測った。2世紀のギリシャの諷刺作家ルキアノスの対話劇で,商人がピタゴラスに,何を教えられるか聞く。「数の数えかたを教えよう」とピタゴラス。「それはもう知っています」と商人が答える。「どうやって数えるのだ」とピタゴラスが聞く。「1, 2, 3, 4, ⋯」「ストップ！」とピタゴラスが叫ぶ。「おまえが4と言うのは10,すなわち完全な三角形で,我々のシンボルだ。」ピタゴラスの信奉者は謎掛けが好みだったらしい。その謎掛けは,ますますあざやかに,うまくなっていき,まもなく奇妙な呪文になって,それを弟子たちが魔法数の材料にした。「おお,神々と人間を生んだ神の数よ。おお,永遠に続く創造の根源をもつ聖なる四数よ。」これが,ピタゴラスの弟子たちが4に捧げた呪文だった。

図73　魔方陣
左：図72の中国の魔方陣を現代の記数法で表したもの。
右：真ん中の横列と縦列に,秘教者たちのエホバが隠れている。

古代の数の魔法を長続きさせた一因はまちがいなく,ヘブライ人とその後のギリシャ本土の人々が大きく後戻りしたことにあった (図9)。聖職者とフェニキア人の数の表記は線を繰り返す書き方である (p.23)。そのためわかりやすかったが,商人が船乗りに勝つにはかさばりすぎた。その後ユダヤ人もギリシャ人も,もっと経済的な記数法に落ち着いた。「経済的」の基準が場所を取らないことだけだとすればだが。アルファベットの各文字に数を当てはめ,アルファベットだけで

数を表したのである。この変更がある意味で倹約になったとしても，別の意味では決して経済的ではなかった。計算しやすいように数の記号を並べたいという衝動を抑えるのには成功した。これについては後で述べる。もう1つの結果は今のテーマに関係が深いもので，**ゲマトリア**というマジックを生んだのである。

ゲマトリアとは，ヘブライ語とギリシャ語のアルファベットを数字として使ったことで発生した，奇妙な迷信である。人々が初めて記号を数として使い始めた当時，それ以前の象形文字ほど場所を取らない記号を発明しようとして泥沼にはまった。それぞれの文字が数を表すようになると，単語を構成する文字が表す数を足してその和の数を考えるようになった。2語の数が同じ場合，隠れた秘密をもつ凶兆だと解釈する人が大勢いた (図73)。ギリシャの勇士アキレスの合計が1,276，トロイの勇士ヘクトルは1,225だから，アキレスのほうが強い，ということになった。ヘブライ語の**エレアザル**の合計は318だった。ヘブライの歴史物語によると，アブラハムがエレアザルを救ったとき，318人の奴隷を解放したという。中世の詭弁神学者と占星術師が書いた占星術書で，ゲマトリアは星と惑星を前兆に結びつけた。図74は古代ローマのことわざがアナグラムになっている。

S	A	T	O	R
A	R	E	P	O
T	E	N	E	T
O	P	E	R	A
R	O	T	A	S

sator arepo tenet opera rotas

図74 ことばの魔方陣

プラトンの意味不明な数，《lord of better and worse births》(万民の主) が，プラトン学派に多大な無用の知的努力を課した。『ヨハネ黙示録』に書かれた Beast (反キリスト者) が表す数が後の研究者に，算術のこの分野の研究課題をふんだんに与えた。同じようにニュートンは晩年，旧約聖書の『ダニエル書』に頭を使った。カトリックの神学者ピーター・バンガスは700ページの本を費やして Beast の数666がマルティン・ルターの暗号だと書いた。だがこのプロパガンダ合戦では，新

しい商業算術を提唱したプロテスタントが一枚も二枚も上手だった。バンガスに答えてルターは666を，ローマ教皇の支配体制が幸いにも既定の終末に近づいている前兆と解釈した。ルター派に転向した1人で $+$, $-$, $\sqrt{\ }$ の記号をヨーロッパ人としては初めて代数書で使った数学者のシュティーフェルは，666がローマ教皇レオ10世を指すことを発見したのが転向の発端だったと言った。レオ10世 (Leo X) を省略せずに書くと LEO DECIMVS になる。証明は簡単だから，ここで紹介してもいいだろう。シュティーフェルはまず，ローマのアルファベットでは，E, O, S は数ではないことに着目した。したがって，これらの文字が含まれているのは誤りである。数を表す文字は難なく MDCLVI と並べ替えられる。これは 1,656，すなわち 666+990 である。X を DECIMVS と置き換えるのは理の当然で，これは 666+1,000 だとシュティーフェルは論じる。ラテン語では 1,000 は M で，mysterium (大いなる神秘) の最初の文字である。したがって『ヨハネ黙示録』の Beast は「神秘」である。今は対数で有名なネイピアは，教皇を反キリスト者と認定する方法を，対数と同じくらい重要視した。聖アウグスティヌスが言った，「神はすべてを6日で造られた。なぜなら6が完全数だからだ」がばかばかしくないなら，これもばかばかしくない。閏年を除いて2月の日数である28も完全数である。

1	15	14	4
12	6	7	9
8	10	11	5
13	3	2	16

図75　中世の 4×4 の魔方陣

ゲマトリアと魔方陣に別れを告げる前に，魔方陣の作り方を知りたい読者もいるだろう。3×3 の魔方陣を作る一般式は次ページ表のとおり。ここで a, b, c は整数であり，負の数ができないように $a > b + c$ でなければならない。また $2b$ は c に等しくない。そうでないと，同じ数が一度ならず出てきてしまう。横列，縦列，斜めの合計は $3a$ になる。$a = 5, b = 3, c = 1$ なら，大昔の中国の魔方陣のように1から9の整数が全部入る。その他の例は以下のとおり。

$a = 6,\quad b = 3, c = 2\,;\quad b = 3, c = 1$
$a = 7,\quad b = 3, c = 2\,;\quad b = 4, c = 2\,;\quad b = 3, c = 1\,;\quad b = 4, c = 1$
$a = 8,\quad b = 6, c = 1\,;\quad b = 5, c = 2\,;\quad b = 5, c = 1$
$ b = 4, c = 3\,;\quad b = 4, c = 1$
$ b = 3, c = 2\,;\quad b = 3, c = 1$

$a+c$	$a+b-c$	$a-b$
$a-b-c$	a	$a+b+c$
$a+b$	$a-b+c$	$a-c$

大昔に関心を集めた数の種類に**素数**がある。2つの整数の積で表すには1とその数自身の積しかない奇数のことで，たとえば掛けて17になる整数は17と1だけである。棒や点，丸などを使っても(図71)，同じ数のいくつかの列に並べることはできない。3, 5, 7, 11, 13も素数である。奇数でも9, 15, 21, 25は素数ではない。素数の発見は，現在の方法が見つかる以前の平方根の求め方を簡単にした点を除けば，大して有用ではなかった。

1から100の間のすべての素数を見つけるには，まず偶数(2で割れる)と，5か0で終わる数(5で割れる)を捨てる。もちろん，2と5は残す。すると，次の数が残る。

  1 2 3 5 7 9 11 13 17 19
  21 23 27 29 31 33 37 39
  41 43 47 49 51 53 57 59
  61 63 67 69 71 73 77 79
  81 83 87 89 91 93 97 99

次に3か7で割り切れる数(3と7は除く)を捨てると，

  1 2 3 5 7 11 13 17 19
  23 29 31 37 41 43 47
  53 59 61 67 71 73 79
  83 89 97

これで，9で割れる数(3で割れる)と，6, 8, 10で割れる数(2で割れる)は，すべ

て捨てたことになる。100 までの数で 11 以上の数で割れるものは，10 までの数で割れる。なぜなら，11 に 11 以上の数を掛けると 100 を超えるからである。したがって，残った数はすべて素数である。

　素数を使って平方根を求める方法は，繰り返し出てくる重要な規則に従っている。たとえば，

$$\sqrt{4 \times 9} = \sqrt{36} = 6 = 2 \times 3 = \sqrt{4} \times \sqrt{9}$$
$$\sqrt{4 \times 16} = \sqrt{64} = 8 = 2 \times 4 = \sqrt{4} \times \sqrt{16}$$
$$\sqrt{4 \times 25} = \sqrt{100} = 10 = 2 \times 5 = \sqrt{4} \times \sqrt{25}$$
$$\sqrt{9 \times 16} = \sqrt{144} = 12 = 3 \times 4 = \sqrt{9} \times \sqrt{16}$$
$$\sqrt{4 \times 49} = \sqrt{196} = 14 = 2 \times 7 = \sqrt{4} \times \sqrt{49}$$
$$\sqrt{9 \times 25} = \sqrt{225} = 15 = 3 \times 5 = \sqrt{9} \times \sqrt{25}$$
$$\sqrt{9 \times 49} = \sqrt{441} = 21 = 3 \times 7 = \sqrt{9} \times \sqrt{49}$$

これは次の規則を使ったものである。

$$\sqrt{ab} = \sqrt{a} \times \sqrt{b} \quad \text{または} \quad (ab)^{\frac{1}{2}} = a^{\frac{1}{2}} \cdot b^{\frac{1}{2}}$$

そこで，次のように書ける。

$$\sqrt{6} = \sqrt{2} \cdot \sqrt{3}$$
$$\sqrt{8} = \sqrt{4} \cdot \sqrt{2} = 2\sqrt{2}$$
$$\sqrt{12} = \sqrt{4} \cdot \sqrt{3} = 2\sqrt{3}$$
$$\sqrt{18} = \sqrt{9} \cdot \sqrt{2} = 3\sqrt{2}$$
$$\sqrt{24} = \sqrt{4} \cdot \sqrt{6} = 2\sqrt{2} \cdot \sqrt{3}$$

ということは，$\sqrt{2}$ と $\sqrt{3}$ がわかれば，32, 48, 72, 96 のような 2 と 3 の倍数の平方根がすべてわかる。また，$\sqrt{5}$ がわかれば，10, 15, 30, 40, 45, 50, 60 のような 5 と 2 と 3 の倍数の平方根がわかる。これは次の方法で確かめることができる。

　$\sqrt{2} = 1.414$, $\sqrt{3} = 1.732$ とすると，$\sqrt{6} = 1.414 \times 1.732 = 2.449$ (小数第 3 位まで正確) になる。それぞれの値を 2 乗すると，

1.414	1.732	2.449
1.414	1.732	2.449
1.414	1.732	4.898
0.5656	1.2124	0.9796
0.01414	0.05196	0.09796
0.005656	0.003464	0.022041
1.999396	2.999824	5.997601

　当然，3番目の積の誤差は大きくなる。小数第3位までの概数である $\sqrt{2}$ と $\sqrt{3}$ の積を，誤差を含めて2乗したからである。最終的誤差は2,000分の1 (6.0に対して 0.0024) 未満である。

　この法則は，今後の章でたびたび使う。次のように分数を含んでも，この法則だと気づいてほしい。

$$\sqrt{\frac{a}{b}} = \sqrt{a \times \frac{1}{b}} = \sqrt{a} \times \sqrt{\frac{1}{b}} = \frac{\sqrt{a}}{\sqrt{b}} \quad \text{たとえば} \quad \sqrt{\frac{3}{4}} = \frac{\sqrt{3}}{2}$$

式を簡約すると，次のようになる。

$$\frac{3}{\sqrt{3}} = \frac{\sqrt{3} \times \sqrt{3}}{\sqrt{3}} = \sqrt{3}, \quad \frac{1}{\sqrt{2}} = \frac{\sqrt{2}}{2}$$

また，π の値を求めるときは次のようにこの法則を使うから，覚えておこう。

$$\sqrt{1 - \left(\frac{2}{3}\right)^2} = \sqrt{1 - \frac{2^2}{3^2}} = \sqrt{\frac{3^2 - 2^2}{3^2}} = \frac{1}{3}\sqrt{3^2 - 2^2} = \frac{\sqrt{5}}{3}$$

　ピタゴラス派の三角数は後になって結果を出した。ペルシャのオマル・ハイヤーム (1100年頃) が **2項定理** (p.237) の鍵として，さらに下って選択と偶然を初めて数学的に扱ったヤコブ・ベルヌーイ (1713年) が三角数を使うとは，アレクサンドリアで最も傑出した数学者だったと後にみなされたディオファントスでさえ，図形数に関する著作を書いたとき (250年頃)，夢にも思わなかっただろう。そこで，第3章でユークリッドを学んだときと同様に後知恵の利を生かして，後世ますます重要になった数の言語の一面，すなわち，**できるだけ多くの**意味ある情報を**できるだけ小さいスペースに詰め込む方法**への入口として，三角数を検討する必要がある。その方法を説明するのに他のテーマを選ぶ人もいるかもしれないが，図形数を題材にすれば単純な算術という基盤に立ったままでイメージもしやすい。

　また，**発見**と**証明**の違いも，教師がときどき馬の前に馬車をつなぐように順序を逆にする理由もわかりやすくなる。学校や大学で習うことはたいてい，証明が

先で次に発見が来る。というより，発見が来ないほうが多いが，知識が増えていく過程では，発見が先にある。発見が行為の法則としてどの程度，またどんな状況で信頼できるかを判定するのが，証明の正しいあり方である。大した苦労もなく，発見を擁護するために証明を動員できるとすれば，それは読者がすでに (p.84)，**数学的帰納法**という手段をもっているからである。

これから学ぶことは，発見に役立つであろう。また，多くの読者にとっては耳新しいことだと思うが，数学で使う記号に，読み，書き，話す内容を思い出しやすいような名前をつけるための技術を学ぶことができる。綿の値段を x，小麦の値段を y とした場合，どっちがどっちかわからなくなりやすいが，綿の値段を p_c (price of cotton)，小麦の値段を p_w (price of wheat) とすると，わかりやすい。読者によっては，本章の以下の部分はざっと読んでおいて，第 6 章の最初の 3/4 を先に読んでから戻って来たほうがいいかもしれない。

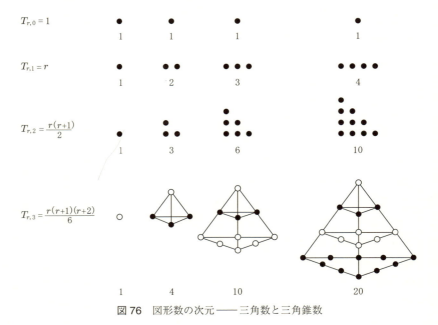

図 76　図形数の次元——三角数と三角錐数

図形数を使えば，数列を作る規則も最も経済的に表せる。単位 ($U_r = 1$) から自然数を作るのと同じように足し算をすることによって，**自然数** ($N_r = 1, 2, 3, 4, 5,$ …) から三角数 (T_r) を作る方法は，すでに学んだ (p.82)。すなわち，

$$
\begin{aligned}
U_r = \quad & 1 & & 1 & & 1 & & 1 \\
N_r = \quad & (0+1)=1, & & (1+1)=2, & & (2+1)=3, & & (3+1)=4, \\
T_r = \quad & (0+1)=1, & & (1+2)=3, & & (3+3)=6, & & (6+4)=10,
\end{aligned}
$$

$$
\begin{aligned}
& 1 & & 1 \\
& (4+1)=5, & & (5+1)=6, & & \cdots\cdots \\
& (10+5)=15, & & (15+6)=21, & & \cdots\cdots
\end{aligned}
$$

ピタゴラス派が魔性を与えた数列 T_r は，図形数で表せる広範囲な数の一例である．各図形数が，数列と興味深い関係をもっている．西暦紀元の初めにインドの税の歴史のなかで発見された次の例から，他の方法ではなかなか思いつかない数列を三角数で作る手がかりが得られる．たとえば，次のような自然数の3乗ができる．

$$1^3=1, \quad 2^3=8, \quad 3^3=27, \quad 4^3=64, \quad 5^3=125, \quad \cdots\cdots$$

したがって自然数の3乗は，

$$1, \quad 8, \quad 27, \quad 64, \quad 125, \quad \cdots\cdots$$

また，自然数の3乗の和が次のように表せる．

$$0+1=1, \quad 1+8=9, \quad 9+27=36, \quad 36+64=100,$$
$$100+125=225, \quad \cdots\cdots$$

自然数の3乗の和の数列と，その元である自然数の数列に，初項をランク(順番を表す数字)1の項と名づけると，次のようになる．

$$
\begin{array}{cccccccc}
r = & 1 & 2 & 3 & 4 & 5 & \cdots\cdots \\
S_r = & 1 & 9 & 36 & 100 & 225 & \cdots\cdots \\
= & 1 & 3^2 & 6^2 & 10^2 & 15^2 & \cdots\cdots
\end{array}
$$

最後の行の各数は，次の一般項の三角数の2乗である．

$$\frac{r(r+1)}{2} \quad \text{より，その2乗は} \quad \frac{r^2(r+1)^2}{4}$$

この手がかりから，次のことがわかる．

$$S_{r+1} = \frac{r^2(r+1)^2}{4} + (r+1)^3 = \frac{(r+1)^2(r^2+4r+4)}{4}$$

$$\therefore \quad S_{r+1} = \frac{(r+1)^2(r+2)^2}{4}$$

これで，r 番目の式が正しければ，$(r+1)$ 番目の項の式も正しいことがわかった。帰納法のきびしいチェックを完遂するには (p.84)，初項 (すなわち 1) の式も正しいことを示せばいい。すなわち，

$$S_1 = \frac{r^2(r+1)^2}{4} = \frac{1(1+1)^2}{4} = 1$$

この式を確かめるために，最初の 7 つの自然数の 3 乗の和を出す。

$$S_7 = 1^3 + 2^3 + 3^3 + 4^3 + 5^3 + 6^3 + 7^3$$
$$= 1 + 8 + 27 + 64 + 125 + 216 + 343 = 784$$

公式を使えば (より簡単に) 同じ結果が得られる。

$$S_7 = \frac{7^2(8^2)}{4} = 49 \times 16 = 784$$

上記のように，三角数の元の数列は，1 (ランク 1) から始まる自然数の数列 (N_r) で，次のような法則になっている。

$$T_{r+1} = T_r + N_{r+1}$$

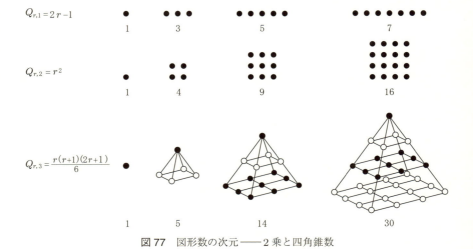

図 77 　図形数の次元——2 乗と四角錐数

自然数は等差数列，すなわち連続する 2 つの項の差 d が等しい (公差) 数列を構成している。数列が 1, 2, 3, 4, $\cdots$ なら $d = 1$。$d = 2$ で初項が同じなら奇数

1, 3, 5, 7, … になる。$d = 3$ なら 1, 4, 7, 10, … の数列になる。三角数と同じ法則なら，次のような数列ができる。

平方数 ($d = 2$)

$$1 \quad 3 \quad 5 \quad 7 \quad 9 \quad 11 \quad 13 \quad \cdots\cdots$$
$$1 \quad 4 \quad 9 \quad 16 \quad 25 \quad 36 \quad 49 \quad \cdots\cdots$$

五角数 ($d = 3$)

$$1 \quad 4 \quad 7 \quad 10 \quad 13 \quad 16 \quad 19 \quad \cdots\cdots$$
$$1 \quad 5 \quad 12 \quad 22 \quad 35 \quad 51 \quad 70 \quad \cdots\cdots$$

六角数 ($d = 4$)

$$1 \quad 5 \quad 9 \quad 13 \quad 17 \quad 21 \quad 25 \quad \cdots\cdots$$
$$1 \quad 6 \quad 15 \quad 28 \quad 45 \quad 66 \quad 91 \quad \cdots\cdots$$

このような数列は無数に作れる (図 37)。辺の数が s の場合の一般項 (P_r) の式 (下記) を確かめてみよう。

$$P_r = \frac{r}{2}[2 + (s-2)(r-1)]$$

これから，次の式が得られる。

$$s = 3, \quad P_r = \frac{r}{2}(r+1)$$
$$s = 4, \quad P_r = r^2$$
$$s = 5, \quad P_r = \frac{r}{2}(3r-1)$$
$$s = 6, \quad P_r = r(2r-1)$$

図 78 には多角数の例として，奇数の 2 乗になっている八角数がある。s を辺の数とすると，元の数列は $0, s, 2s, 3s, 4s, \cdots$ で，以下から法則がわかる。

$$0 \quad s \quad 2s \quad 3s \quad 4s \quad 5s \quad 6s \quad \cdots\cdots$$
$$1 \quad 1+s \quad 1+3s \quad 1+6s \quad 1+10s \quad 1+15s \quad 1+21s \quad \cdots\cdots$$

したがって，$s = 8$ だと，

$$0 \quad 8 \quad 16 \quad 24 \quad 32 \quad 40 \quad \cdots\cdots$$
$$1 \quad 9 \quad 25 \quad 49 \quad 81 \quad 121 \quad \cdots\cdots$$

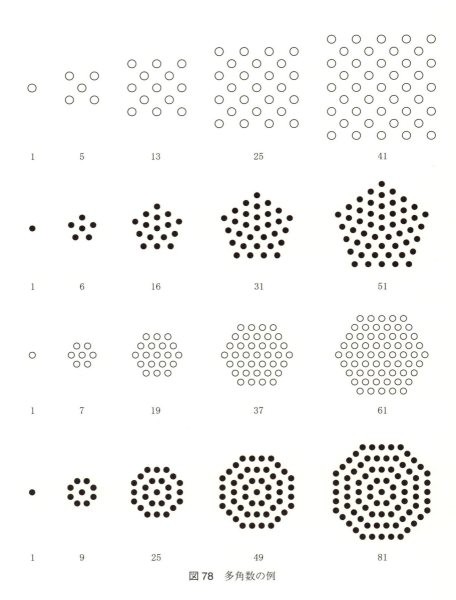

図 78 多角数の例

第4章 古代の数の知識　　147

　平面図形で表すことで公式を導ける数列は無数にある。同じ数列を複数の図形で表せるものもある。ピタゴラス派の三角数でそれが分析でき，それによって一般項 (ランク r の項) の式がわかる例として，$\frac{1}{2}r(3r-1)$ で表される図 37 の五角数を見てみよう。下記の左側は最初の 6 項を縦に並べたものである。

$$
\begin{aligned}
1 &= 1 & &= 1 + 0 \\
5 &= 3 + 2 & &= 3 + 2(1) \\
12 &= 6 + 6 & &= 6 + 2(3) \\
22 &= 10 + 12 & &= 10 + 2(6) \\
35 &= 15 + 20 & &= 15 + 2(10) \\
51 &= 21 + 30 & &= 21 + 2(15)
\end{aligned}
$$

一般項を P_r，ランク r の三角数を T_r とすると，上記から次の式ができる。

$$
\begin{aligned}
P_r &= T_r + 2T_{r-1} \\
&= \frac{1}{2}r(r+1) + \frac{2(r-1)r}{2} = \frac{(r^2+r)+(2r^2-2r)}{2} \\
&= \frac{r}{2}(3r-1)
\end{aligned}
$$

これを帰納法で確かめる仕事がまだ残っている。元の数列 $(1, 4, 7, 10, \cdots)$ の一般項 (g_r) は $(3r-2)$，構成法則は次のとおり。

$$
P_{r+1} = P_r + g_{r+1} = \frac{r}{2}(3r-1) + (3r+1) = \frac{(r+1)[3(r+1)-1]}{2}
$$

したがって，一般項の r を $(r+1)$ に置き換えると，$(r+1)$ 番目の項も r 番目と同じ形の式になる。そして下記から，最初の $(P_1 = 1)$ については一般項が正しい。

$$
P_1 = \frac{1}{2}(3-1) = 1
$$

　三角数によるもう 1 つの分割法も有益である。ニュートンの時代に大きな恩恵をもたらしたが，具体化したのはインドと中国で**ゼロ**が図に組み入れられてからだった。図形で表せる数列はどれも，頂点がゼロである**消尽三角形** (vanishing triangle) を作ることができる。したがって単純な三角数の消尽三角形を次のように表すことができる。

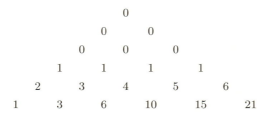

これを簡略にすると，

こうした三角形を作るには，まず一番下に数列の項をいくつか並べて書く。その上に，下の行の右の項から左の項を引いた数を書く。同じように次々に続けると，すべてゼロになる。三角数の数列が消える理由は簡単で，三角数の連続する数列は，元の数列の隣り合う項を足したもので，すべてが同じ先祖をもつ。したがって2次の三角数の親数列は，自然数の数列を親とする三角数である。自然数は1だけが連なる数列の子と見ることができる。1の数列の連続する2項の差は，明らかにゼロである。下の2次の三角数の消尽三角形で，このような数列の系図がさらにはっきりする。

数をこのように三角に並べると，一部の数列の構成が非常にわかりやすくなる。これについては後の章で詳しく説明するが，基本原理は次のとおり。図形で表せる数列はすべて，三角数の数列でできているとみることができる。後者の先祖は常に消尽三角形で表せるから，図形で表せる数列は消尽三角形にできる。図37と図78の数列で，自分で試してみよう。たとえば，自然数の2乗数の数列の消尽三

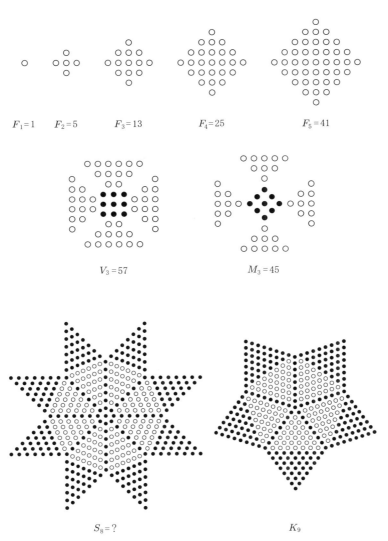

図79 公式の見つけかた
本章の「これは覚えよう」の後に「？」の答がある。

角形は次のようになる。

```
                  0
              2       2
          3       5       7
      1       4       9      16
```

図77を見ずに数を見ただけではわからないが，あっという間に系図がわかる数列がある。

```
    1   2   3   4   5   6  ……
    1   5  14  30  55  91  ……
```

消尽三角形にすれば，たちまち自然数の2乗の数列が現れる。

```
                    0
                2       2
            5       7       9
        4       9      16      25
    1       5      14      30      55
```

したがって，この数列は次のように表される。

$$1^2, \ (1^2+2^2), \ (1^2+2^2+3^2), \ (1^2+2^2+3^2+4^2), \ \cdots\cdots$$

4次元

アインシュタインの重力の理論が日々話題になっていた20世紀のある時期，マスコミ(半可通の人々も)は4次元のことで大騒ぎした。数学の専門家が使う4次元の意味が，図形数で簡単にわかる。

第8章をざっと読めば理由がはっきりするが，念のため言っておくと，平面図形(正方形など)を2次元，立体図形(立方体など)を3次元と言う。同じように，長さがあって幅がないものとユークリッドが定義した直線は1次元，位置だけがあるものと定義した点は0次元と言える。単位数1だけを並べた数列を0次元，自然数の数列を1次元，三角数の数列を2次元，三角錐数の数列を3次元と呼べることは，図76から十分にわかる。4次元の数列，あるいは$d>3$の場合d次元の数列の意味をはっきりさせるために，これらの数列(図76)のランクrの項を次のように呼ぶことにする。

$F_{r,0}$　　単位数 1

$F_{r,1}$　　自然数

$F_{r,2}$　　三角数

$F_{r,3}$　　三角錐数

5 番目の自然数は 4 番目に 1 を加えるとでき，5 番目の三角数は 4 番目に 5 番目の自然数を加えると，また 5 番目の三角錐数は 4 番目に 5 番目の三角数を加えるとできる。つまり次のとおり。

$$F_{5,3} = F_{4,3} + F_{5,2}, \quad F_{5,2} = F_{4,2} + F_{5,1}, \quad F_{5,1} = F_{4,1} + F_{5,0}$$

したがって同じ構成法則が $F_{r,1}$, $F_{r,2}$, $F_{r,3}$, $F_{r,4}$ にも当てはまり，次のようになる。

$$F_{r,d} = F_{(r-1),d} + F_{r,(d-1)}$$

ここで使う記号に疑問が残らないように，図 76 の図を記号で表すと

$$F_{7,3} = F_{6,3} + F_{7,2} \quad \text{すなわち} \quad F_{7,3} = 56 + 28 = 84$$

となる。これを表にすると，次のようになる。

		ランク (r)							
		0	1	2	3	4	5	6	7
	0	1	1	1	1	1	1	1	1	……
次元 (d)	1	0	1	2	3	4	5	6	7	……
	2	0	1	3	6	10	15	21	28	……
	3	0	1	4	10	20	35	56	84	……

この表には，3 次元の図で表したものがすべて含まれているが，同じ構成法則を使って新しい数列を次々に作ることができる。たとえば，

$$F_{7,4} = F_{6,4} + F_{7,3} \quad \text{または} \quad F_{7,5} = F_{6,5} + F_{7,4}$$

このようにして無限に行をつけ加えることができる。

d								
3	0	1	4	10	20	35	56	84	……
4	0	1	5	15	35	70	126	210	……
5	0	1	6	21	56	126	252	462	……

$F_{r,2}$ (三角数) の一般式はもうわかっているから，三角分割法によって三角錐数の一般式の手がかりが得られる。

$$F_{r,3} = \frac{r(r+1)(r+2)}{6}, \quad \text{たとえば} \quad F_{7,3} = \frac{7 \cdot 8 \cdot 9}{6} = 84$$

それでは，$d = 0, 1, 2, 3, \cdots$ に対して $F_{r,d}$ の一般式を作ることができるだろうか。1×2 を $1 \cdot 2$，$1 \times 2 \times 3$ を $1 \cdot 2 \cdot 3$，$1 \times 2 \times 3 \times 4$ を $1 \cdot 2 \cdot 3 \cdot 4$，$\cdots$ と略記して，今までにわかっていることを表[6]にしてみよう。

$$F_{r,0} = 1 \qquad\qquad = r^0$$
$$F_{r,1} = r \qquad\qquad = \frac{r}{1}$$
$$F_{r,2} = \frac{r(r+1)}{2} \qquad = \frac{r(r+1)}{1 \cdot 2}$$
$$F_{r,3} = \frac{r(r+1)(r+2)}{6} = \frac{r(r+1)(r+2)}{1 \cdot 2 \cdot 3}$$

すなわち

$$F_{r,4} = \frac{r(r+1)(r+2)(r+3)}{1 \cdot 2 \cdot 3 \cdot 4}$$
$$F_{r,5} = \frac{r(r+1)(r+2)(r+3)(r+4)}{1 \cdot 2 \cdot 3 \cdot 4 \cdot 5}$$

これは前ページの表で確かめることができる。ここに意味のあるパターンがあるのは明らかであり，それを表すのは d が大きくなると困難になるのもまた，明らかである。そこで新しい問題が発生する。このような法則を表す演算をできるだけ簡略に記すには，どうしたらいいだろう。まず，p.68 の n^r の定義を思い出して (下左)，その右側に $n(n+1)(n+2)(n+3)$，$\cdots\cdots$ などの積を表す対応形を置いてみよう。

---

[6] 数学における点の使い方は，国によって違うので注意が必要である。小数点として，また掛け算の簡略形として世界中で使われているが，点の位置は国によって違う。たとえばアメリカでは，小数点は数字の下端に合わせて 0.25 のように打ち，乗法記号は $3 \cdot 25$ のように真ん中に記す。イギリスなどでは逆で，小数点は真ん中に $(0 \cdot 25)$，乗法記号は下に (3.25) 記す。

$$n^0 = 1 \qquad\qquad n^{[0]} = 1$$
$$n^1 = 1 \cdot n \qquad\qquad n^{[1]} = 1 \cdot n$$
$$n^2 = 1 \cdot n \cdot n \qquad\qquad n^{[2]} = 1 \cdot n(n+1)$$
$$n^3 = 1 \cdot n \cdot n \cdot n \qquad\qquad n^{[3]} = 1 \cdot n(n+1)(n+2)$$
$$n^4 = 1 \cdot n \cdot n \cdot n \cdot n \qquad\qquad n^{[4]} = 1 \cdot n(n+1)(n+2)(n+3)$$
$$n^5 = 1 \cdot n \cdot n \cdot n \cdot n \cdot n \qquad\qquad n^{[5]} = 1 \cdot n(n+1)(n+2)(n+3)(n+4)$$

まず，$n^{[r]}$ のカッコ [ ] と後出の $n^{(r)}$ の丸カッコ ( ) とは別の意味であることを注意しておく．右側の $n^{[5]}$ の最後の項は $(n+4) = (n+5-1)$．一般式にすると，$n^{[r]}$ の最後の項は $(n+r-1)$ である．したがって，次のように書くことができる．

$$n^{[r]} = 1 \cdot n \cdot (n+1)(n+2)(n+3) \cdots (n+r-1)$$

ここで，この場合の $1^{[r]}$ (ふつうは $r!$ と書き，r の**階乗**と読む) の意味を考えてみよう．

$$1^{[0]} = 1 = 0! \qquad\qquad = 1 \qquad\qquad = 1$$
$$1^{[1]} = 1 \cdot 1 = 1! \qquad\qquad = 1 \qquad\qquad = 1$$
$$1^{[2]} = 1 \cdot 1 \cdot 2 = 2! \qquad\qquad = 1 \cdot 2 \qquad\qquad = 2$$
$$1^{[3]} = 1 \cdot 1 \cdot 2 \cdot 3 = 3! \qquad\qquad = 1 \cdot 2 \cdot 3 \qquad\qquad = 6$$
$$1^{[4]} = 1 \cdot 1 \cdot 2 \cdot 3 \cdot 4 = 4! \qquad\qquad = 1 \cdot 2 \cdot 3 \cdot 4 \qquad\qquad = 24$$
$$1^{[5]} = 1 \cdot 1 \cdot 2 \cdot 3 \cdot 4 \cdot 5 = 5! \qquad\qquad = 1 \cdot 2 \cdot 3 \cdot 4 \cdot 5 \qquad\qquad = 120$$

これは次のように書くことができる．

$$F_{r,0} = \frac{r^{[0]}}{0!} = 1$$
$$F_{r,1} = \frac{r^{[1]}}{1!} = r$$
$$F_{r,2} = \frac{r^{[2]}}{2!} = \frac{r(r+1)}{2}$$
$$F_{r,3} = \frac{r^{[3]}}{3!} = \frac{r(r+1)(r+2)}{6}$$
$$F_{r,4} = \frac{r^{[4]}}{4!} = \frac{r(r+1)(r+2)(r+3)}{24}$$

つまり，この図形族のランク r，次元 d の項はすべて，次の式で表せる．

$$F_{r,d} = \frac{r^{[d]}}{d!}$$

ここで演算記号の辞書に新しいパターンを導入する。

$$5_{[3]} \equiv \frac{5^{[3]}}{3!}, \quad 7_{[8]} \equiv \frac{7^{[8]}}{8!}, \quad \cdots\cdots$$

一般式にすると，

$$n_{[r]} \equiv \frac{n^{[r]}}{r!}, \quad F_{r,d} = r_{[d]} \equiv \frac{r^{[d]}}{d!}$$

これをさらに簡潔に，次のように書くことができる。

$$F_{r,6} = \frac{r(r+1)(r+2)(r+3)(r+4)(r+5)}{6!} \equiv r_{[6]}$$

この図形族の構成規則を，もっと明確に書く方法を考えよう。表をよく見ると，次のことがわかる。

$F_{5,1} = 1+1+1+1+1 = 5$ 　　　次元 0 の最初の 5 項の和
$F_{5,2} = 1+2+3+4+5 = 15$ 　　　次元 1 の最初の 5 項の和
$F_{5,3} = 1+3+6+10+15 = 35$ 　　　次元 2 の最初の 5 項の和
$F_{5,4} = 1+4+10+20+35 = 70$ 　　　次元 3 の最初の 5 項の和

この規則を言葉で表すと，ランク r，次元 d の項を求めるには，次元 $d-1$ の，ランク 0 からランク r までの項を全部足す，となる。これを最も経済的な形にする次の作業として，加法の略記法が必要である。

スペースの節約

これまで述べてきた無限にある数列を網羅するには，それらの関係を簡潔に表す必要がある。すべてに共通するのは，構成の規則が結局，足し算だということである。したがって次に，和を表す新しい演算記号が必要になる。添え字を除けば和 (sum) の頭文字 s に対応するギリシャ文字 (シグマ) の大文字を使って次のように書く。

$$\sum_{r=0}^{6} 10^r \equiv 1 + 10 + 100 + 1{,}000 + 10{,}000 + 100{,}000 + 1{,}000{,}000$$
$$\equiv 10^0 + 10^1 + 10^2 + 10^3 + 10^4 + 10^5 + 10^6$$

$$\sum_{r=0}^{5}(4+3r) \equiv 4+7+10+13+16+19$$
$$\equiv 4+(4+3)+(4+6)+(4+9)+(4+12)+(4+15)$$

大きさと順序を表す広義の言葉では，次のように定義する．

$$\sum_{r=m}^{n} t_r = t_m + t_{m+1} + t_{m+2} + \cdots + t_{n-1} + t_n$$

左側の演算を翻訳すると，「ランク m の項 (t_m) からランク n の項 (t_n) まで全部足す」となる．

こうして，膨大な情報をわずかなスペースに詰め込むことができる．たとえば，

$$(1+2+3+4+5+6+7+8) = 36 \equiv \sum_{r=1}^{8} r = \frac{8(8+1)}{2}$$

無限級数の初項をランク 0 とすると，

$$\sum_{r=0}^{\infty} 10^{-r} = 1.\dot{1} = \frac{10}{9} = 1 + 0.1 + 0.01 + 0.001 + 0.0001 + \cdots\cdots$$

ここで $\sum$ の上の ∞ は，r をいくらでも無限に大きくするという意味である．

数学の文章を最も経済的に書く練習として，連続する数字は同じだが，2 番目の級数では $+$ と $-$ が交互になっている点が違う，2 つの級数を見てみよう．最初の級数は次のとおり．

$$S_a = 1 + \frac{1}{2} + \frac{1}{3} + \frac{1}{4} + \frac{1}{5} + \frac{1}{6} + \frac{1}{7} + \frac{1}{8} + \frac{1}{9} + \cdots\cdots, \quad \text{以下無限に続く}$$
$$= 1^{-1} + 2^{-1} + 3^{-1} + 4^{-1} + 5^{-1} + \cdots\cdots = \sum_{r=1}^{\infty} r^{-1}$$

これは次のように 2 つの級数の和として書いてもいい．

$$S_a = (1^{-1} + 3^{-1} + 5^{-1} + 7^{-1} + \cdots\cdots) + (2^{-1} + 4^{-1} + 6^{-1} + 8^{-1} + \cdots\cdots)$$

ここで，最初の級数の各項は奇数の逆数で，初項をランク 1 の項とすると $\frac{1}{2r-1}$，ランク 0 の項とすると $\frac{1}{2r+1}$ になる．2 番目の級数の各項は偶数だから $\frac{1}{2r}$ と書くことができ，初項のランク 0 なら 0 である．これは次のようにも書ける．

$$S_a = \sum_{r=1}^{\infty}(2r-1)^{-1} + \sum_{r=1}^{\infty}(2r)^{-1}$$

または
$$S_a = \sum_{r=0}^{\infty}(2r+1)^{-1} + \sum_{r=0}^{\infty}(2r)^{-1}$$

今度は，次の級数を見てみよう。
$$S_b = 1 - \frac{1}{2} + \frac{1}{3} - \frac{1}{4} + \frac{1}{5} - \frac{1}{6} + \frac{1}{7} - \frac{1}{8} + \cdots\cdots, \quad \text{以下無限に続く}$$
$$= \left(1 + \frac{1}{3} + \frac{1}{5} + \frac{1}{7} + \frac{1}{9} + \cdots\cdots\right) - \left(\frac{1}{2} + \frac{1}{4} + \frac{1}{6} + \frac{1}{8} + \cdots\cdots\right)$$
$$= \sum_{r=0}^{\infty}(2r+1)^{-1} - \sum_{r=0}^{\infty}(2r)^{-1}$$

S_b は，記号の規則を使えばもっと経済的に書ける。
$$(-1)^0 = 1, \quad (-1)^1 = -1, \quad (-1)^2 = 1, \quad (-1)^3 = -1,$$
$$(-1)^4 = 1, \quad (-1)^5 = -1, \quad \cdots\cdots$$

したがって $r = 1, 2, 3, \cdots$ なら，
$$(-1)^{r-1} = (-1)^0 = 1, \quad (-1)^{r-1} = (-1)^1 = -1,$$
$$(-1)^{r-1} = (-1)^2 = 1, \quad \cdots\cdots$$

したがって次のように書ける。
$$S_b = (-1)^0 \cdot \frac{1}{1} + (-1)^1 \cdot \frac{1}{2} + (-1)^2 \cdot \frac{1}{3} + (-1)^3 \cdot \frac{1}{4} + \cdots\cdots$$
$$= \sum_{r=1}^{\infty}(-1)^{r-1} \cdot r^{-1}$$

また，初項 (1) をランク 0 の項とすると，次のようになる。

$r =$	0	1	2	3	4	5	$\cdots$
$t_r =$	1	-2^{-1}	3^{-1}	-4^{-1}	5^{-1}	-6^{-1}	$\cdots$
	$(0+1)^{-1},$	$-(1+1)^{-1},$	$(2+1)^{-1},$	$-(3+1)^{-1},$	$(4+1)^{-1},$	$-(5+1)^{-1},$	$\cdots$

すると各項の和は
$$S_b = \sum_{r=0}^{\infty}(-1)^r(r+1)^{-1}$$

下の級数の和は次のようにも書ける。

$$At_0 + At_1 + At_2 + At_3 + \cdots + At_n = A(t_0 + t_1 + t_2 + t_3 + \cdots + t_n)$$
$$\therefore \quad \sum_{r=0}^{n} At_r = A\sum_{r=0}^{n} t_r, \quad \sum_{r=1}^{n+1} At_{r-1} = A\sum_{r=1}^{n+1} t_{r-1}$$

単位数 (1) の連続が，**一般項** (各項をランクから導ける式) が $t_r = r^0$ の級数であることは，わかりにくいかもしれない。ここで n 項の和は

$$\sum_{r=1}^{n} 1 = n = \sum_{r=0}^{n-1} 1, \quad A\sum_{r=1}^{n} 1 = A\cdot n = A\sum_{r=0}^{n-1} 1$$

ランク a の項からランク b の項までを足したい場合，次のようになる。

$$r = \ 0, \ 1, \ 2, \ 3, \ \cdots, \ a-1, \ a, \ a+1, \ \cdots, \ b$$
$$t_r = \ t_0, \ t_1, \ t_2, \ t_3, \ \cdots, \ t_{a-1}, \ t_a, \ t_{a+1}, \ \cdots, \ t_b$$
$$\therefore \quad \sum_{r=0}^{a-1} t_r + \sum_{r=a}^{b} t_r = \sum_{r=0}^{b} t_r$$
$$\therefore \quad \sum_{r=a}^{b} t_r = \sum_{r=0}^{b} t_r - \sum_{r=0}^{a-1} t_r$$

和の記号との関連で使う重要な規則は次のとおり。(すぐ下に書く例のように) 数列の一般項がいくつかの項の和なら，その一般項はそれぞれの項の和の合計として表せる。つまり，一般項が $t_r = (r+1)^2 = r^2 + 2r + 1$ の数列なら，

$$t_0 = 0+0+1 = 1, \quad t_1 = 1+2+1 = 4, \quad t_2 = 4+4+1 = 9, \quad t_3 = 9+6+1 = 16$$

ランク 3 までの項をまとめると，

$$(0+1+4+9) + 2(0+1+2+3) + (1+1+1+1)$$

つまり，

$$\sum_{r=0}^{n} (r+1)^2 = \sum_{r=0}^{n} (r^2 + 2r + 1) = \sum_{r=0}^{n} r^2 + 2\sum_{r=0}^{n} r + \sum_{r=0}^{n} 1$$

この方法を使って最初の n 個の奇数の和を，ランク 1 の項を 1 として表す場合，一般項は $t_r = (2r-1)$。その合計は自然数の数列 (その和は対応する三角数) と単位数の数列に次のように分けることができる。

$$\sum_{r=1}^{n} (2r-1) = 2\sum_{r=1}^{n} r - \sum_{r=1}^{n} 1 = 2\frac{n(n+1)}{2} - n = n^2 + n - n = n^2$$

ここで，前の例から (また図 77 に基づく p.145 の表の，単位数の数列から)，構成法則を次のように表すことができる。

$$\sum_{n=1}^{r} F_{n,(d-1)} = F_{r,d}$$

これで，確証はないものの，$F_{r,d}$ を r と d で表せることがわかった。この式を帰納法で証明するには，まず d が定数であるときの r を，次に r が定数であるときの d を調べればいい。ここではそれを自明のこととして応用例を示すと，次のように書くことができる。

$$\sum_{n=1}^{r} n_{[d-1]} = r_{[d]}$$

したがって次のように書くことができる。

$$\sum_{n=1}^{r} n_{[2]} = r_{[3]}$$

この式で，

$$n_{[2]} = \frac{1}{2}n(n+1) = \frac{1}{2}n^2 + \frac{1}{2}n$$

$$\therefore \quad \frac{1}{2}\sum_{n=1}^{r} n^2 + \frac{1}{2}\sum_{n=1}^{r} n = \frac{r(r+1)(r+2)}{6} = \frac{r^3 + 3r^2 + 2r}{6}$$

ここで左側の第 2 項を，三角数の構成法則で書くと，

$$\sum_{n=1}^{r} n = \frac{r(r+1)}{2} = \frac{r^2 + r}{2}$$

$$\therefore \quad \frac{1}{2}\sum_{n=1}^{r} n^2 = \frac{r^3 + 3r^2 + 2r}{6} - \frac{r^2 + r}{4}$$

$$\therefore \quad \frac{1}{2}\sum_{n=1}^{r} n^2 = \frac{2r^3 + 6r^2 + 4r}{12} - \frac{3r^2 + 3r}{12}$$

$$= \frac{2r^3 + 3r^2 + r}{12} = \frac{r(r+1)(2r+1)}{12}$$

$$\therefore \quad \sum_{n=1}^{r} n^2 = \frac{r(r+1)(2r+1)}{6}$$

こうして最初の r 個の自然数の **2 乗**の和を求める式が得られた。つまり，これは 1 次元の項が奇数で表される数列から加法の構成法則によって 3 次元の数列を作

る式が得られたことを意味する。

1	3	5	7	9	11	13	15	17	19
1	4	9	16	25	36	49	64	81	100
1	5	14	30	55	91	140	204	285	385

最初の 10 個の 2 乗の和は，公式から

$$\frac{10(10+1)(20+1)}{6} = \frac{10 \cdot 11 \cdot 21}{6} = 5 \cdot 11 \cdot 7 = 385$$

となり，上の表の値と一致する。同じようにして，最初の r 個の自然数の **3 乗**の和を表す p.143 の式を導くことができる。

2 項係数

これで，2 項係数という数の族を組み立てる用意ができた。これは 17 世紀にこの件に関する論文を書き，数学的確率という概念を初めて構築した人物にちなんで，パスカルの三角形と呼ばれることがあるが，まちがいである。まず非常に単純な**選択**の問題を見てみよう。6 つのものから 1 つ～6 つの異なったものを (順不同で) 選ぶ方法が何通りあるかという問題である。これを ABCDEF とする。一度に **1 つも**選ばない道は 1 つしかない。1 つを選ぶ方法は 6 通りある。これを $_6C_0 = 1, _6C_1 = 6$ と書く。2 つ以上選ぶ場合を書き並べると次のようになり，$_6C_2, _6C_3, \cdots$ と書ける。

AB AC AD AE AF BC BD BE BF CD CE CF DE DF EF

$$\therefore \quad _6C_2 = 15$$

ABC ABD ABE ABF ACD ACE ACF ADE ADF AEF
BCD BCE BCF BDE BDF BEF CDE CDF CEF DEF

$$\therefore \quad _6C_3 = 20$$

ABCD ABCE ABCF ABDE ABDF ABEF ACDE ACDF
ACEF ADEF BCDE BCDF BCEF BDEF CDEF

$$\therefore \quad _6C_4 = 15$$

ABCDE ABCDF ABCEF ABDEF ACDEF BCDEF

$$\therefore \quad _6C_5 = 6$$

言うまでもなく，6つから6つの異なるものを(順不同で)選ぶ方法は**1通り**しかない。すなわち $_6C_6 = 1$。これらをまとめると次のようになる。

$_6C_0$	$_6C_1$	$_6C_2$	$_6C_3$	$_6C_4$	$_6C_5$	$_6C_6$
1	6	15	20	15	6	1

このような系列の構成をよりよく見るために，ピタゴラス派の三角数による2次元の数列を思い出してみよう。

1	1	1	1	1	1	1	1	1
1	2	3	4	5	6	7	8	9
1	3	6	10	15	21	28	36	45
1	4	10	20	35	56	84	120	165
1	5	15	35	70	126	210	330	495
1	6	21	56	126	252	−	−	−
1	7	28	84	210	−	−	−	−

次に表の任意の一部を時計回りに45°傾けると，次のようになる。

$$
\begin{array}{ccccccc}
& & & 1 & & & \\
& & 1 & & 1 & & \\
& 1 & & 2 & & 1 & \\
1 & & 3 & & 3 & & 1 \\
\end{array}
$$
```
        1
      1   1
    1   2   1
  1   3   3   1
1   4   6   4   1
1   5  10  10   5   1
1   6  15  20  15   6   1
```

すると，いちばん下の列が $_6C_0, _6C_1, _6C_2, \cdots$ の数列になる。これは次のように書くことができる。

```
                _0C_0
            _1C_0   _1C_1
        _2C_0   _2C_1   _2C_2
    _3C_0   _3C_1   _3C_2   _3C_3
_4C_0   _4C_1   _4C_2   _4C_3   _4C_4
```
以下同様

第4章 古代の数の知識　161

これらの記号の意味を図形に結びつけるには，各列の最初の項が縦に並ぶように，ずらしたほうがいい。すると次のようになる。

```
1                           F_{1,0}
1   1                       F_{1,1}  F_{2,0}
1   2   1                   F_{1,2}  F_{2,1}  F_{3,0}
1   3   3   1               F_{1,3}  F_{2,2}  F_{3,1}  F_{4,0}
1   4   6   4   1           F_{1,4}  F_{2,3}  F_{3,2}  F_{4,1}  F_{5,0}
1   5  10  10   5   1       F_{1,5}  F_{2,4}  F_{3,3}  F_{4,2}  F_{5,1}  F_{6,0}
1   6  15  20  15   6   1   F_{1,6}  F_{2,5}  F_{3,4}  F_{4,3}  F_{5,2}  F_{6,1}  F_{7,0}
```

$F_{r,d}$ を簡潔に表す記号を使うと，次のようになる。

$$\frac{1^{[0]}}{0!}$$

$$\frac{1^{[1]}}{1!} \quad \frac{2^{[0]}}{0!}$$

$$\frac{1^{[2]}}{2!} \quad \frac{2^{[1]}}{1!} \quad \frac{3^{[0]}}{0!}$$

$$\frac{1^{[3]}}{3!} \quad \frac{2^{[2]}}{2!} \quad \frac{3^{[1]}}{1!} \quad \frac{4^{[0]}}{0!}$$

$$\frac{1^{[4]}}{4!} \quad \frac{2^{[3]}}{3!} \quad \frac{3^{[2]}}{2!} \quad \frac{4^{[1]}}{1!} \quad \frac{5^{[0]}}{0!}$$

$$\frac{1^{[5]}}{5!} \quad \frac{2^{[4]}}{4!} \quad \frac{3^{[3]}}{3!} \quad \frac{4^{[2]}}{2!} \quad \frac{5^{[1]}}{1!} \quad \frac{6^{[0]}}{0!}$$

$$\frac{1^{[6]}}{6!} \quad \frac{2^{[5]}}{5!} \quad \frac{3^{[4]}}{4!} \quad \frac{4^{[3]}}{3!} \quad \frac{5^{[2]}}{2!} \quad \frac{6^{[1]}}{1!} \quad \frac{7^{[0]}}{0!}$$

これを縦に並べると，最下列のパターンがわかる。

$$\frac{1^{[6]}}{6!} = \frac{1\cdot 1\cdot 2\cdot 3\cdot 4\cdot 5\cdot 6}{1\cdot 2\cdot 3\cdot 4\cdot 5\cdot 6} = 1 = \frac{6\cdot 5\cdot 4\cdot 3\cdot 2\cdot 1}{1\cdot 2\cdot 3\cdot 4\cdot 5\cdot 6}$$

$$\frac{2^{[5]}}{5!} = \frac{1\cdot 2\cdot 3\cdot 4\cdot 5\cdot 6}{1\cdot 2\cdot 3\cdot 4\cdot 5} = 6 = \frac{6\cdot 5\cdot 4\cdot 3\cdot 2}{1\cdot 2\cdot 3\cdot 4\cdot 5}$$

$$\frac{3^{[4]}}{4!} = \frac{1\cdot 3\cdot 4\cdot 5\cdot 6}{1\cdot 2\cdot 3\cdot 4} = 15 = \frac{6\cdot 5\cdot 4\cdot 3}{1\cdot 2\cdot 3\cdot 4}$$

$$\frac{4^{[3]}}{3!} = \frac{1\cdot 4\cdot 5\cdot 6}{1\cdot 2\cdot 3} = 20 = \frac{6\cdot 5\cdot 4}{1\cdot 2\cdot 3}$$

$$\frac{5^{[2]}}{2!} = \frac{1\cdot 5\cdot 6}{1\cdot 2} = 15 = \frac{6\cdot 5}{1\cdot 2}$$

$$\frac{6^{[1]}}{1!} = \frac{1\cdot 6}{1} = 6 = \frac{6}{1}$$

$$\frac{7^{[0]}}{0!} = \frac{1}{1} = 1 = 1$$

左側のパターンがピタゴラス派の図形と合っているのがわかるが，2世紀前から一般項は次のように表すのが慣例になっている。

$$_n C_r = \frac{n(n-1)(n-2)\cdots(n-r+1)}{r!}$$

この分数の分子はふつう，簡略化して次のように表す。

$$n^{(0)} = 1$$
$$n^{(1)} = 1\cdot n$$
$$n^{(2)} = 1\cdot n(n-1)$$
$$n^{(3)} = 1\cdot n(n-1)(n-2)$$
$$n^{(4)} = 1\cdot n(n-1)(n-2)(n-3)$$
$$n^{(5)} = 1\cdot n(n-1)(n-2)(n-3)(n-4)$$
$$n^{(r)} = 1\cdot n(n-1)(n-2)(n-3)\cdots(n-r+1)$$

この場合，

$$n^{(n)} = n! = 1^{[n]}$$
$$n^{[r]} = (n+r-1)^{(r)}, \quad (n-r+1)^{[r]} = n^{(r)}$$

次のようにも簡略化できる。

第 4 章 古代の数の知識　163

$$\frac{n^{(r)}}{r!} = n_{(r)} = {}_nC_r$$

図形数を表すのに使った角カッコより古い表記法である $n^{(r)}$ を使ったのは，そのほうが「選択と偶然の理論」で使いやすいからである。これについては後で述べる。したがって，これから述べることが記憶に残らなくても，がっかりすることはない。単に，$n^{(r)}$ と $n_{(r)}$ が $n!$ と同様に，ものの選び方の種類を論じるのに便利なだけだから。

${}_nC_r$ はふつう，n 種類のものを順不同で r 個取る組み合わせの数と言われる。そうすると，ABC, ACB, BAC, BCA, CAB, CBA はそれぞれ 3 つの文字の組み合わせだが，ABCDEF という 6 つの文字のうち 3 種類の文字を並べて取り出す方法 (順列) を考えるときは，${}_6P_3$ と書く場合がある。第 12 章で述べるが，図 80 から次の式がわかる。

$$_nP_r = n^{(r)}$$

6 文字ずつ並べる順列の数は，$6^{(6)} = 6 \cdot 5 \cdot 4 \cdot 3 \cdot 2 \cdot 1 = 1 \cdot 2 \cdot 3 \cdot 4 \cdot 5 \cdot 6 = 1^{[6]} = 6! = 720$。

選択の理論では，上記のように定義した $n_{(r)}$ には複数の意味がある。n 個の文字のうち r 個が同じで，残りも互いに同じである場合，$n_{(r)}$ は，全部の文字を使って作れる**識別できる**配列の数を指す。たとえば AABBBB からは，次の組み合わせができる。

AABBBB　ABABBB　ABBABB　ABBBAB　ABBBBA
BAABBB　BABABB　BABBAB　BABBBA　BBAABB
BBABAB　BBABBA　BBBAAB　BBBABA　BBBBAA

これは ${}_6P_{2 \cdot 4}$ と書き，一般式は

$$_nP_{r \cdot (n-r)} = n_{(r)}$$

となる。

なぜ ${}_nP_{(n-r) \cdot r}$ ではなく ${}_nP_{r \cdot (n-r)}$ と書くのか疑問に思われるかもしれないが，どちらでもかまわない。以下に見るように，この式に曖昧さはない。

$$\frac{n^{(r)}}{r!} = \frac{n(n-1)(n-2)\cdots(n-r+1)}{(1 \cdot 2 \cdot 3 \cdot 4 \cdots r)}$$

$$= \frac{n(n-1)(n-2)\cdots(n-r+1)}{(1 \cdot 2 \cdot 3 \cdot 4 \cdots r)} \times \frac{(n-r)(n-r-1)\cdots 4 \cdot 3 \cdot 2 \cdot 1}{1 \cdot 2 \cdot 3 \cdot 4 \cdots (n-r-1)(n-r)}$$

第1位 (1つ取る) 5通り	第2位 (2つ取る) $5 \cdot 4 = 20$ 通り	第3位 (3つ取る) $5 \cdot 4 \cdot 3 = 60$ 通り	第4位 (4つ取る) $5 \cdot 4 \cdot 3 \cdot 2 = 120$ 通り
A	AB	ABC ABD ABE	ABCD ABDC ABEC ABCE ABDE ABED
	AC	ACB ACD ACE	ACBD ACDB ACEB ACBE ACDE ACED
	AD	ADB ADC ADE	ADBC ADCB ADEB ADBE ADCE ADEC
	AE	AEB AEC AED	AEBC AECB AEDB AEBD AECD AEDC
B	BA	BAC BAD BAE	BACD BADC BAEC BACE BADE BAED
	BC	BCA BCD BCE	BCAD BCDA BCEA BCAE BCDE BCED
	BD	BDA BDC BDE	BDAC BDCA BDEA BDAE BDCE BDEC
	BE	BEA BEC BED	BEAC BECA BEDA BEAD BECD BEDC
C	CA	CAB CAD CAE	CABD CADB CAEB CABE CADE CAED
	CB	CBA CBD CBE	CBAD CBDA CBEA CBAE CBDE CBED
	CD	CDA CDB CDE	CDAB CDBA CDEA CDAE CDBE CDEB
	CE	CEA CEB CED	CEAB CEBA CEDA CEAD CEBD CEDB
D	DA	DAB DAC DAE	DABC DACB DAEB DABE DACE DAEC
	DB	DBA DBC DBE	DBAC DBCA DBEA DBAE DBCE DBEC
	DC	DCA DCB DCE	DCAB DCBA DCEA DCAE DCBE DCEB
	DE	DEA DEB DEC	DEAB DEBA DECA DEAC DEBC DECB
E	EA	EAB EAC EAD	EABC EACB EADB EABD EACD EADC
	EB	EBA EBC EBD	EBAC EBCA EBDA EBAD EBCD EBDC
	EC	ECA ECB ECD	ECAB ECBA ECDA ECAD ECBD ECDB
	ED	EDA EDB EDC	EDAB EDBA EDCA EDAC EDBC EDCB

図 80 順列

5種類のもの (ABCDE) から1つを取る5通りの方法 ($_5P_1$), 2つを取る $5 \times 4 = 20$ 通りの方法 ($_5P_2$) 以下を示している. 4つを選ぶ組み合わせ1つについて, 5つを選ぶ組み合わせは1つしかないから, $_5P_4 = {_5P_5} = 5 \cdot 4 \cdot 3 \cdot 2 \cdot 1$. 一般式で表すと,

$$_nP_r = n(n-1)(n-2)\cdots(n-r+1) = n^{(r)}, \quad _nP_n = n^{(n)} = n!$$

$$\therefore \quad \frac{n^{(r)}}{r!} = \frac{n!}{r!(n-r)!}, \quad \frac{n^{(n-r)}}{(n-r)!} = \frac{n!}{r!(n-r)!}$$

$$\therefore \quad {}_nC_r = {}_nC_{n-r}, \quad {}_nP_{r \cdot (n-r)} = {}_nP_{(n-r) \cdot r}$$

以上，大きさ，順序，形の言葉を翻訳する方法の導入部を学ぶなかで，便利な方法 (下付きの添字) に慣れてきた。この表記方法は，ごく初歩の本ではめったに使われないが，言語的には何の意味ももたない x, y, a, b に悩まされる。ランク r の項 (term) を t_r，ランク r までのすべての項の和 (sum) を S_r と書くことについては，意味を覚えやすい。初心者がつまずくのはたいてい，無意味な記号が指すものを覚えきれないからである。いろいろ工夫して記号をわかりやすいものにすれば，それが避けられる。たとえば桃とパイナップルの値段を含む計算をしたい場合，桃の値段を P_e，パイナップルの値段を P_i にしてもいい。あるいは，パイナップルは桃より大きいから，前者の値段を P，後者の値段を p にしてもいい。

第 4 章の練習問題

1. $\sqrt{2} = 1.4142, \sqrt{3} = 1.7321, \sqrt{5} = 2.2361$ として，$\sqrt{27}, \sqrt{18}, \sqrt{12}, \sqrt{24}, \sqrt{10}, \sqrt{30}$ を小数第 3 位まで求めよう。

2. 直角三角形の斜辺の長さが 1 であるとき，第 2 の辺が斜辺の $\dfrac{3}{4}, \dfrac{2}{3}, \dfrac{4}{5}$ なら，第 3 の辺はどれだけか。

3. 5 項からなる任意の等差数列を作り，合計を S とする。その下に同じ数列を，末項が初項の下になるように逆向きに書く。上下を足すと $2S$ になる。初項が f で末項が l のとき，n 個の項の等差数列が $\dfrac{n}{2}(f+l)$ になることを証明しよう。

4. 同じことを，別の等差数列でやってみよう。

5. 数列 $f, f+d, f+2d, \cdots$ を書く。第 n 項を l とするとき，l を f, n, d で表し，また f を n, l, d で表そう。最後から 3 番目の項を，(a) n, f, d，また (b) n, l, d で表そう。この方法で，一般項を求めよう。

6. 次の等差数列で，第 5 項と第 10 項の値，そして 10 項の和を求める。まず公式を使って求め，次に最初の 10 項を書いて検算しよう。

(ⅰ)　1　3　5　……　　　　(ⅱ)　-6　-2　$+2$　……

(ⅲ)　1　4　7　……　　　　(ⅳ)　a　　0　　$-a$　　$-2a$　……

(v)　5　10　15　……　　　　(vi)　3 $+ \dfrac{4}{3} - \dfrac{1}{3}$　……

(vii)　$\dfrac{1}{2}$　1　$1\dfrac{1}{2}$　……

7. 前の等差数列で, n 番目の項と, 最初の n 項の和を求めよう. 第 6 項が 13 で第 12 項が 25 である等差数列で, 初項と, 連続する 2 項の差はどれだけか.

8. 最初の n 個の自然数 $(1, 2, 3, \cdots)$ の和を求めよう.

9. 6〜15 の間の数で, 6 と 15 とともに 6 項の等差数列を作るもの 4 項を見つけよう.

10. 1〜3 の間の数で, 1 と 3 とともに 5 項の等差数列を作るもの 3 項を見つけよう.

11. f(初項) と l(末項) の間に, $n+2$ 項の等差数列を作るように n 個の数を挿入しよう.

これを, f と l の間に n 個の算術平均 (等差中項) を挿入する, と言うことがある. あまり面白くもない言葉だが, 知っていて損はない. 直線上に等間隔の点をいくつか打つのに役立つ.

12. 初項が f, 第 2 項が fr, 第 3 項が fr^2 である, n 項の等比数列の和を求める公式を立てる. それが $\dfrac{f(r^n - 1)}{r - 1}$ であることを証明しよう.

13. 次の等比数列で, 第 5 項と, 最初の 5 項の和を求めよう.

(i)　1, 2, 4, ……　　　　(ii)　0.9, 0.81, 0.729, ……

(iii)　$\dfrac{3}{4}, \dfrac{3}{8}, \dfrac{3}{16},$　……　　　　(iv)　$x^5, ax^4, a^2x^3,$　……

(v)　1, 3, 3^2, ……

結果を検算しよう.

14. 前問の等比数列で, n 番目の項と最初の n 項の和を求めよう.

15. 5 と 625 の間に 2 つの数を挿入して, 4 項の等比数列ができるようにしよう. これを, 5 と 625 の間に 2 つの幾何平均を挿入すると言うことがある.

16. $\dfrac{1}{3}$ と $\dfrac{16}{243}$ の間に, 3 つの幾何平均を挿入しよう.

17. f と l の間に, n 個の幾何平均を挿入する式を求めよう.

18. 初項が f で, (問 12 の式の) r が 1 未満の分数である等比数列を作り, そのうち 10 項を書き出そう. この数列が永遠に続いた場合, 末項はどうなるか.

19. ある量をどんどん小さくしていくと，決まった値のある量と比べて無視できることは述べた．問 12 の式を使って，永久に続く減少等比数列 (初項を a, 公比を r とする) の和が $\dfrac{a}{1-r}$ を超えないことを証明しよう．

20. 循環小数を次のように書くことができる．

$$0.666\cdots\cdots = 0.6 + 0.06 + 0.006 + \cdots\cdots$$

これを使って，次の循環小数を分数で表そう．

(ⅰ) $0.\dot{6}$

(ⅱ) $0.252525\cdots\cdots$

(ⅲ) $0.791791791791\cdots\cdots$

21. 数列 $a, ar, ar^2, ar^3, \cdots$ の最初の n 項の和を求める式を作ろう．

22. n 番目の項を求めよう．

(a) 図 78 の六角数

(b) $1, 6, 15, 28, 45, \cdots$ の数列

3 番目と 4 番目の数の図を描いて式を確かめよう．

23. 1 組のトランプで，エース 4 枚，エース 4 枚とキング 4 枚，絵札全部，6 より小さいカード全部 (エースを除く) の配列に何種類あるか，実験 (図) と式で求めよう．

24. 1 組のトランプからキングとクイーン 3 枚を取る組み合わせ，キング，クイーン，ジャック 4 枚を取る組み合わせ，キング，クイーン，ジャック，エース 5 枚を取る組み合わせがいくつあるか調べよう．

25. それぞれ音が違う 6 つの鐘を使って，何種類の音が出せるか．どの鐘も 1 回だけ鳴らせることにする．

26. さいころを (a) 3 回，(b) 5 回振った場合，出る目の数の和は何種類になるか．

27. 議長，書記，会計，4 名の一般会員で構成された委員会がある．次の場合に，1 列に並んで座る方法が何種類あるか．

(a) 席順は自由．

(b) 真ん中の席は議長．

(c) 議長が真ん中で左右に書記と会計が座る．

(d) 議長が真ん中で，その右に書記，左に会計が座る．

28. 袋の中に色の違うボールが 6 つある．次の場合に，2 色のボールを取り出

す組み合わせはいくつあるか。(a) 取ったボールを戻す，(b) 戻さない。

29. 次の式を確かめよう。

$$_nC_0 + {}_nC_1 + {}_nC_2 + {}_nC_3 + \cdots + {}_nC_n = \sum_{r=0}^{n} {}_nC_r = 2^n$$

●これは覚えよう

1. $n^{(r)} = 1 \cdot n(n-1)(n-2) \cdots (n-r+1), \quad n^{(0)} = 1$

2. n 個の異なったものから一度に r 個取る (それぞれ一度だけ) 組み合わせの数を ${}_nC_r$ とすると，

$$_nC_r = \frac{n(n-1)(n-2)\cdots(n-r+1)}{r!} = \frac{n!}{(n-r)!\,r!} = n_{(r)}$$

$$_nC_r = {}_nC_{n-r}$$

3. ${}_nC_0 = 1 = 0! = n^{(0)}$

$$_nC_0 = {}_nC_n$$

4. n 個の異なったものから r 個の異なったものを取る (それぞれ一度だけ) 線形順列 (直線状の配列) の数を ${}_nP_r$ とすると，

$$_nP_r = n^{(r)}, \quad {}_nP_n = n!$$

●図 79 の問題の答

$F_r = 2r^2 - 2r + 1, \quad V_r = r(5r+4), \quad M_r = 5r^2,$
$S_r = 1 + 8r(r-1), \quad K_r = 1 + 5r(r-1)$

第5章　アレクサンドリア文化の興亡

　アレクサンドロス大王の死から，倒れかけたローマ帝国がキリスト教を公式の宗教にするまでの6世紀の間，エジプト，中東，ペルシャの征服者が築き，その名アレクサンドロスにちなんで名づけられた都市が，西洋最大の商業と学問の中心だった。アレクサンドリアは当初から，ギリシャ人，ユダヤ人，エジプト人が混在するなかにフェニキアとペルシャの出身者も散見される国際都市だった。知識階級は，イラクの寺院用地に住みギリシャ語を話すアレクサンドロス大王の元軍人と活発なつきあいがあった。アレクサンドリアの非宗教文化ではギリシャ語が使われていたとはいえ，他の言語を話す人々から吸収したものの影響も大きかった。また，アレクサンドロス大王とその父フィリッポスのマケドニアからインドに至る6年越しの遠征に加わった人々の子世代が共有する，記録されなかった地理的知識の影響も大きかったのである。

　アレクサンドリアの思想家の考え方は，プラトンの影響が支配していたアテネの思想家たちの超越した態度とは大きくかけ離れたものだった。一時は図書館も併設されていた「博物館」には約75万冊の蔵書があって，プラトンやアリストテレスがかかわったアテネの学校より今の大学にずっと近いものであった。最初の有名教師はアテネの伝統に従った幾何学を守ったが，ユークリッド自身は，後継者たちが職人気質で光学関連の論文を書くことを予測していた。ユークリッドが鏡の性質の解明に幾何学を使ったことが天文学の進歩に長期にわたる痕跡を残し，アレクサンドリアを最も有名にしたのも，それであった。クラウディオス・プトレマイオス (150年頃) が研究した屈折現象は別として，レオナルド・ダ・ヴィンチ (1500年頃) の時代に至るまで通用した光の伝播に関する理論が，ユークリッドの光学にすべて含まれていたのである。

　ユークリッドの後継者の1人，アルキメデス (紀元前225年頃) のてこの原理

と浮力の原理にも同じことが言える。アルキメデスは数学者としてもエンジニアとしても秀でていた。「アルキメデスの揚水機」を発明し，生まれ故郷の町を守った射出機を考案し，太陽エネルギーを集めて攻め寄せる軍船に火をつける巨大な凹面鏡を発明したのがアルキメデスだと言い伝えられている。そればかりでなく，本書でほんの一部を述べる数学上の貢献も驚異的なものであった。

時が経って，アレクサンドリアの最初の図書館の消失を招いたというカエサル(シーザー)の上陸と同じ頃だと思われるが，凡庸ではないにしてもアルキメデスよりは劣る数学者ヘロンが，後世のタービンの前身となった蒸気駆動のふいごを発明したという。ヘロンは三角法の知識を応用して，山の両側から同時に掘ってトンネルを作る方法も考案した。アレクサンドリア時代の発明で覚えておいていいものに，水時計がある。これは恐ろしく複雑だったが，天文学者には少なからず役に立った。アルキメデス本人も，恒星の見かけの日周運動を再現する回転盤駆動式の天球模型を作った。

アレクサンドリアの数学が日常生活に最も恒久的な影響を残した分野は，天文学と，その姉妹分野である地理学だった。我々が知る限り，ギリシャ本土の最も進取の気性に富んだ数学者でさえ，地球の大きさも天体からの距離も，真剣に測ろうとはしなかった。コロンブスとカボットが大西洋を横断して天文学・地理学の研究に新たな刺激を与えるまで，アレクサンドリアの数学者たちの功績をしのぐものはなかった。始まりはユークリッドの死からアルキメデスの誕生までの間，アレクサンドリアの図書館員をしていたエラトステネス(紀元前250年頃)の計算だった。

その方法を理解するために，ユークリッドの光学研究の手がかりになる基本を4つだけ思い出しておこう。

(a) 非常に遠い距離から来る光線は平行に見えるというのが古代の通俗的経験則である。

(b) 2本の平行な直線に交わる直線が作る，対応する角は等しい(平行の法則1, 図27)。

(c) ある天体が真上(天頂)にあるとき，その天体と観察者を結ぶ線は地球の中心を通る(図59)。

(d) 正午の太陽は観察者の子午線上のどこかにある(図24)。

エラトステネスはアレクサンドリアの図書館員だったから，年中行事にまつわ

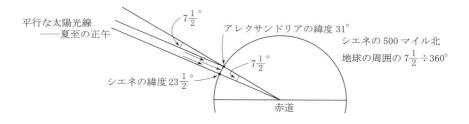

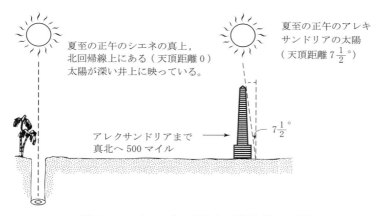

図81 エラトステネスが地球の周囲を測った方法

　正午に太陽は，観察者の子午線の真上にある．シエネとアレクサンドリアの経度はほぼ同じである．したがって太陽，両地，地球の中心は同じ平面上に描ける．

る重要な出来事の記録を見ることができた．そしてナイル川の最初の洪水のとき，シエネ（現在のアスワン）に近い深い井戸の水に，ある日の正午の太陽が映っていたのを知った．これはちょうど，回帰線の境界にあたる．したがって，太陽が正午に天頂にある夏至の日には影が消え，井戸に太陽が映れば，太陽が真上，すなわち地平に対して垂直な位置にあった日がわかる．同じ日にシエネから真北に500マイル（約800キロ）の場所にあるアレクサンドリアでは，正午の棒の影から，太陽が鉛直線から$7\frac{1}{2}°$南にあることがわかった．太陽光線が平行だとすると（図81），長さ500マイルの弧の両端（アレクサンドリアとシエネ）と地球の中心を結ぶ半径が作る角が$7\frac{1}{2}°$だということである．ところで$7\frac{1}{2}°$は円全体，すなわち360°の約50分の1である．したがって地球の全周は500マイル×50, 25,000

マイル (約 40,000 キロ) になる．地球の半径は，アルキメデスが初めて概算した π の値を使って求めることができる．円の周囲が直径 $\times \pi$ であることは，p.123 で述べた．ということは，円周を 2π で割れば半径 (r) が求められる．$\pi = 3\frac{1}{7}$，周 (c) を 25,000 とすると，

$$25{,}000 = 2 \times 3\frac{1}{7} \times r \quad \text{すなわち} \quad r = \frac{7 \times 25{,}000}{22 \times 2} = \frac{175{,}000}{44}$$

約 4,000 マイル (約 6,400 キロ) である．

図 82　プトレマイオスの世界地図，紀元 150 年頃
プトレマイオスが当時の旧世界を描いた平面地図 3 枚中の 1 枚

　エラトステネスが使った方法は，みごとに簡潔である．2 世紀前にギリシャ語圏で通用していなかった数学の原理は使っていない．この方法が後世にとって重要だったのは，理論的研究を直接刺激したというより，太陽や月からの地球の距離を測定するのに不可欠な基盤になったからである．たとえば同時代のアリスタルコスは，不十分なデータに基づくものではあったが，地球その他の太陽の惑星が太陽を中心にして回っているという説を提唱した人物として覚えておいていい．また，1 日の $(1623)^{-1}$ を当時の 1 年に加えることで，今日のグレゴリオ暦を先取りした．後のアレクサンドリアの天文学者ソシゲネスの提言を受けてユリウス・カエサル (ジュリアス・シーザー) が採用した $365\frac{1}{4}$ 日説である．

　コロンブスの時代まで通用した月と地球の距離の推計値は，アリスタルコスとエラトステネスの時代の 1 世紀後，すなわち紀元前 150 年頃には出ていた．アレクサンドリアの天文学と地理学が，同時代のヒュプシクレス，ヒッパルコス，マ

リヌスの3人から大きな刺激を受けていた時代である。ヒュプシクレスは仲間と弟子にバビロンの角の値 (全円で 360°) と 60 進法の分数 (p.40) を紹介した人物と考えられている。ヒッパルコスは，我々がよく知っている地球の経度・緯度体系に匹敵する方法で星の位置を定める方法を導入した。それによって，約 850 の恒星の位置をつきとめた。理由は後で述べるが，そのためには三角比の表が必要である。ヒッパルコスが半角公式によって，その表を初めて作ったものと思われる (pp.116–117)。マリヌスは当時の「住める地球」の地図を作るために経度と緯度を初めて導入した人物として注目に値する。

クラウディオス・プトレマイオス (紀元 150 年頃) の著作から，ヒッパルコスとマリヌスの業績を知ることができる。ちなみにプトレマイオスは，アレクサンドロス大王の死後，クレオパトラが死んでローマに併合されるまでアレクサンドリアを支配した王朝とは何の関係もない。アラビア語で『アルマゲスト』と呼ばれるプトレマイオスの天文学書は，コロンブスが活躍した大航海時代の地図作成法を創始したイスラム教徒の地理学者たちのバイブルだった。その間ヒンズー教とイスラム教徒の数学者たちが大きく改良したとはいえ，コロンブスの時代までプトレマイオスの業績が実用数学の基礎だったことに変わりはない。ヒッパルコスの星のリストに 200 以上の星を加えたが，必ずしもプトレマイオスの努力の賜物ではない。プトレマイオスを射影幾何学の祖と呼べるのは，球面上の曲線を平面上の曲線で表す (図 82〜83) ための 3 つの方法を考案したからである。なかでも，網羅的な三角比の数表が現在あるのはプトレマイオスのおかげである。実際，三角法はアレクサンドリア文化が後世に残した最高級の遺産だった。

測量士の実用に供するつもりは創始者たちにはなかったが，土地の測量に三角法を使う方法も，天体と地球の距離を測った方法と基本的には違わない。ここで歴史をひそかに出し抜いてサイン表の作り方を今の考え方で見てから (図 84)，トンネル掘削技師がヘロンにならって三角法を使った方法を考えよう。

製図板の幾何学と対比して三角法を語るとき，初級レベルでは，公式に基づいた測定技術とみられる。それらの公式により，長さの比の数値を角度に対応させる表を作ることができる。ある角のサインからコサインを導くには，$(\cos^2 A = 1 - \sin^2 A)$ の関係がわかればいいこと，タンジェントは $\tan A = \sin A \div \cos A$ で導けることは，すでに学んだ。はるか昔のヒッパルコス，あるいはそれ以前のアルキメデスの研究を土台にしたプトレマイオスの三角法が基本的に，ニュートンの死までの三角法の進歩を包含していた。それが紀元 800〜1100 年のイスラム教徒の数学者

による三角法の研究に大きな刺激を与えたことは間違いない．だがそこから中世ヨーロッパの地理学者に引き継がれた三角法は，アレクサンドリア文化の崩壊から4世紀間のヒンズー教徒の流れを引くものである．

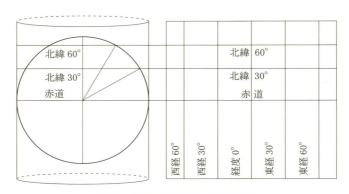

図83 地球の面積を表す円筒図法

地球の地形を平面に描く最も簡単な方法として，緯度と経度を描いた平面を紙の円筒に，赤道に正接するように貼るものと，紙の円錐を両極の中ほどにある緯度に接するように貼り，縦方向の大円の面で紙を切って延ばすものの2つがある．円筒図法では経線は等間隔の平行な垂直線に，緯線は極に近づくにつれ間隔が狭まる平行な水平線になる．この方法では陸と海の面積比はそのままだが，とくに極の地形が変わる．平面図で形状と面積比を実際どおりに表す方法はない．

ユークリッド(第3章)を三角法のジャンプ台として，我々は直角三角形の性質から手がかりを得た．ある意味でこれは避けられないが，今では半径が1の円を使って三角比を求めることもできる．その場合(図58)，サインが**半弦**になるが，ヒッパルコスがそうしたとは考えにくい．プトレマイオスはしなかった(図84)．プトレマイオスがしたことを一応書いておくが，古文書には興味がないという読者は，次の段落に飛んでもかまわない．プトレマイオスは**弦**を，半径が60の円の直径に対する分数として弦が作る角度で表した．半径を60にしたのは，p.40で述べた60進法を使ったからである．これは結局，

$$\sin A = \frac{1}{2} 弦 2A, \qquad \cos A = \frac{1}{2} 弦 (180° - 2A)$$

とするのと同じである．

測量士にとっては，サインの表はさらに便利である．ヒンズー文明が，インドで数学の才能が花開く前に，測量士の技術を取り込んだ巨大な灌漑図に着手した

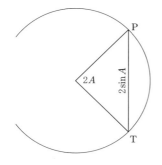 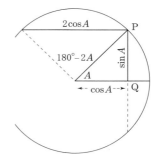

プトレマイオスの三角法　　　　インド（および現代）の三角法

図 84　アレクサンドリアと現代の三角法
円の半径は 1 とする $(r = 1)$。

のは，サイン表を使ったことに関係があるかもしれない。アレクサンドリアの三角法は別の土壌で芽を出した。あくまでも科学的地理学と天文学の補助的手段としての三角法だったから，主な関心は天体にあった。それでもいいようなものだが，プトレマイオスが彼なりの方法でそうしたように，サインを半径が 1 の円の半弦と認識することは，簡単に現在のものに翻訳できる，三角比を作るための最後から 2 番目のステップの手がかりなのである。

　第 3 章で，ヒッパルコスは図 64 の半角の公式を使って半弦表を作ったのではないかと述べた (p.117) が，**等間隔の区間**の表を，たとえば度数や対応する度数の分数で作る方法ははっきりさせていない。これをはっきりさせるには，次の 2 点を知る必要がある。

(a)　$A = 1°$ なら，$\sin A$ はどれだけか。

(b)　たとえば $A = 1\frac{15}{16}°$，$B = 3\frac{3}{4}°$ とすると，$\sin(A + B)$ はどれだけか。

　π の範囲を求める方法を無理やり使ってアルキメデスが最初の問題を解き，ずっと後になって他の問題を解く道を開いた。当方には後知恵の利があるから，アルキメデスの功績から角度測定の新しい単位を導くことができる。図 85 の円で，半径 $(\mathrm{OT} = 1 = \mathrm{OR})$ を 1 とする。弧 TR の長さを a とすると，角 TOR は $A°$ または a ラジアン (a^R) といえる。OR を $360°$ 回すと全周の長さは $2\pi\,(\mathrm{OR}) = 2\pi$ だから，$360°$ は 2π ラジアンに等しい。π を約 $3\frac{1}{7}$ とすると，

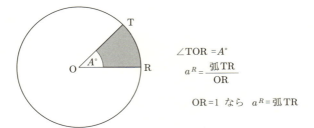

図85　弧度法

$OR = 1$, $A° \equiv a^R$ (A度 $= a$ ラジアン), すなわち $a = $ 弧 TR。$OR = R$ が1に等しくなければ，弧 TR の長さは $R \cdot a^R$ である。

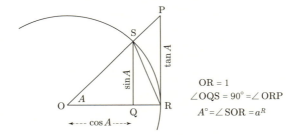

図86　半径が1の円の三角比

$OR = 1 = OS$, $\angle OQS = 90° = \angle ORP$, $\angle SOR = A°$ とすると，

$$\frac{SQ}{OS} = \sin A = SQ, \quad \frac{OQ}{OS} = \cos A = OQ, \quad \frac{PR}{OR} = \tan A = PR$$

S と R を直線で結ぶと，

$$\begin{aligned} SR^2 &= QR^2 + SQ^2 = (OR - OQ)^2 + \sin^2 A \\ &= (1 - \cos A)^2 + \sin^2 A \\ &= 1 - 2\cos A + \cos^2 A + \sin^2 A \\ &= 2 - 2\cos A \end{aligned}$$

$$1 度 = \frac{\pi}{180} ラジアン \simeq \frac{11}{630} ラジアン$$

$$1 ラジアン \simeq \frac{90 \times 7}{11} 度 \simeq 57\frac{3}{11}°$$

図86の半径1の円の角 SOR は，弧 SR の長さを a とすると弧度法で a。したがって以下が明らかである。

$$\mathrm{SQ} < a^R < \mathrm{PR} \qquad \therefore \quad \frac{\mathrm{SQ}}{a^R} < 1 < \frac{\mathrm{PR}}{a^R}$$

$$\frac{\sin a^R}{a^R} < 1 < \frac{\tan a^R}{a^R}$$

π を求めるとき (p.124)，a^R が小さくなるにつれて $\sin a^R$ が $\tan a^R$ に近づくことに気づいた．したがって a^R が小さくなるにつれて $\sin a^R \div a^R$ が 1 に近づくから，次のように書ける．

$$\lim_{a \to 0} \frac{\sin a}{a} = 1$$

この比が 1 に近づく速度，すなわち弧度法で $\sin a \simeq a$ は，図 64 の半角の公式で調べることができる．定義 (上記) より，$15°$ は弧度法で約

$$\frac{15 \times 11}{630} \simeq 0.2618$$

半角の公式によって $\sin 15° \simeq 0.2588$．半角の公式 (pp.116–118) と，さらによい π の近似値を使うと，表の値が得られる．これにより，次のように書いた場合，小数第 5 位まで誤差がないことは明らかである．

$\sin 1° = 1°$ を弧度法で表した数値 $\quad \therefore \quad \sin 1° = \dfrac{\pi}{180} = 0.01745$

度数 (°)	サイン	ラジアン
15	0.2588190	0.2617994
$11\frac{1}{4}$	0.1950903	0.1963495
$7\frac{1}{2}$	0.1305202	0.1308997
$5\frac{5}{8}$	0.0980171	0.0981747
$3\frac{3}{4}$	0.0654031	0.0654498
$2\frac{13}{16}$	0.0490676	0.0490873
$1\frac{7}{8}$	0.0327190	0.0327249
$1\frac{13}{32}$	0.0245412	0.0245436
$\frac{15}{16}$	0.0163617	0.0163624
$\frac{45}{64}$	0.0122715	0.0122718

したがって明らかに，$\frac{1}{8}^\circ$ と $\frac{3}{16}^\circ$ のサインがこれらの角の弧度であると言える。表から $1\frac{7}{8}^\circ$ と $2\frac{13}{16}^\circ$ のサインがわかるから，$\sin(A + B)$ の式を思いつけば，$\sin 2^\circ = \sin\left(1\frac{7}{8}^\circ + \frac{1}{8}^\circ\right)$, $\sin 3^\circ = \sin\left(2\frac{13}{16}^\circ + \frac{3}{16}^\circ\right)$ だとわかる。だがその前に，十分に正確な π の値，すなわちサインなどの表を作るのに適するくらい範囲を絞った，小数第 5 位までの π の値を考えてみよう。

サインとラジアンの表が，目下のテーマであるサイン表の作成に関係があるかどうかは別として，この表は別の理由で興味深い。物理学の教科書にはよく，x が小さい場合 $\sin x$ を x と置けると仮定した式 (ふりこの理論や薄いレンズの焦点距離などの式) が出てくる。これが言えるのは，x が弧度の場合だけである。度数でかなり大きいものが，弧度では非常に小さくなることがある。たとえば 5° は 0.1 ラジアンに満たない。証明 7 の初歩の結果を，弧度の定義に照らしてみるのも意義がある。図 85 で OT $= R$ が 1 でないとすれば，弧 TR の長さは $a^R \cdot R$ である。

π の値を求める

旧約聖書 (『歴代志』下巻 iv–2) にこう書いてある。「また彼は鋳物の海を作った。縁から縁まで 10 キュービットの円形で高さは 5 キュービット。周囲は 30 キュービットだった。」したがって周は半径の 6 倍，直径の 3 倍だった。ということは，古代のヘブライ人はバビロニア人と同じように，π を 3 でよしとしていた。世界最古の数学書『アーメス・パピルス』によれば，紀元前 1500 年頃，エジプトでは π を $\sqrt{10}$ または 3.16 としていた。ためしに家にある缶，皿，ソースパンなど円形のもの全部の直径と周囲を巻尺で測れば，これに近い値になるだろう。中国の暦製作者と技師の間でも，同じ値が使われていた。紀元 480 年頃，一種のモーターボートを作り，コンパス (指南具) を再導入した祖沖之という灌漑技師が，当時としては驚異的に正確な概算値に到達した。現在の記数法で 3.1415926 と 3.1415927 の間に当たる。どうやってこの値を得たのかは，わからない。大きい図を描くことで得られたとは考えにくい。手がかりがあるとすれば，紀元 1700 年頃，日本では同時期にヨーロッパで使われていたのと同じような方法を使っていた。日本の方法は，円を小さい長方形に分け，半径を r とした場合，円の面積が πr^2 になる (p.123) ことを利用したものである。半径を 1 とすると，円の面積は π になる。

グラフ用紙に円を描くと，円の面積は図 87 下の白と灰色の 2 組の帯からなる面積の間にある。各半円で，図 87 上の 4 半円でわかるように，外側の長い細片は内

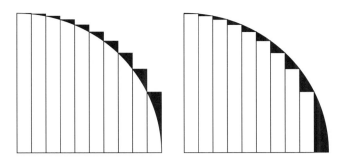

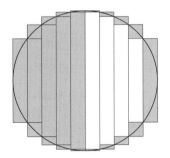

図87 日本での π の計算法

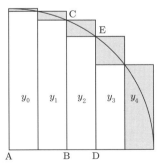 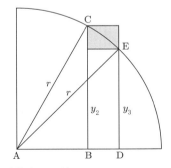

図88 日本での π の計算法 (つづき)

側の短い細片より 1 本多い．図 88 の 4 半円は同じ幅の長方形 5 本に内接し，同じ幅の長方形 4 本に外接している．長方形の作図法から，内側の 5 本目の長方形が消えた理由がわかる．円の半径を 1 とすると，各片の幅は $\frac{1}{5}$ であり，外側の長方形全部の面積の合計は

$$\frac{1}{5}y_0 + \frac{1}{5}y_1 + \frac{1}{5}y_2 + \frac{1}{5}y_3 + \frac{1}{5}y_4 = \frac{1}{5}(y_0 + y_1 + y_2 + y_3 + y_4)$$

全円では，対応する長方形の合計はその 4 倍の

$$A_c = \frac{4}{5}(y_0 + y_1 + y_2 + y_3 + y_4)$$

同様に，全円の内側の長方形の面積の合計は

$$A_i = \frac{4}{5}(y_1 + y_2 + y_3 + y_4)$$

$y_1, y_2, \cdots$ の値は証明 4 の中国の直角の定理を使って求める．△ABC において，

$$r^2 = y_2^2 + (\mathrm{AB})^2$$

半径 r は 1，AB は幅 $\frac{1}{5}$ の 2 つ分だから，

$$1^2 = y_2^2 + \left(\frac{2}{5}\right)^2 \qquad \therefore \quad 1 - \left(\frac{2}{5}\right)^2 = y_2^2$$

すなわち $\quad y_2 = \sqrt{1 - \left(\frac{2}{5}\right)^2} = \sqrt{\frac{5^2 - 2^2}{5^2}} = \frac{1}{5}\sqrt{5^2 - 2^2}$

同様に，△AED において，

$$1^2 = y_3^2 + \left(\frac{3}{5}\right)^2 \qquad \therefore \quad y_3 = \frac{1}{5}\sqrt{5^2 - 3^2}$$

同様に

$$y_1 = \frac{1}{5}\sqrt{5^2 - 1^2}, \qquad y_4 = \frac{1}{5}\sqrt{5^2 - 4^2}$$

また $y_0 = 1 = \frac{5}{5}$．

したがって

$$A_c = \frac{4}{5}\left[\frac{5}{5} + \frac{1}{5}\sqrt{5^2 - 1^2} + \frac{1}{5}\sqrt{5^2 - 2^2} + \frac{1}{5}\sqrt{5^2 - 3^2} + \frac{1}{5}\sqrt{5^2 - 4^2}\right]$$

$$\therefore \quad A_c = \frac{4}{5^2}\left[5 + \sqrt{5^2 - 1^2} + \sqrt{5^2 - 2^2} + \sqrt{5^2 - 3^2} + \sqrt{5^2 - 4^2}\right] \qquad (\mathrm{i})$$

同様に

$$A_i = \frac{4}{5^2}\left[\sqrt{5^2-1^2}+\sqrt{5^2-2^2}+\sqrt{5^2-3^2}+\sqrt{5^2-4^2}\right] \qquad \text{(ii)}$$

したがって

$$A_c = \frac{4}{25}(5+\sqrt{24}+\sqrt{21}+4+3) = 3.44$$

$$A_i = \frac{4}{25}(\sqrt{24}+\sqrt{21}+4+3) = 2.64$$

半径が 1 の円の面積は A_c と A_i の間で，その面積は π だから，π は 3.44 と 2.64 の間にあり，その平均は $\frac{1}{2}(3.44+2.64) = 3.04$。最初の近似値として，$\pi = 3.04 \pm 0.40$ がとれる。

同じように半径を 10 等分すると，外側の長方形は 10 本，内側の長方形は 9 本になる。あとは自分でできると思うが，

$$A_c = \frac{4}{10^2}(10+\sqrt{10^2-1^2}+\sqrt{10^2-2^2}+\sqrt{10^2-3^2}+\sqrt{10^2-4^2}$$
$$+\sqrt{10^2-5^2}+\sqrt{10^2-6^2}+\sqrt{10^2-7^2}+\sqrt{10^2-8^2}+\sqrt{10^2-9^2})$$

$$A_i = \frac{4}{10^2}(\sqrt{10^2-1^2}+\sqrt{10^2-2^2}+\sqrt{10^2-3^2}+\sqrt{10^2-4^2}$$
$$+\sqrt{10^2-5^2}+\sqrt{10^2-6^2}+\sqrt{10^2-7^2}+\sqrt{10^2-8^2}+\sqrt{10^2-9^2})$$

このように，平方根を使って，また半径を同じ幅の細片 n 個に分けて求めた π の値を π_n とすると，次の式ができる。

$$\pi_5 = 3.04 \pm 0.40$$
$$\pi_{10} = 3.10 \pm 0.20$$
$$\pi_{15} = 3.12 \pm 0.14$$
$$\pi_{20} = 3.13 \pm 0.10$$

この作業を自分でやってみた人は，個々の値を求める必要がないことに気づくだろう。π を求める法則は級数で表せる。外側の長方形の合計は

$$\frac{4}{n^2}(n+\sqrt{n^2-1^2}+\sqrt{n^2-2^2}+\sqrt{n^2-3^2}+\sqrt{n^2-4^2}+\cdots\cdots)$$

内側の長方形の合計は，カッコ内の最初の項を除いたものになる。外側の長方形の法則は，p.154 (第 4 章) の記号を使って，次のように表せる。

$$\frac{4}{n^2}\sum_{r=0}^{n}\sqrt{n^2-r^2}$$

内側の長方形の法則は

$$\frac{4}{n^2} \sum_{r=1}^{n} \sqrt{n^2 - r^2}$$

　第4章の級数の話を覚えていれば，n が非常に大きい場合，後のほうの循環小数を表す項は無視できるから，どこかでこの級数は収束すると考えるだろう．日本では実際に，17世紀の終わりにそうすることができた．松永良弼は現在の記数法で小数第49位まで π の値を出した．この問題の解決は，適切な歴史的背景で論じられるときまで待つことにしよう．π を表す級数を測定上必要な程度まで伸ばせることは，すでに学んだことで十分わかる．

π の値の表[7]

バビロニアとヘブライと古代の中国	3.0
エジプト (紀元前1500年頃)	3.16
アルキメデス (紀元前240年)(車輪関連)	3.140 と 3.142 の間
中国の暦作成者と技師	
劉歆 (1世紀)	3.15
王蕃 (3世紀)	3.1556
劉徽 (3世紀)	3.14
祖沖之 (5世紀)(機械関連)	3.1415926 と 3.1415927 の間
インドとアラビア	
アールヤバタ (500年頃)	3.1416
アル・カーシー (1436年)	3.14159265358979
ヨーロッパ	
ヴィエト (1593年)	3.1415926537 と 3.1415926355 の間
ファン・ケーレン (1596年)	小数第34位まで
ウォリス (1655年) と	
グレゴリー (1671年)	無限級数
日本	
建部賢弘 (1722年)	小数第41位まで (無限級数)
松永良弼 (1739年)	小数第49位まで

---

　7)　訳注：原著の記述に曖昧なところや不備があったので，最近の資料にあたって修正した．

アルキメデスは，π が $3\frac{10}{71}$ と $3\frac{1}{7}$ の間にある (平均は 3.14185)，というだけで満足した。現在 π は，小数何千位までわかっている[8]。上記の表に，国と時代別の π の値をまとめる。ヴィエトは 393,216 角形から π の値を計算した。それ以後は級数を使っている。実際問題としては，小数第 10 位までで地球の周を 1 インチ未満まで表すことができ，小数第 30 位までで，目に見える限りの宇宙の境界線を，現代の最も強力な顕微鏡でも測れないくらい小さい単位まで測ることができる。したがって，実用向きに得られた結果にがっかりする必要はない。最良の飛行機用エンジンを設計するのにも，小数第 4 位 (3.1416) までわかれば十分なのである。

三角表を区切る

$A = 1°$ または $1°$ 未満のときの $\sin A$ を求める方法が明らかになったので，等間隔のサイン表を作る最終段階に進むことができる。あとはただ，$A = 1°$，B が

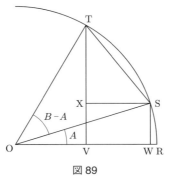

図 89

図 86 と同様に

$\quad$ OR = 1 $\quad$ だから $\quad$ OT = 1 = OS
$\quad$ ∠SOR = $A°$, $\quad$ ∠TOR = $B°$
$\quad$ $\cos A$ = OW, $\quad$ $\cos B$ = OV
$\quad$ TS^2 = SX^2 + TX^2
$\quad$ SX = VW = OW − OV = $\cos A - \cos B$
$\quad$ TX = TV − XV = TV − SW = $\sin B - \sin A$
$\quad$ ∴ $\quad$ TS^2 = $(\cos A - \cos B)^2 + (\sin B - \sin A)^2$

---

[8] 訳注：原著執筆時の話。コンピューターの進歩により，2015 年現在，13.3 兆桁まで計算されているようだ。

p.116 のように半角の公式で得られるときの，$\sin(A+B)$ の公式を見つければばい。わざわざプトレマイオスの理論や 1940 年代にまだ教科書に載っていた面倒な方法を使う必要はない。

これを下記の（ⅰ）〜(ⅲ) の 3 段階でやってみよう。まず，図 86 の弦 SR を見ると，

$$SR^2 = 2 - 2\cos A \tag{ⅰ}$$

次に図 89 を見れば，弦 TS を別の方法で表せることがわかる。

$$\begin{aligned}
TS^2 &= SX^2 + TX^2 \\
&= (\cos A - \cos B)^2 + (\sin B - \sin A)^2 \\
&= \cos^2 A - 2\cos A\cos B + \cos^2 B + \sin^2 B - 2\sin A\sin B + \sin^2 A \\
&= (\cos^2 A + \sin^2 A) + (\cos^2 B + \sin^2 B) - 2\cos A\cos B - 2\sin A\sin B
\end{aligned}$$

$$\therefore\quad TS^2 = 2 - 2\cos A\cos B - 2\sin A\sin B \tag{ⅱ}$$

最後に図 90 を見ると，3 つの角 A, B, C があって $C = A + B$，図 89 と (ⅱ) から

$$UT^2 = 2 - 2\cos C\cos B - 2\sin C\sin B$$

図 86 と (ⅰ) から

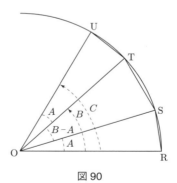

図 90

図において，
$$UT = SR, \quad OR = 1 = OS = OT = OU$$
$$\angle UOR = A + B = C, \quad \angle TOR = B, \quad A = C - B$$

図 89 から
$$UT^2 = 2 - 2\cos C\cos B - 2\sin C\sin B$$

図 86 から
$$SR^2 = 2 - 2\cos A = 2 - 2\cos(C - B)$$
$$\therefore\quad \cos(C - B) = \cos C\cos B + \sin C\sin B$$

$$SR^2 = 2 - 2\cos A = 2 - 2\cos(C - B)$$

しかし UT = SR だから，

$$2 - 2\cos C \cos B - 2\sin C \sin B = 2 - 2\cos(C - B)$$

$$\therefore \quad \cos(C - B) = \cos C \cos B + \sin C \sin B \qquad \text{(iii)}$$

三角表を等間隔にするのが目的だとすれば，最後の式ですべて事足りる．目標は $\sin(A+B)$ の式を求めることだったから，上記からそれを導こう．そのために $C = (90° - D)$ とすると，

$$\cos(90° - D - B) = \cos[90° - (D+B)] = \sin(D+B)$$
$$\therefore \quad \sin(D+B) = \cos(90° - D)\cos B + \sin(90° - D)\sin B$$
$$\therefore \quad \sin(D+B) = \sin D \cos B + \cos D \sin B \qquad \text{(iv)}$$

三角形の解法

プトレマイオスの三角法には，後に西欧文明全体で使われるようになったインドの測量法の本質がすべて含まれている．ここで，測量技術で最も重要な法則は何かを考えてみよう．復習すると，まず，直線でできている図は三角形に分けることができる (図 12)．次に，三角形の 1 辺の長さと 2 角がわかれば三角形を描くことができる (図 28)．測量士は距離の測定をできるだけ少なくし，経緯儀 (図 25) でできるだけ多くの角度を測って測量する．三角形の解法という公式で，それが簡単にできる．

まず，三角形のすべての角 (A, B, C) が 90° 未満の場合 (図 92 の左) を考えてみよう．

3 辺 a, b, c がわかれば，証明 4 から

$$p^2 = a^2 - d^2 = c^2 - (b-d)^2$$
$$\therefore \quad a^2 - d^2 = c^2 - b^2 + 2bd - d^2$$
$$\therefore \quad c^2 = a^2 + b^2 - 2bd$$

$\cos C = d \div a$ だから $d = a \cos C$

$$\therefore \quad c^2 = a^2 + b^2 - 2ab\cos C$$
$$\therefore \quad \cos C = \frac{a^2 + b^2 - c^2}{2ab}$$

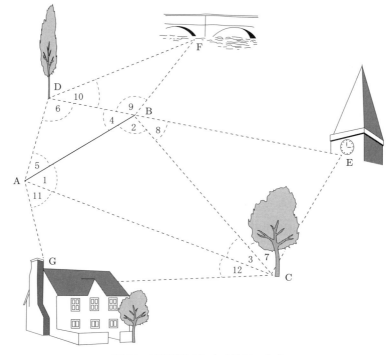

図 91 三角形分割による地図の作成

　測量士が距離を測るとき，まず基本になる線 AB を正確に測る。A から目立つもの (ここでは木) C を見ると ∠BAC (∠1) で，B からは ∠ABC (∠2)。これで三角形 ABC の 2 角と 1 辺がわかったから，∠BCA がわかり，サインの公式を使って BC と AC の長さもわかる。B と C から教会 E を見て ∠CBE (∠8) と ∠BCE (∠7) を測ると，∠CEB もわかる。三角形 BCE において，BC はわかっているから，前と同じ方法で BE と CE を導ける。次に A と C から農家 G を見て ∠GAC (∠11) と ∠ACG (∠12) を測ると，∠AGC がわかり，AC はすでにわかっている。サインの公式によって，AG と CG の距離がわかる。同じように木 D と橋 F までの距離もわかる。

同じように，以下を証明できる。

$$\cos B = \frac{a^2 + c^2 - b^2}{2ac}$$

$$\cos A = \frac{b^2 + c^2 - a^2}{2cb}$$

このように a, b, c がわかれば $\cos A$, $\cos B$, $\cos C$ がわかり，コサインの表から A, B, C の値がわかる。

　2 辺 a, b と夾角 C がわかれば，以下より $\cos C$ の表を使って第 3 の辺 c の長さ

第 5 章 アレクサンドリア文化の興亡 187

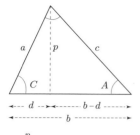
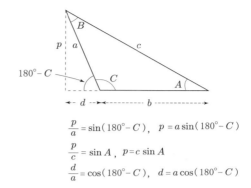

$\dfrac{p}{a} = \sin C$, $p = a \sin C$

$\dfrac{p}{c} = \sin A$, $p = c \sin A$

$\dfrac{d}{a} = \cos C$, $d = a \cos C$

$\dfrac{p}{a} = \sin(180°-C)$, $p = a \sin(180°-C)$

$\dfrac{p}{c} = \sin A$, $p = c \sin A$

$\dfrac{d}{a} = \cos(180°-C)$, $d = a \cos(180°-C)$

図 92　三角形の解法

がわかる。
$$c^2 = a^2 + b^2 - 2ab\cos C$$
次にこの式，またはもっと簡単な式を使って，残りの角がわかる．図 92 から

$$\sin A = p \div c \quad \therefore\ p = c\sin A$$
$$\sin C = p \div a \quad \therefore\ p = a\sin C$$
$$\therefore\ c\sin A = a\sin C$$
$$\therefore\ \frac{\sin A}{a} = \frac{\sin C}{c}$$
$$\therefore\ \sin A = \frac{a\sin C}{c}$$

したがって角 A がわかり，$B = 180° - (A+C)$ から角 B もわかる．

同様に，2 角 (A, C) と辺 (a) がわかれば，以下より辺 c がわかる．
$$c = \frac{a\sin C}{\sin A}$$
$B = 180° - (A+C)$ だから，以下より b が求められる．
$$b^2 = a^2 + c^2 - 2ac\cos B$$
また，図 92 の右の図で角 C が $90°$ より大きい場合は，
$$c^2 = p^2 + (d+b)^2 = p^2 + d^2 + 2bd + b^2 = a^2 + b^2 + 2bd$$

$$\therefore \quad c^2 = a^2 + b^2 + 2ab\cos(180° - C)$$

また，
$$a\sin(180° - C) = p = c\sin A$$
$$\therefore \quad \frac{\sin(180° - C)}{c} = \frac{\sin A}{a}$$

これら2組の式から，数学の専門家が常に求める**より一般的なもの**，すなわちすでにわかっている法則を**矛盾なく含む**，より広範囲な法則が知りたくなる。上記で得た三角形の解法は，90°より大きい角を含むか含まないかにかかわらず，次の式で表すことができる。

$$\cos(180° - A) = -\cos A, \quad \sin(180° - A) = \sin A$$

しかし，これだけでは意味がない。ユークリッド幾何学の範囲内では，$A \leq 90°$として$\sin A$, $\cos A$, $\tan A$を定義した。ニュートンの時代の新しい幾何学 (下巻，第8章) では，この制限が外れる。それによって$\sin 450°$も$\sin 45°$と同様に意味あるものとして定義でき，その新しい定義はこれまで学んできたことと矛盾しない。

辺の長さがわかっている三角形を利用して地形図を描いた測量士が使った公式は，おそらく紀元50年頃にアレクサンドリアの傑出した発明家ヘロンが発見したものだった。辺の長さから三角形の面積を求めるヘロンの公式は，ユークリッドの呪縛から逃れる，おそらく当時最大の飛躍となった。それは面積を4つの長さの積の平方根で表すものである。

三角形の3辺の長さをa, b, c，角をA (bとcの夾角)，B (aとcの夾角)，C (aとbの夾角) とすると，現在の表記法では次のようになる。

$$2bc\cos A = b^2 + c^2 - a^2 \quad (\text{図 92})$$
$$2\left(\sin\frac{A}{2}\right)^2 = 1 - \cos A \quad (\text{図 64})$$
$$2\left(\cos\frac{A}{2}\right)^2 = 1 + \cos A \quad (\text{図 64})$$
$$\sin A = 2\sin\frac{A}{2}\cos\frac{A}{2} \quad (\text{図 64})$$

三角形の3辺の和の半分をsとすると，$2s = a + b + c$,

$$2bc + b^2 + c^2 - a^2 = (b+c+a)(b+c-a) = 4s(s-a)$$
$$2bc - b^2 - c^2 + a^2 = (a+b-c)(a-b+c) = 4(s-b)(s-c)$$

したがって
$$2\left(\sin\frac{A}{2}\right)^2 = \frac{2(s-b)(s-c)}{bc}$$
$$2\left(\cos\frac{B}{2}\right)^2 = \frac{2s(s-a)}{bc}$$
$$2\sin\frac{A}{2}\cos\frac{A}{2} = 2\frac{\sqrt{s(s-a)(s-b)(s-c)}}{bc} = \sin A$$

三角形の面積 S を $S = \frac{1}{2}bc\sin A$ で表せることはすでに学んだから,
$$S = \sqrt{s(s-a)(s-b)(s-c)}$$

天文測量

　地球と月の距離を測る最も直接的な方法は，経度が同じ2ヵ所で同時に，月が鉛直線を通過するときに作る角，すなわち天頂距離を記録するものである．そのとき，鉛直線，地球の中心，月，子午線は同一平面上にある (図59)．わかりやすくするために (図93)，月が1ヵ所 (S) の真上を通過するとき，もう1つの場所 (O) での天頂距離を A としよう．この図でCは地球の中心，L は2ヵ所の緯度の差，OC $= r =$ CS は地球の半径である．図より $A = 180° - \angle$COM で

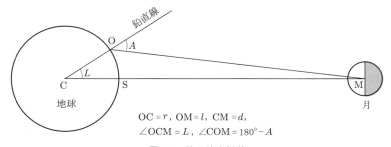

OC $= r$, OM $= l$, CM $= d$,
$\angle$OCM $= L$, $\angle$COM $= 180° - A$

図93　月の地心視差

　月までの距離が，目に見える最も近い恒星と同じだとすると，A (子午線通過時の天頂距離) と L (緯度の差) の差は，同じ大経線上にある任意の2ヵ所で同じになる．この差は非常に小さいが，キリスト紀元の1世紀以上前にアレクサンドリアの天文学者が図25の経緯儀のような道具を使って自由に測定できた．この図で場所 (S) では，子午通過時の月が真上にある (天頂距離がゼロ)．

$L + \angle \text{COM} + \angle \text{OMC} = 180°$ だから $\angle \text{OMC} = A - L$。p.187 のサインの公式から

$$\frac{\sin(A-L)}{r} = \frac{\sin L}{\text{OM}} \quad \text{だから} \quad \text{OM} = \frac{r \sin L}{\sin(A-L)}$$

こうして OM を計算できる。実際に知りたいのは $\text{CM} = d$（または $\text{SM} = d - r$）である。コサインの公式から，

$$d^2 = r^2 + \text{OM}^2 + 2r(\text{OM})\cos A$$

ヒッパルコスが発見したように，$d \simeq 60r$。r を 4,000 マイル（約 6,400 キロ）とすると $d \simeq 240{,}000$ マイル（約 384,000 キロ）で宇宙開発関係者がよく知っている値である。月の大きさ（半径 R）を求めるには，アストロラーベ（図 25）を使って A を測るだけでいい。すると図 94 から

$$\sin\left(\tfrac{1}{2}A\right) = \frac{R}{d}$$

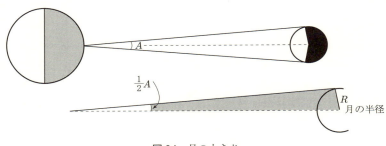

図 94　月の大きさ

計算の分かれ目

　ヒュプシクレスがイラクの神殿跡から借用した分数体系の神秘を弟子たちに教える $\tfrac{3}{4}$ 世紀前，計算の新しい動きが起きて，アテネからアレクサンドリアに伝わった使いにくい記数法（図 9）ではだめだと考えられるようになった。アルキメデスがそろばん以外のどんな道具を使って π の値を約 1/10,000 の誤差で計算できたのかはわからない。わかっているのは，アリスタルコスが地球と太陽や月の距離の問題で先取りしたのとは違う道具をもっていたことである。たとえば**螺線**の描き方を研究することによって，定規とコンパスだけに頼らず昔の伝統に戻った。それがアルキメデスの螺旋揚水機の発明につながったのかもしれない。下記

のような無限級数が収束することを，記録されている限りで初めて認識したのもアルキメデスだった。

$$S = 1 + \frac{1}{4} + \frac{1}{16} + \frac{1}{64} + \frac{1}{256} + \cdots\cdots$$

これを下のように書くと，和がわかりやすい。

$$4S = 4 + 1 + \frac{1}{4} + \frac{1}{16} + \frac{1}{64} + \frac{1}{256} + \cdots\cdots$$
$$S = 1 + \frac{1}{4} + \frac{1}{16} + \frac{1}{64} + \frac{1}{256} + \cdots\cdots$$
$$\therefore \quad 3S = 4, \quad S = 1\frac{1}{3}$$

奇妙なことに，アルキメデスの先人たちも神聖な定規とコンパスを使った訓練の証として，$S=1$とした次ページの式を考えることによって，同じ一般法則に到達していたふしがある。

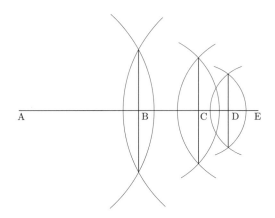

図95　値が有限値である無限級数を，幾何学的に表したもの

$$AE = 1, \ AB = \frac{1}{2} = BE, \ BC = \frac{1}{4} = CE, \ CD = \frac{1}{8} = DE$$
$$AE = AB + BC + CD + DE$$
$$1 = \frac{1}{2} + \frac{1}{4} + \frac{1}{8} + \frac{1}{8}$$

同じように次々に2等分していくと，

$$DE = \frac{1}{16} + \frac{1}{32} + \frac{1}{64} + \frac{1}{128} + \cdots\cdots$$
$$1 = \frac{1}{2} + \frac{1}{4} + \frac{1}{8} + \frac{1}{16} + \frac{1}{32} + \frac{1}{64} + \cdots\cdots$$

以下無限に続く。

$$S = \frac{1}{2} + \frac{1}{4} + \frac{1}{8} + \frac{1}{16} + \frac{1}{32} + \cdots\cdots$$

これを幾何学的に表すと次のようになる。長さ 1 の線を考えてみよう (図 95)。それを 2 等分する。次に半分になったものを 2 等分し，それを次々に続ける。分けた部分を全部足すと 1 になる。代数的証明は次のようにすればできる。

$$S = \frac{1}{2} + \frac{1}{4} + \frac{1}{8} + \frac{1}{16} + \frac{1}{32} + \frac{1}{64} + \cdots\cdots$$

$$\frac{1}{2}S = \quad\quad \frac{1}{4} + \frac{1}{8} + \frac{1}{16} + \frac{1}{32} + \frac{1}{64} + \cdots\cdots$$

したがって $S - \frac{1}{2}S = \frac{1}{2}$, $\frac{1}{2}S = \frac{1}{2}$, すなわち $S = 1$。どこまで行っても，この級数の和は 1 どまりである。こうした級数が測定値を必要な程度に細かく表すのに便利なのは，最初の 5 項と 10 項の和を比べてみればわかる。

0.5	0.5
0.25	0.25
0.125	0.125
0.0625	0.0625
0.03125	0.03125
0.96875	0.015625
	0.0078125
	0.00390625
	0.001953125
	0.0009765625
	0.9990234375

最初の 5 項を合計すると，小数第 2 位まで正確な 0.97 が得られる。これは 1 より約 3% 小さい。10 項の和は 0.9990 で，誤差はわずか 1000 分の 1 である。だが級数が急速に収束することは，今と違って小数を使えなかったアレクサンドリアの人々にとって，はるかにわかりにくかった。彼らが使ったアテネの記数法 (図 9) は，1 ～ 9 にはギリシャのアルファベットの最初の 9 文字を当て，10 ～ 90 には次の 9 文字，100 ～ 900 まではさらに次の 9 文字を当てたものである。合計 27 文字にするために，通常のアルファベットに 3 つの古代文字 (ディガンマ，サン，コッパ) を加えた。英語のアルファベットに置き換えると，次のようになる。

a	b	c	d	e	f	g	h	i
1	2	3	4	5	6	7	8	9

j	k	l	m	n	o	p	q	r
10	20	30	40	50	60	70	80	90

s	t	u	v	……
100	200	300	400	……

　この記数法では，17 は jg，68 は oh，259 は tni になる。これで，プラトン学派の人々が神を数字の 3 に結びつけた理由がわかりやすくなるだろう。999 を超える数については，上の位を表す印 (/) を付けて最初から同じ文字を使った。

　アルキメデスは著作に，世界の砂粒の推計値を書いた。これは，数の大きさの概念が使える文字数で制限されていた時代にあっては，決して無用の努力ではなかった。『砂粒を算えるもの (Sand Reckoner)』のなかでアルキメデスは，現代の記数法の最大の特色のうち 2 つを思いついている。まず，大きな数は 10 の累乗の倍数で表すことを提案した。また，**対数**という現代の計算法の基礎となる法則も思いついた。その法則は，単純な等比数列と親数列を並べて書けばわかる。

1	2	3	4	5	6	7	8	9	10
2	4	8	16	32	64	128	256	512	1,024

　下の数列の 2 つの数を掛けるときは，親数列の対応する数どうしを足し，下の数列でその和に対応する数を見るだけでいい。たとえば 16 に 32 を掛けるには，それぞれに対応する親数列の数 (対数) を足す。すなわち 4＋5 ＝ 9。9 に対応する下の数列の数 (**逆対数**または真数) 512 が答である。別の数列 3, 9, 27, 243, 729, … などを作って，この法則を確かめよう。この法則を現代代数の略記法で表すと，こうなる。

$$a^m \times a^n = a^{m+n}$$

　アルキメデスは当時の記数法の改革にも，掛け算が速くできる対数表の作成にも成功しなかった。そうした変更は当時の社会文化を根底からくつがえすものであった。人々はまだ，小さい数には古い記数法を使っていたのである。アルキメデスの輝かしい失敗は，大衆を無学のままにしておいてはいけないことを教えてくれる。アルキメデスが提案したような進歩は，大衆の需要から発生しなければならない。少数の孤立した人が必要を感じただけでは十分ではない。ふつうの人

が定期的輸送システムを享受するためには数学者が必要なように，数学者にもふつうの人の協力が必要なのである。

アテネ式のアルファベットはアレクサンドリアの人々のお荷物であった。彼らの文化の第1段階の特徴は，測量術が天文学と力学で大きく花開いたことである。そのため，桁ごとにまったく新しい記号群を使う記数法を使っていた人々に，莫大な数の計算が必要になった。アレクサンドリア文化の第2段階の特徴は，簡単で速い計算方法を考案しようと真剣に取り組んだことだった。

アレクサンドリアの最後の数学者テオン(紀元380年頃)は，少なくとも最終段階まではそろばんを使わず，乗法表を使って掛け算をした。アルファベットの記数法は3桁だから，乗法表は現在の10行×10列と違って9行×9列が3組でできていた。図96にその一部を示すが，これで続きを考えるのに十分である。13と18を掛けるには，次のようにする。

$$
\begin{aligned}
13 \times 18 &= (10+3)(10+8) \\
&= 10^2 + 8(10) + 3(10) + 3(8) \\
&= 100 + 80 + 30 + 24 \\
&= 234
\end{aligned}
\qquad
\begin{aligned}
jc \times jh &= (j+c)(j+h) \\
&= j(j) + j(h) + c(j) + c(h) \\
&= s + q + l + kd \\
&= tld
\end{aligned}
$$

または，

$$
\begin{aligned}
13 \times 18 &= (10+3)(20-2) \\
&= 10(20) - 2(10) + 3(20) - 3(2) \\
&= 200 - 20 + 60 - 6 \\
&= 234
\end{aligned}
\qquad
\begin{aligned}
jc \times jh &= (j+c)(k-b) \\
&= j(k) - j(b) + c(k) - c(b) \\
&= t - k + o - f \\
&= tld
\end{aligned}
$$

このように合計したり，図96のような乗法表を使って掛け算をしたりすれば，アレクサンドリアの人々の気持がわかるだろう。かなり大きい数の掛け算をしようと思えば，もちろん乗法表を大きくしなければならない。

我々が角の比の表を作ろうとしたときに発生した問題に，テオンも直面した。我々は平方根表を使ったが，p.80に示した$\sqrt{3}$や$\sqrt{2}$のような平方根を求めるのは，アテネの数字では非常に手間がかかった。図98に，テオンが使った方法を示す。右側は図33と同様に，

$$(x+a)^2 = x^2 + 2ax + a^2$$

	1	2	3	4	5	6	7	8	9	10	20	30	40	50	60	70	80	90
	a	b	c	d	e	f	g	h	i	j	k	l	m	n	o	p	q	r
2 = b	b	d	f	h	j	jb	jd	jf	jh	k	m	o	q	s	sk	sm	so	sq
3 = c	c	f	i	jb	je	jh	ka	kd	kg	l	o	r	sk	sn	sq	tj	tm	tp
4 = d	d	h	jb	jf	k	kd	kh	lb	lf	m	q	sk	so	t	tm	tq	uk	uo
5 = e	e	j	je	k	ke	l	le	m	me	n	s	sn	t	tn	u	un	v	vn
6 = f	f	jb	jh	kd	l	lf	mb	mh	nd	o	sk	sq	tm	u	uo	vk	vq	wm
7 = g	g	jd	ka	kh	le	mb	mi	nf	oc	p	sm	tj	tq	un	vk	vr	wo	xl
8 = h	h	jf	kd	lb	m	mh	nf	od	pb	q	so	tm	uk	v	vq	wo	xm	yk
9 = i	i	jh	kg	lf	me	nd	oc	pb	qa	r	sq	tp	uo	vn	wm	xl	yk	zj
10 = j	j	k	l	m	n	o	p	q	r	s	t	u	v	w	x	y	z	—

図 96 アレクサンドリアの乗法表の一部 (ギリシャ文字の代わりにローマ字を使っている)

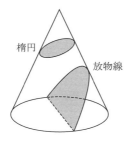

図 97 円錐の断面

紀元前 230 年頃のアポロニオスも同時代のアルキメデスと同様に，プラトンの支配から離脱してコンパスと定規では描けない曲線を研究した．とくに，円錐の切り口である 3 本の曲線を研究したのである．そのうち 2 本を図示している．**楕円**は惑星の軌道を，放物線はほぼ砲弾の弾道を表している．第 3 の断面 (**双曲線**) は内燃機関内のガスの膨張を表すのに使う．

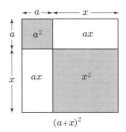

図 98 テオンの平方根計算法

左の図も基本的に同じだが，a の代わりに dx とした。これは d 掛ける x ではなく，x と比べて非常に小さい量の意味である。前と同様に

$$(x+dx)^2 = x^2 + 2x(dx) + (dx)^2$$

または

$$(x+dx)^2 - x^2 = 2x(dx) + (dx)^2$$

図より，$(dx)^2$ は 2 つの長方形 $x(dx)$ と比べて非常に小さいから，次のように書いてもさしつかえない。

$$(x+dx)^2 - x^2 = 2x(dx)$$

または

$$dx = \frac{(x+dx)^2 - x^2}{2x}$$

次の算術的例証によって，これが実際の値とほとんど違わないことがわかる。1.01 は (1+0.01) と書くことができる。ここで 0.01 を dx，1 を x と考えることができる (0.01 は 1 と比べて非常に小さいから)。すると，次の概算値が得られる。

$$dx = \frac{(1.01)^2 - 1^2}{2} = \frac{1.0201 - 1}{2} = 0.01005$$

その値 (0.01005) と最初の値 ($dx = 0.01$) の差は，わずか 0.00005 である。

この公式を使って平方根を求めるには，まず推測をする。たとえば，$1^2 (= 1)$ は 2 より小さく，$2^2 (= 4)$ は 2 より大きいから，$\sqrt{2}$ は 1 と 2 の間であることがわかる。$14^2 = 196$ だから，1.4 が近いが，少し小さいから $\sqrt{2} = 1.4 + dx$ と置ける。

$$(1.4 + dx)^2 = 2$$

公式から，

$$dx = \frac{(1.4+dx)^2 - (1.4)^2}{2(1.4)} = \frac{2 - (1.4)^2}{2(1.4)} = \frac{2 - 1.96}{2.8} = 0.014 \text{ (約)}$$

そこで，次の概数が得られる。

$$(1.4 + 0.014)^2 = 2, \quad \text{すなわち} \quad 1.414 = \sqrt{2}$$

これでも，もちろん多少の誤差がある。そこで，これを第 2 の概数として，第

3 の概数に進む。今度の端数を d^2x とすると[9)], $(1.414 + d^2x)^2 = 2$。

$$\therefore \quad d^2x = \frac{2 - (1.414)^2}{2(1.414)}$$

これを計算すると $d^2x = 0.0002$。そこで第 3 の概数を $\sqrt{2} = 1.4142$ と置ける。順次計算した概数を比較すると，こうなる。

$$(1.4)^2 = 1.96 \qquad \text{誤差 2\%}$$
$$(1.414)^2 = 1.999396 \qquad \text{誤差 0.03\%}$$
$$(1.4142)^2 = 1.99996164 \qquad \text{誤差 0.002\%}$$

必要なだけこれを続けることができる。

　テオンはアレクサンドリアの重要な数学者の最後の人物であった。娘のヒュパティアはディオファントスの著作をまとめ，アレクサンドリアで数学を教えていたが，聖キュリロス派の修道士たちに虐殺された。ヒュパティアが裸体を牡蠣の殻で掻き切られた様子を，18 世紀のイギリスの歴史家ギボンが書いている。フランスの作家ヴォルテールは，こう書いた。「ただこれだけ言っておく。聖キュリロス派は人間であると同時に己の熱情に身を任せる宗派の人々であった。美しい女性を全裸にするのは，虐殺するためではあるまい。聖キュリロス派はそのおぞましい行為について，神の許しを乞うたに違いない。そして私は祈る。慈悲深い神が彼らにあわれみをかけたことを」

　テオンが平方根に到達した方法は，**微分学**という現代数学の一分野で非常に重要な考え方を教えてくれる。アルキメデスが π の値を求めるのに使った方法は，**積分学**の根本原理を示している。ヒッパルコスの経緯度の発明，やはりアレクサンドリアの偉人の 1 人であるアポロニオスの曲線 (図 97) は，ニュートンの世紀の新しい幾何学の基本概念を体現している。p.141 の図形数の項で述べたディオファントスは，アルファベットの文字を我々が代数で使うように使おうとした。当然，それはうまくいかなかったのだが。そのころアテネの数字はすでに，ギリシャ語のアルファベット全体を別の目的で使ってしまっていたのだ。

　このように，16〜17 世紀のほとんどの重要な進歩の起源が，アレクサンドリアの業績に見られる。そこまで進みながら，さらに進歩することができなかったの

---

9) d^2x は d の 2 乗 $\times x$ の意味ではなく，第 2 の端数 x の意味である。(^{2} は動詞ではなく形容詞)

は，アレクサンドリアの文明がローマ帝国の崩壊と運命をともにしたから，と言っても十分な説明にならない。アレクサンドリア文明が受け継いだ社会文化の中で，進歩の限界に達したのである。次に大きな進歩があったのは，もっと素直な人々がアレクサンドリアの数学の要求を満たせる数の表記を手にしたからであった。インド文化の根本的に新しい特徴は，進んだ数学者ではない人々が，アレクサンドリアで最高の数学者でも発明できなかった，無の記号 (0) を発明したことであった。アレクサンドリアの科学と数学の衰退を歌う墓碑銘として，次のオマル・ハイヤームの詩の一部ほどふさわしいものはない。ハイヤーム自身，イスラムの数学者の最高峰の１人で，インドとアレクサンドリアの実績をまとめて人類の知識とした人物である。

……星は沈んでいき，隊商は
無の曙めざして旅立つ。さあ，急げ……

第5章で学んだことと検証

1. 公式 $\cos^2 A + \sin^2 A = 1$ を使って，次の値を求めよう。
(a)　$\cos 40°$ と $\sin 50°$。ただし $\sin 40° = 0.6428$ とする。
(b)　$\cos 75°$ と $\sin 15°$。ただし $\cos 15° = 0.9659$ とする。

2. 半角公式を使って，$\sin 20° = 0.3420$，$\cos 20° = 0.9397$ とした場合の $\sin 10°$，$\cos 10°$，$\tan 20°$，$\tan 10°$ を求めよう。

3. $\sin 40° = 0.6428$，$\cos 40° = 0.7660$ として，$\sin 50°$，$\cos 50°$，$\tan 50°$，$\sin 20°$，$\cos 20°$，$\tan 20°$ を求めよう。

4. $\sin 50° = 0.7660$，$\sin 43° = 0.6820$，$\sin 23\frac{1}{2}° = 0.3987$ として，以下の値を求めよう。

$\cos 50°$	$\tan 50°$	$\cos 21\frac{1}{2}°$	$\tan 21\frac{1}{2}°$
$\cos 25°$	$\tan 25°$	$\cos 43°$	$\tan 43°$
$\cos 47°$	$\tan 47°$	$\cos 40°$	$\tan 40°$
$\cos 23\frac{1}{2}°$	$\tan 23\frac{1}{2}°$	$\cos 66\frac{1}{2}°$	$\tan 66\frac{1}{2}°$

5. $\cos 40° = 0.7660$，$\sin 40° = 0.6428$，$\cos 15° = 0.9659$，$\sin 15° = 0.2588$，

$\cos 26\frac{1}{2}^\circ = 0.8949$, $\sin 26\frac{1}{2}^\circ = 0.4462$ として，$\sin(A+B)$, $\cos(A+B)$ の公式を使って次の値を求めよう．

$\cos 55^\circ$ $\qquad$ $\sin 55^\circ$ $\qquad$ $\cos 66\frac{1}{2}^\circ$ $\qquad$ $\sin 66\frac{1}{2}^\circ$

$\cos 41\frac{1}{2}^\circ$ $\qquad$ $\sin 41\frac{1}{2}^\circ$ $\qquad$ $\cos 56\frac{1}{2}^\circ$ $\qquad$ $\sin 56\frac{1}{2}^\circ$

6. 前問の数値を使って，$\sin(A-B)$, $\cos(A+B)$ の式を考えよう．それを第8章（下巻p.66）の図で確かめよう．

7. 三角法の本では，$\dfrac{1}{\sin A}$ を cosec (コセカント) A, $\dfrac{1}{\cos A}$ を sec (セカント) A, $\dfrac{1}{\tan A}$ を cot (コタンジェント) A という．$\cos^2 A + \sin^2 A = 1$ の証明方法を使って，次の式を証明しよう．この式は高度な数学でときどき使う．

$$1 + \cot^2 A = \operatorname{cosec}^2 A$$
$$1 + \tan^2 A = \sec^2 A$$

8. 図56の崖の問題を，三角形の解法の正弦公式を使って解こう．(まず至近の観測点から崖の頂上までの距離を求め，次に高さを求める．)

9. 図92で $\angle A$ を 90° より大きくし，垂線 p を辺 b の $\angle A$ を超えた延長上に下ろすと，余弦公式が

$$a^2 = b^2 + c^2 + 2bc\cos(180^\circ - A)$$

になり，正弦公式が

$$\frac{\sin(180^\circ - A)}{a} = \frac{\sin B}{b} = \frac{\sin C}{c}$$

になることを証明しよう．

10. 三角形の解法の公式が，$\angle A$ が 90° より小さい場合は

$$a^2 = b^2 + c^2 - 2bc\cos A$$
$$\sin A = \frac{a\sin B}{b} = \frac{a\sin C}{c}$$

で，$\angle A$ が 90° より大きい場合は

$$a^2 = b^2 + c^2 + 2bc\cos(180^\circ - A)$$

$$\sin(180° - A) = \frac{a \sin B}{b} \quad \text{など}$$

とすると，次の関係はどうなるか．

(a) $\cos A$ と $\cos(180° - A)$

(b) $\sin A$ と $\sin(180° - A)$

90° より大きい角の正弦と余弦の幾何学的意味がわかったところで，150°，135°，120° の正弦，余弦，正接の数値を求めよう．それを，加法公式と $\cos^2 A + \sin^2 A = 1$ の公式を使って確かめよう．

11. 2 人の男が十字路から，時速 3 マイルでスタートする．2 人が行く道は 15° の角をなしている．2 時間後，2 人の距離はどれだけになるか．

12. 長さ 500 ヤードの基線 AB がある．A から 112°，B から 63° の方向に旗竿が立っている．A から旗竿までの距離を求めよう．

13. 海上の船から崖の頂上の仰角は 24° である．崖に向かってまっすぐ 80 フィート船を漕いだら 47° になった．崖の高さはどれだけか．

14. 3 つの村 A，B，C が直線状の道で三角に結ばれている．AB は 6 マイル，BC は 9 マイル，AB と BC の間の角は 130° である．A と C の距離はどれだけか．

15. 船が南に 8 マイル走ってから方向を変えて，54° 東北方向に 11 マイル走った．最初の位置からの距離はどれだけか．

16. $\sin(A + B)$，$\cos(A + B)$ の公式から，$\sin 2A$，$\sin 3A$，$\cos 2A$，$\cos 3A$ の式を求めよう．

17. $\sin(A + B)$，$\sin(A - B)$，$\cos(A + B)$，$\cos(A - B)$ の公式から，次の式が正しいことを示そう．ただし，$C + D = 2A$，$C - D = 2B$ とする．

$$\sin C + \sin D = 2 \sin \frac{C+D}{2} \cos \frac{C-D}{2}$$

$$\cos C + \cos D = 2 \cos \frac{C+D}{2} \cos \frac{C-D}{2}$$

$$\sin C - \sin D = 2 \cos \frac{C+D}{2} \sin \frac{C-D}{2}$$

$$\cos C - \cos D = -2 \sin \frac{C+D}{2} \sin \frac{C-D}{2}$$

これより，半角公式が角の和公式から求められることを示そう．

18. 円に内接および外接する正 72 辺形から，三角表を使って π の範囲を出そう．

19. 角の単位をラジアンとするとき，x が非常に小さい角なら $\sin x$ が x とほ

ぽ等しいことを使って，$\sin\frac{1}{2}°$，$\sin 1°$，$\sin 1\frac{1}{2}°$ を求めよう．ただし π を 3.1416 とする．

20．皆既食のときは月の縁が太陽とほぼ重なることから，太陽の角半径 (図 94 参照) は約半度といえる．太陽までの距離を 9,300 万マイルとして，太陽の直径を求めよう．ただし角の単位をラジアンとすると，x が小さい角の場合には，$\sin x = x$, $\cos x = 1$ である．

21．$1°\sim10°$ を 1 度きざみでラジアンで表そう．また 0〜2 ラジアンを $\frac{1}{4}$ ラジアンきざみで，度数で表そう．

22．以下の数問では，地球の半径を 3,960 マイルとする．古代インカ帝国の首都キト (Quito)，ケニヤのビクトリア湖畔のキスム (Kisumu)，ボルネオのポンティアナック (Pontianak) はいずれも赤道から半度の位置にある．キトは西経 $78°$，キスムは東経 $35°$，ポンティアナックは東経 $109°$ である．π を $3\frac{1}{7}$ として各都市間の最短距離を求めよう．

23．アルハンゲリスク (Archangel)，ザンジバル (Zanzibar)，メッカ (Mecca) はいずれも東経 $40°$ から約 $1°$ の範囲内にある．アルハンゲリスクは北緯 $64\frac{2}{3}°$，メッカは北緯 $21\frac{1}{3}°$，ザンジバルは南緯 $6°$ である．各都市間の距離はどれだけか．

24．赤道における $1°$ の長さを x とすると，緯度 L に沿って測った $1°$ の長さが $x\cos L$ となることを，図を使って示そう．

25．ウィニペグとプリマスが北緯 $50°$ から $\frac{1}{3}°$ にあり，プリマスが西経 $4°$，ウィニペグが西経 $97°$ として，両者の距離を求めよう．

26．レディングとグリニッジはいずれも北緯 $51°28'$ にあり，レディングの経度は西経 $59'$ である．両者の距離はどれだけか．

27．A, B の 2 地点が同じ経線上にある．A は北緯 $31°$，B は A から 200 マイル離れている．B の緯度は何度か．

28．p.59 の 36×28 の方法を使って，次の掛け算で符号法則を説明しよう．
  (a) 13×27 (b) 17×42 (c) 15×39 (d) 21×48 (e) 28×53

29．前問の掛け算をアレクサンドリアの乗法表を使ってやってみよう．

30．次の等比数列の第 n 項までの和を求めよう．
  (a) $3-9+27-\cdots$ (b) $\frac{1}{4}-\frac{1}{8}+\frac{1}{16}-\cdots$

(c) $2\dfrac{1}{4} - 1\dfrac{1}{2} + 1 - \cdots$ (d) $1 - \dfrac{2}{3} + \dfrac{4}{9} - \cdots$

第 5 項までの和を計算して確かめよう。

31. 数列 $a, -ar, ar^2, -ar^3, \cdots$ の (a) 第 $2n$ 項, (b) 第 $(2n+1)$ 項を求めよう。

● これは覚えよう

1. $\cos(A - B) = \cos A \cos B + \sin A \sin B$
2. $\sin(A + B) = \sin A \cos B + \cos A \sin B$
3. $A \leq 90°$ なら $a^2 = b^2 + c^2 - 2bc \cos A$
   $A > 90°$ なら $a^2 = b^2 + c^2 + 2bc \cos(180° - A)$
4. 弧 TR の両端と中心を結ぶ長さ R の半径が挟む角の弧度が A^R なら,弧 TR の長さは $R \cdot A^R$ である。
5. x をラジアンで測れば, x が小さくなるにつれて $\sin x$ と $\tan x$ が限りなく x に近づく。すなわち,

$$\lim_{x \to 0} \frac{\sin x}{x} = 1 = \lim_{x \to 0} \frac{\tan x}{x}$$

6. 度数とラジアンの関係は次のとおり。

度数	ラジアン	度数	ラジアン
360°	2π	90°	$\dfrac{\pi}{2}$
270°	$\dfrac{3\pi}{2}$	60°	$\dfrac{\pi}{3}$
180°	π	45°	$\dfrac{\pi}{4}$
120°	$\dfrac{2\pi}{3}$	30°	$\dfrac{\pi}{6}$

第6章　ゼロの夜明け

代数のはじまり

　ゼロという記号を取り入れることの利点はたくさんあるが，その1つについては第2章で触れた。ゼロがなかったら，記号が無限に必要である。古代に使われていた計算方法では，数が大きくなるにつれて，つまりそろばんの棒が1本増えるたびに新しい記号が少なくとも1つ必要になる。必ずそうなることは，ローマ時代の32の表記がXXXIIだったことを思い出せば，簡単にわかる。古代ローマの人がこれを III II と書いた場合，302, 320, 3,020, 3,200, ……の区別がつかなかった。この問題を解決する単純な方法が1つある。それはそろばんの空(から)の桁に，マヤのトローチ剤 (図8) の記号を点や丸の形で入れるものである。そうすると，32, 302, 320, 3,020 を次のように書くことができる。

$$\text{III II}, \quad \text{III}_0\text{II}, \quad \text{III II}_0, \quad \text{III}_0\text{II}_0$$

　今ではこうした記号を自由に使えるから，図8のように絵数字をいくつも書かなくても，わかりにくくなることはない。bを基数とすれば，ほかに必要な記号は$(b-1)$個だけである。たとえば$b=10$なら，ほかに記号が9つあればいい。それで，どんなに大きな数も記号の「在庫」を増やさずに表すことができる。人類がゼロを使いこなすようになると，別の利点が現れた。そろばんの呪縛から解放されたのだ。ゼロを使った新しい記数法は，そろばんで行う計算をそっくりそのまま表すものだった。空の桁を表す記号があれば，石板，紙，羊皮紙での繰り上げも，そろばんでやるのと同じように簡単だった。つまり，歴史上初めて，我々が子供のときに算数で習う単純な計算法則を形に表せたのである。中世のヨーロッパでは，その法則を13世紀のイスラムの数学者アル＝フワーリズミーの名をとって**アルゴリズム**と呼んだ。

当代の卓越した学者ニーダム博士は，ゼロ (0) は中国で初めて取り入れられたと主張している。ゼロを印した現存する世界最古の碑文が，インドと中国の境界の地にあるのは否定しない。こんにちの西洋が古代の中国文明から大きな恩恵を受けていながら，その認識があまりに低いのも確かである。しかしゼロはインドで発明され，そこから東西に広まったという，より一般的な考えに固執するのには十分な理由がある。東方では，最初は点で，それから丸に変わったゼロ記号が紀元 700 年以前に使われていたのが明らかであり，400 年以前に使われていた可能性も非常に高い。目的はどうやら実用中心だったらしい。0 を指すヒンズー語は，空という意味のシューニヤである。0 を「無」やゼロと定義するのは，後になって考えたことであった。

　西洋にインドの数学が知られるようになったのは，紀元 470 年頃のアールヤバタの『アールヤバティーヤ』が始まりだった。この天文学者・数学者は計算法則について述べ，記号の法則 (p.69) を用い，$3\frac{3}{4}°$ 間隔でサイン表を作り，π の値を 3.1416 と計算している。つまり，インド数学はアレクサンドリアの数学が終わったところから始まっているのである。少しあと (630 年頃) にブラフマグプタがアールヤバタと同じテーマ，すなわち計算，数列，方程式を研究した。これら初期のインド数学者がすでに，今日の算術の基礎であるゼロ (シューニヤ) の法則 (下の式) を書き残している。

$$a \times 0 = 0$$
$$a + 0 = a$$
$$a - 0 = a$$

　彼らは比喩的な単位の助けを借りずに，今日のように分数を使いこなしていた。ただし横線は使わず，$\frac{7}{8}$ は $\begin{smallmatrix}7\\8\end{smallmatrix}$ と書いた。800 年頃，バグダードがイスラム統治下の学問の中心地になった。それ以前に，キリスト教の出現によって閉鎖されたアレクサンドリアの学校から流れてきた人々が，多神教の科学をペルシャにもたらしていた。また，追放されたネストリウス派の異教徒たちがギリシャの哲学書をこの地にもたらしていた。イスラム国家の首長 (カリフ) はユダヤの学者に，シリア語とギリシャ語の文献をアラビア語に翻訳させた。9～10 世紀に，プトレマイオス，ユークリッド，アリストテレスほか多くの著者による科学の古典がバグダードから，スペインはじめ数ヵ国で設立されたイスラム系の大学に広まった。

ローマ帝国の残党を征服したアラブの遊牧民には聖職者がいなかった。そのためイスラム世界では，計時というものが既存の聖職者階級から分断されていた。ユダヤ人とアラビア人の学者たちは暦作りにとりかかり，アレクサンドリアとインドの天文図を改良し，インド人が発明した簡便な記数法を取り入れた。イスラム教徒の最初で最高の数学者が9世紀のアル=フワーリズミーである。偉大な数学者にもう1人，12世紀のオマル・ハイヤームがいた。彼の詩『ルバイヤート』の一節は，数学への新しい関心の目覚めと宗教に無関係な計時法との間に密接な関係があったことをうかがわせる。

「ああ，だが人は言う。おまえの計算は
『1年』を人の身の丈に合わせたのだと。
だとすれば，まだ生まれない明日と
死んだ昨日を，暦からたたき出したからだ」

　アラビアとインドの数学をヨーロッパの遅れた北方人種に広めた2つの舞台が，スペインのムーア人たちの大学とシチリア人の地中海交易であった。起源1134年の刻印のあるシチリア硬貨が，キリスト教世界でゴバール数字(インドの数字を西アラビアで変形したもの)が公式に使われた，現存する最古の例である。イギリスでは，1490年の聖アンドリュー教会の地代帳が最古の例だと言われている。イタリアの商人は13世紀に，商売上の計算に明らかに便利なことから，ゼロを使っていた。この変化には当然，因襲的な考えをもつ層から妨害があった。1259年の布告はフィレンツェの銀行家に，この異教徒の記号を使うことを禁じているし，パドヴァ大学の宗務当局は1348年に，書物の価格表は「暗号」ではなく「明瞭な」文字で書くように命じた。

　ムーア文化の拡散を助けた社会状況がいくつかあった。とりわけ，ローマ帝国の神殿に取って代わったキリスト教が，暦製作者と暦管理人としての神官の役割を受けついだため，一部の修道士が数学に関心をもった。たとえばバース(イングランド)のアデラルドは1120年頃，イスラム教徒になりすましてコルドヴァで学び，ユークリッドとアル=フワーリズミーの著作，アラビアの天文図などを翻訳した。クレモナ(イタリア)のジェラルドは同じ頃トレドで学び，プトレマイオスの『アルマゲスト』のアラビア語版など，約90篇のアラビア語の教科書を翻訳した。幸運にも厳しい問責を免れた異教の聖職者パチューロは，12世紀のインドの数学者バースカラの算術書を翻訳し，テオンの平方根計算法を紹介した。

宗教界の外では，この新しい計算手段が勃興する商人階級の耳目を集めた。商業数学の第一人者はフィボナッチ(ピサのレオナルド)で，著書『算板の書』(1228年)は最初の商業算術書であった。下記の，風変わりでおもしろいフィボナッチ数列にその名をとどめている。

$$0,\quad 1,\quad 1,\quad 2,\quad 3,\quad 5,\quad 8,\quad 13,\quad 21,\quad \cdots\cdots$$

構成法則を第2章の記号体系で表すと，次のようになる。

$$t_r = t_{r-1} + t_{r-2} \qquad t_0 = 0,\ t_1 = 1$$

フィボナッチ本人はこれを，気のきいたしゃれのつもりで作ったらしいが，不思議なことに最近これを，メンデルの遺伝の法則を近親交配の影響に適用するのに使う方法が発見された。教師もさじを投げた子供だったフィボナッチは，数学を自分の階級の社会的必要性に応用したことで，興味を抱いた。利息と負債の実際的問題を解決するために方程式を使うことを覚えて，面白半分に数列をいろいろ作るようになった。フィボナッチを後援した無神論者のフェデリーコ2世がサレルノ大学を学問の中心とし，そこからユダヤ人医師たちがムーア人の学問を北ヨーロッパのキリスト教会の中心に持ち込んだ。中世の外科医兼床屋とちょうど同じように，スペインでは「医師兼代数学者」という言葉が最近まで使われていた。

　新しい算術，すなわちアルゴリズムに話を進める前に，ちょっと立ち止まって，新しい数字の隠れた可能性が，ムーア文化の素朴な生徒たちの想像力をたちまち刺激したものを知っておくと，後々役に立つであろう。『黙示録』の「神秘」を解説した人物としてすでに紹介したシュティーフェルが「数の不思議について書こうと思えば，本1冊でも書ける」と豪語したとき(1525年)，666という数のことを言ったわけではない。数の不思議の1つは第2章で学んだが，そろばんの桁を次のように表すと，ゼロの新しい使い方が見えてくる。

第7桁	第6桁	第5桁	第4桁	第3桁	第2桁
1,000,000	100,000	10,000	1,000	100	10
10^6	10^5	10^4	10^3	10^2	10^1

ここで，10で割って珠の値を下げるとnが1段下がる。したがって第1桁の指数nは1より1つ少ない0でなければならない。じつはさらに進めることができる。0より1つ少ないのは-1だから，$1 \div 10$は10^{-1}である。こうして指数をどこまでも小さくすることができる。

10,000	1,000	100	10	1	$\frac{1}{10}$	$\frac{1}{100}$	$\frac{1}{1000}$
10^4	10^3	10^2	10^1	10^0	10^{-1}	10^{-2}	10^{-3}

新しい数の第2の不思議は，ひと目でわかるほど簡単ではない。n と m を整数とすると，現在 $10^n \times 10^m = 10^{n+m}$ あるいは任意の底 (b) について $b^n \times b^m = b^{n+m}$ と表す法則を，アルキメデスとアポロニオスはずっと昔に知っていた。おそらく北ヨーロッパに導入されたばかりの新しい記数法によって，新しい法則が前よりずっと探究しやすくなったために，それになじんだキリスト教世界の最初の大数学者が，n または m，または両方が**分数**でも，n と m が上記と同じ意味をもちうると完全に理解したのだろう。当時としては例外的に英明な聖職者だったオレーム (1360年頃) が，はるか後世の進歩の一部を先取りしていた。現在使われている分数の記法をウォリスが提唱してニュートンが採用する3世紀前に，$3\frac{1}{2}$ や $5\frac{1}{3}$ の意味をオレームは知っていたのだ。彼はそれを，自分なりの略記法で $\frac{1}{2} \cdot 3^p$，$\frac{1}{3} \cdot 5^p$ と書いた。アルキメデスの法則をあてはめると，こうなる。

$$3^{\frac{1}{2}} \times 3^{\frac{1}{2}} = 3^{\frac{1}{2}+\frac{1}{2}} = 3, \quad 5^{\frac{1}{3}} \times 5^{\frac{1}{3}} \times 5^{\frac{1}{3}} = 5^{\frac{1}{3}+\frac{1}{3}+\frac{1}{3}} = 5$$

イスラム数学者の無理数の記法では，こうなる。

$$3^{\frac{1}{2}} \equiv \sqrt{3}, \quad 5^{\frac{1}{3}} \equiv \sqrt[3]{5}, \quad \text{ゆえに} \quad b^{\frac{1}{n}} = \sqrt[n]{b}$$

オレームはさらに進んだ。現在の $4^{\frac{3}{2}} = \sqrt{4^3} = \sqrt{64} = 8$，オレームの書き方で $\boxed{1^p \cdot \frac{1}{2}} 4 = 8$ について，新しい記法でわかりやすい広範囲な法則に気づいたのである。たとえば，

$$(10^3)^2 = (1000)^2 = 1,000,000 = 10^6 = 10^{3 \times 2}, \quad \text{すなわち} \quad (b^n)^m = b^{nm}$$

次の例のように，nm の n が有理数で，しかも整数でないときにも，この法則が成り立つ。

$$\sqrt{6^5} \times \sqrt{6^5} = 6^5, \quad b^{\frac{p}{q}} = (b^p)^{\frac{1}{q}} \quad \text{から} \quad 6^{\frac{5}{2}} = (6^5)^{\frac{1}{2}} = \sqrt{6^5}$$

オレームのこの発見を今の略記法に翻訳する際，第3の数の不思議を当然のことと考えた。a が10以外の数でも a^n の意味を同様に説明できる。このことからも，インドの数字の利点が10の神秘性と無関係であることがわかる。それどころか，10の神秘性とは，珠の値が10上がると指数が1上がるそろばんに合うよう

にインドの数字が考案されたことで生じたにすぎない。そして 10 という数はもともと，人が数を数えるとき 10 本の指を使ったという単純な理由で選ばれたものであった。

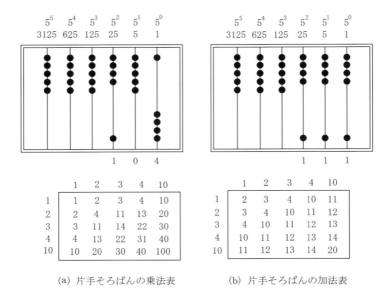

(a) 片手そろばんの乗法表　　(b) 片手そろばんの加法表

図 99　片手の人のそろばん

そろばんは，珠 1 つの値が左から右に次のようになっている。
$$\cdots\cdots x^5 x^4 x^3 x^2 x^1 x^0$$
10 進法では $x = 10$ だが，このそろばんでは $x = 5$ である。

片手そろばんの 104 は，両手そろばんでは $1(25) + 0(5) + 4(1)$，すなわち 29 になる。
片手そろばんの 111 は，両手そろばんでは $1(25) + 1(5) + 1(1)$，すなわち 31 になる。

人がみな片手だったら，ローマの軍人が 5, 50, 500 を表す V, L, D という単位をある程度使ったように，5 を単位にしただろう。図 99 のそろばんでは，1 列目に 1 の珠が 5 つ，2 列目に 5 の珠が 5 つ，3 列目には 5×5 の珠が 5 つ，4 列目には $5 \times 5 \times 5$ の珠が 5 つある。1 列目の珠を全部数えたら，それを戻して 2 列目に 1 つ入れ，1 列目を空にする。2 列目で 5 つまで数えたら，全部戻して 3 列目に 1 つ入れる。したがって空の列に 0 を使うと，10 進法と同じように 1, 2, 3, 4 と書くが，5 は 10 になり，25 は 100 になる。10 進法の数字を使うと，次のようになる。

1〜5	1	2	3	4	10
6〜10	11	12	13	14	20
11〜15	21	22	23	24	30
……					
21〜25	41	42	43	44	100
……					
121〜125	441	442	443	444	1,000

この場合の乗法表と加法表を図99に示す。この表をじっくり眺めてから，10進法の29(5進法の104)と31(111)の掛け算を，今の方法でやってみよう。すると次のようになる。

```
   104                            104
   111                            111
  ────            あるいは，こうでもいい。   ────
   104                            104
   104                            104
   104                            104
  ─────                          ─────
  12,044                         12,044
```

ここで言う12,044は1(625)+2(125)+0(25)+4(5)+4(1)で899。次の計算結果と同じである。

```
   29                              29
   31                              31
  ────            または            ────
   87                              29
   29                              87
  ────                            ────
  899                             899
```

2進法の算術

神は不要な仮説であるとナポレオンに語ったフランスの著名な天文学者・数学者ラプラスは，(インド・アラビア記数法でいう) 2という数には我々の親の世代が苦労して学んだ計算 ($\sqrt{4235}$ を求めるなど) をするのに必要な演算の手数の点で大きな利点があることを知っていた。イギリス人のバベッジが最初の計算機を考案する40年前のことである。ラプラスの時代には，反論するには人も紙も長旅も必要だった。後ではっきりするが，10進法の524,288は2進法では1の後に0

が 19 個つく．だが，x 進法から y 進法に翻訳するためにそろばんの歯を歯車にはめ込むのは，難しい作業ではない．そして歯車がある程度の速さで回転するようになれば，桁の長さはこの翻訳作業の効率には関係しない．

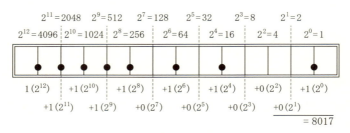

図 100　2 進法のそろばん

最も単純な計算機は単なる回転式そろばんで，まさに自動車の走行距離メーターのようなものである．もしも電磁極性を利用することができれば，最も簡便に使えるのは 2 進法である．10 進法では，必要な数字がゼロのほかには $9 \,(= 10 - 1)$ 個だったが，2 進法で必要なのはゼロのほかには $1 \,(= 2 - 1)$ だけである．これはコンピューターの働き方だから，それをよく知っておいたほうがいい．まず，10 進法での 2 の偉力を思い出してみよう．

$$2^0 = 1,\ 2^1 = 2,\ 2^2 = 4,\ 2^3 = 8,\ 2^4 = 16,\ 2^5 = 32,\ 2^6 = 64,$$
$$2^7 = 128,\ 2^8 = 256,\ 2^9 = 512,\ 2^{10} = 1,024,\ \cdots\cdots$$

2 進法では $32(2^5)$ は 1 の後にゼロが 5 つだから，10 進法の 1 〜 32 の数は 2 進法では次のようになる．

1 = 1	9 = 1001	17 = 10001	25 = 11001
2 = 10	10 = 1010	18 = 10010	26 = 11010
3 = 11	11 = 1011	19 = 10011	27 = 11011
4 = 100	12 = 1100	20 = 10100	28 = 11100
5 = 101	13 = 1101	21 = 10101	29 = 11101
6 = 110	14 = 1110	22 = 10110	30 = 11110
7 = 111	15 = 1111	23 = 10111	31 = 11111
8 = 1000	16 = 10000	24 = 11000	32 = 100000

したがって 2 進法の加法表と乗法表は次のように，いとも簡単である．

加法

インド・アラビア式

	0	1	2
0	0	1	2
1	1	2	3
2	2	3	4

2進法

	0	1	10
0	0	1	10
1	1	10	11
10	10	11	100

乗法

インド・アラビア式

	0	1	2
0	0	0	0
1	0	1	2
2	0	2	4

2進法

	0	1	10
0	0	0	0
1	0	1	10
10	0	10	100

計算の実例は，2つ挙げれば十分だろう．

加法

$$
\begin{array}{r}
27 \\
21 \\
\hline
48
\end{array} = 32 + 16 \\
= 2^5 + 2^4
$$

$$
\begin{array}{r}
11011 \\
10101 \\
\hline
110000
\end{array}
$$
$$= 1(2^5) + 1(2^4) + 0(2^3)$$
$$+ 0(2^2) + 0(2^1) + 0(2^0)$$

乗法

$$
\begin{array}{r}
27 \\
21 \\
\hline
27 \\
54 \\
\hline
567
\end{array}
$$
$$= 512 + 32 + 16$$
$$+ 4 + 2 + 1$$
$$= 2^9 + 2^5 + 2^4$$
$$+ 2^2 + 2^1 + 2^0$$

$$
\begin{array}{r}
11011 \\
10101 \\
\hline
11011 \\
00000 \\
11011 \\
00000 \\
11011 \\
\hline
1000110111
\end{array}
$$
$$= 1(2^9) + 0(2^8) + 0(2^7) + 0(2^6)$$
$$+ 1(2^5) + 1(2^4) + 0(2^3)$$
$$+ 1(2^2) + 1(2^1) + 1(2^0)$$

2進法の算術では記号が2つだけあればいいから，1と0の代わりに (電荷と同じ) + と − が使える。すると10進法の567は次のようになる。

$$+\ -\ -\ -\ +\ +\ -\ +\ +\ +$$

アルゴリズム

英語で書かれた新計算術関連の最古の書物《Craft of Nombrynge》(1300年)の序文に新しい算術の範囲が書いてある。「計算術に7種あり。第1は加法，第2は減法，第3は2倍法，第4は2分法，第5は乗法，第6は除法，第7は開平なり」

インドの記数法はそれ以前の旧世界のどの記数法とも違っていた。それまでの記数法は，これからそろばんでしようとする，あるいはすでに行った計算を記録するためのものであった。インドの数字はそろばんという面倒な器具を無用にした。足し算と引き算は，そろばんと同じように簡単に「頭の中で」できた。現代の生理学用語で言うと，「頭の中で」繰り上げるとは，計算するときの眼窩と指の筋肉の緊張のわずかな変化から，そろばんで繰り上げを行うときとまったく同じ神経の連続的メッセージを脳が受け取るということである。

掛け算のアルゴリズムは次のように，長方形の基本的性質に変換することができる。

$$a(b+c+d) = ab + ac + ad$$

したがって 532×7，すなわち $7 \times (500 + 30 + 2)$ は下記と同じである。

$$7(500) + 7(30) + 7(2)$$

これは次のように書くことができる。

```
    532                              532
      7                                7
  -----                            -----
     14                            3,500
    210                              210
  3,500           または              14
  -----                            -----
  3,724                            3,724
```

これを簡略化すると，

$$\begin{array}{r}532\\7\\\hline 3{,}724\end{array}$$ 　　　または　　　$$\begin{array}{r}532\\7\\\hline 3{,}724\end{array}$$

これを「繰り上げ」の法則で行うと，どんなに大きい数の掛け算も簡単になる．

$$532(732) = (532)700 + (532)30 + (532)2$$

これを足し算に適した形で書く方法が2つある．小数を使う場合はとくに，概算に適している点で右側のほうがいい．

$$\begin{array}{r}532\\732\\\hline 1{,}064\\15{,}960\\372{,}400\\\hline 389{,}424\end{array}\quad\begin{array}{l}2(532)\\30(532)\\700(532)\end{array}\qquad\begin{array}{r}532\\732\\\hline 372{,}400\\15{,}960\\1{,}064\\\hline 389{,}424\end{array}\quad\begin{array}{l}700(532)\\30(532)\\2(532)\end{array}$$

アラビア・インドのアルゴリズムを使った初期の商業算術では，繰り上がる数を次のように書いた．

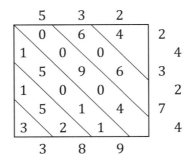

答は各列を斜めに加えて読み取った．

　今行ったような掛け算は，乗法表が使えることを前提としている．数を列ではなく珠で表すと，表を小さくできる．10×10までの掛け算ができればいいので，テオンが使ったアレクサンドリアの乗法表を覚えるより，ずっと簡単である．九九を暗記することで，いちいち表を見る必要がなくなってはじめて，新しい方法の利点をフルに活用できる．ヨーロッパでそうなったのは，商人階級の要求を満

たす新しい学校ができてからだった。その点ではドイツが先んじていた。14 世紀のドイツでは計算術が非常に重要で，計算親方のギルドができたほどである。

現在でも，使われているアルゴリズムが完全に統一されているわけではない。アラビアでそうだったように，ヨーロッパでは今でも (左から右，右から左の) 2 通りの掛け算が使われている。割り算の方法はさらに多様で，イギリスの学校で教えている方法はアラビアのどの方法とも，完全に同じではない。我々が知る限り，それは 1491 年にカランドリが初めて使った比較的後期のものである。現在の方法で割り算をする理由は，そろばんのそれぞれの珠の値に変数を使ってみるとよくわかる。第 1 列の珠を 1，第 2 列を x，第 3 列を x^2，第 4 列を x^3，……とすると，前述の掛け算は次のように書ける。

$$
\begin{array}{r}
5x^2 + 3x + 2 \\
7x^2 + 3x + 2 \\
\hline
35x^4 + 21x^3 + 14x^2 \\
15x^3 + 9x^2 + 6x \\
+10x^2 + 6x + 4 \\
\hline
35x^4 + 36x^3 + 33x^2 + 12x + 4
\end{array}
$$

$(7x^2 \times 5x^2 = 7 \times x \times x \times 5 \times x \times x = 35x^4 \cdots\cdots$ だから$)$

$(x = 10$ なら，$389,424)$

そろばんでの割り算は引き算の繰り返しである。389,424 を 732 で割るとは，389,424 から 732 を何回取り去れば残りがなくなるかということである。我々が行う割り算がそろばんを使う場合と同じなのは，$(35x^4 + 36x^3 + 33x^2 + 12x + 4) \div (7x^2 + 3x + 2)$ と書くとわかる。すなわち，

$$
\begin{array}{r}
7x^2 + 3x + 2 \enclose{longdiv}{35x^4 + 36x^3 + 33x^2 + 12x + 4} \quad (5x^2 + 3x + 2 \\
35x^4 + 15x^3 + 10x^2 \\
\hline
21x^3 + 23x^2 + 12x + 4 \\
21x^3 + 9x^2 + 6x \\
\hline
14x^2 + 6x + 4 \\
14x^2 + 6x + 4 \\
\hline
0 0 0
\end{array}
$$

$7x^2 + 3x + 2$ の $5x^2$ 倍を引けば，そろばんの 5 列目がなくなる。
$7x^2 + 3x + 2$ の $3x$ 倍を引けば，4 列目がなくなる。
$7x^2 + 3x + 2$ の 2 倍を引けば，残りの列がなくなる。

引き算と割り算で「1 を借りてくる」という商業用語がいまだに使われていることから，商人階級の文化的必要性に応じて計算法則が発展したことがわかる。珠の値に変数を使ってみると，算術の法則が片手用そろばんでも両手用そろばんでもまったく同じである理由がわかる。列が必要なだけあるそろばんの代わりになる記数法が使われたのは，取り引き量が増加して大きい数を扱う必要が生じたことを示している。そろばんを不要にした便利な社会的発明 2 つをヨーロッパが東方から吸収し，新しい方法が普及していった。シューニヤ (ゼロ) と同様に紙と印刷術も，東から来たのである。「ゼロの夜明け」は安い筆記用具の夜明けでもあった。

数のふるまいに関する一般法則の探究が，新しい記号が発した光の洪水によって促進されたことは，現在使われている分数のアルゴリズムがインドで発明されたことでよくわかる。60 進法 (p.40) が導入されるまで，分数の扱いはエジプトの『リンド・パピルス』のレベルより先に進まなかった。分数は，ちょうど我々がトンをハンドレッドウェイト (112 ポンド) に，さらにポンド，オンスと分解するように，より小さい単位を想定することによって比喩的に処理されていた。分数を「一人前」に扱えなかったために，計算方法が数千年間停滞したのである。古代の数学者は，たとえば $\frac{2}{43}$ のような分数を，やっきになって $\frac{2}{43} = \frac{1}{30} + \frac{1}{86} + \frac{1}{645}$ または $\frac{1}{43} + \frac{1}{86} + \frac{1}{129} + \frac{1}{258}$ のような単位分数の和にしようとした。この例でもわかるように，これはわかりにくいのと同時に無用でもあった。このように一見邪道と思えることをしたのは，最初に計算した人が 2 つの分数を並べて，我々が 15 ポンド 1 オンスと 1 ハンドレッドウェイト 15 ポンドを比べるように，どちらが大きいか比べようとしたのだろう。

インド人は単純で表現力のある記数法をもっていたから，このような比喩的な分数の取り扱いとはまったく無縁であった。器具を使わずに速く計算する法則を知っていたから，整数と同じように分数の計算も試すことができた。こうして，マハーヴィーラ (850 年) は分数を分数で割る法則を，現在の学校の先生が言うように「分子と分母をひっくり返して掛けなさい」と表現したのである。

つまり，次のように書くことができる。

$$\frac{a}{b} \div \frac{c}{d} = \frac{a}{b} \times \frac{d}{c} = \frac{ad}{bc} \quad \text{たとえば} \quad \frac{3}{5} \div \frac{4}{7} = \frac{3}{5} \times \frac{7}{4} = \frac{21}{20}$$

計算を速く簡単にする法則が実用上必要だったことから代数が発達したのだか

ら，人々がそれを使い始め，法則がわかりやすいように数を書くようになると急速に進歩し，わかると使いやすくなる。それを如実に表すのが，計算術の最後の「味つけ」，すなわち開平である。それは，シュティーフェルとその同時代の人々が発見した数の不思議の1つにつながった。シュティーフェルがインド数字の紙のそろばんを後にのばして，1の桁の右側に $\frac{1}{10}, \frac{1}{100}, \frac{1}{1000}, \cdots$ を表す指数 $-1, -2, -3, \cdots$ の想像上の桁を作ったことは，すでに述べた。1の桁がわかるように，その右側に隙間を空けるか点を打てば，1.125の125は $\frac{1}{10}, \frac{2}{100}, \frac{5}{1,000}$ を意味する。同じ数が点の左側に来ると，5210.1 が 5,000, 200, 10 になるのと同じことである。この方法が成長したのは，素数を使って開平を簡単にする法則に直接関係している。

インド人とアラビア人はアレクサンドリアの単純な三角表を，自分たちの天文学の研究と関連づけて大幅に改良した。前述のように，それには平方根表が必要である。そろばんを1の桁の右側に伸ばして $\frac{1}{10}$ ずつ小さくなる分数を表す方法の利点を，アラビアの数学者たちは基本的に知っていた。彼らは $\sqrt{2}$ を求めるのに第1の近似値を $\sqrt{\frac{200}{100}} = \frac{1}{10}\sqrt{200}$ とし，第2の近似値を $\sqrt{\frac{20000}{10000}}$ すなわち $\frac{1}{100}\sqrt{20000}$，第3を $\sqrt{\frac{2000000}{1000000}}$ すなわち $\frac{1}{1000}\sqrt{2000000}$，……と続けた。$\sqrt{200}$ が約14だということはすぐわかるから，それを10で割り，隙間を空けて1 4と書いた。同様に，$\sqrt{2000000}$ に最も近い整数は1,414だから，それを1,000で割って，1 414と書いた。414は今でいう小数部分である。この形の平方根表を1522年に計算親方のアダム・リーゼが刊行している。それとは別に，同じ流れの自然の帰結として，サマルカンドのアル=カーシーが1400年頃にπを3 14159⋯と小数第9位まで計算した。隙間の代わりに小数点を使ったのはニースのペラッツィで，1492年頃のことである。小数点をイギリスでは活字のベースライン(並び線)より上に，アメリカではベースライン上に書く (p.152脚注参照)。西ヨーロッパでもベースライン上に書く。タイプライターが使われるようになって，イギリスでもおそらくアメリカ・大陸式に変わるだろう。

アダム・リーゼの時代には，数の位置を基準にする算術の法則は，ある桁の珠の値がいくつでも当てはまるという基本的事実を知っていた。つまり，足し算，掛け算，割り算，引き算などは，整数でも小数でもまったく同じにできる。ただ，小

数点の位置だけ間違えないようにすればいい (たとえば掛け算を左から右に進める場合など)。

端数を小数で表せば，商業算術は大いに簡略化される。問題は体重や身長である。オレンジ公ウィリアムが軍隊の食料係に任命した倉庫係のステヴィンが，1585年の昔に，この小数法を法制化することを提唱した。そのアイデアをアメリカ革命当時にベンジャミン・フランクリンらが復活させ，最終的にフランス下院の主導で完全実施された。イギリスではいまだに重さや寸法を昔ながらのややこしい方式で表しており，ゴバール数字を完全に下院に持ち込めずにいる。

方程式

アレクサンドリアの数学者は，天文学と力学の問題を解くために計算術に注意を払わざるを得なかった。初期のインド数学は，商取引で発生する数の問題に大きな注意を払った。インドの初期数学を**代数** (algebra) と呼ぶとき，教科書で使われる代数と算数という言葉が，数学史で使われるものと意味がやや違う点に注意しなければならない。今の**算数** (arithmetic) は第 4 章で述べたギリシャの arithmetike と同じではない。学校の算数は，インドとアラビアのアルゴリズムに基づく計算法則と，代数の抽象的記数法を使わずに数の問題を解くことでできている。数学的関係と演算に変数と省略記号を使う簡潔で一貫した法則の発展は遅々としていた。

すでに述べたように，その種のことを最初に企てたのはディオファントスだが，数学者たちは何世紀もの間，数の問題を個々別々の方法で扱っていた。各人が普遍的な方法を提案しようとせずに，自分だけがわかる略記法を使っていたのである。そのため自分のやり方を人に説明しようと思えば，日常語に頼らざるをえなかった。数学者は「代数」を，数の問題を解く法則という意味で使う。その法則は完全な言葉で書かれたもの (**修辞**代数)，多少とも略語を使って簡素化したもの (**省略**代数)，文字や演算記号だけで表したもの (**記号**代数) を含む。学校で習う一部の商業算術は，数学者が言う修辞代数である。

アラビア人は我々が方程式と呼ぶ省略表現を使っていた。ムーア人の学問に初めて転向した数学者の一部，たとえばドミニコ修道会の修道士ヨルダヌス (1220 年頃) は，言葉を完全に記号に置き換えた。同時代のピサのレオナルド (フィボナッチ) も同じことをした。次の例は純粋な修辞代数から現代の代数的略記法への移行を示すものだが，歴史のつながりを示すのではなく，大きさの言語が日常語から目に見えない諸段階によって成長した事実を，歴史的遠近法ではっきりさせる

ためのものである。

 レギオモンタヌス (1464 年)
  3 Census et 6 demptis 5 rebus aequatur zero
 パチョーリ (1494 年)
  3 Census p 6 de 5 rebus ae 0
 ヴィエト (1591 年)
  3 in A quad $-$ 5 in A plano $+$ aequatur 0
 ステヴィン (1585 年)
  3 ② $-$ 5 ① $+$ 6 ⓪ $= 0$
 デカルト (1637 年)
  $3x^2 - 5x + 6 = 0$

言うまでもなく，問題を解くための「修辞的」叙述から現代の記号方式に進歩することは，ギリシャ人にとってはほとんど不可能であった．固有の数を示すのにアルファベットを使いきってしまったからである．インド数字の流入でこの障害はなくなったが，当初は演算の表示方法を一般化する手段がなかった．インドからアラビア人が伝えた演算記号は平方根の記号 ($\sqrt{}$) だけである．中世のヨーロッパで，大きさの言語を大きく省略する方法への道を開いた社会的手段が，少々劇的に出現した．現在の「プラス」は surplus(余剰) の省略形である．中世の倉庫では，袋，木枠，樽などにチョークで $+$ と $-$ を書いて，規定の重量より重いか軽いかを示していた．こうした記号を一般化したのは，印刷術の最初の産物の 1 つである，ウィドマンの『商業算術』(1489 年，ライプツィヒで発行) であり，それを初めて方程式を解くのに使った人物に，ご存じステヴィンがいた．それから 1 世紀後に発表されたイギリス人レコードの商業算術書では，「×」と「＝」を使っている．それ以後，デカルトが最初に使った略記法が普及し，数学は日常語の不自由な制約から解き放たれた．ここでも，数学史の転機が孤立した天才によってではなく社会共有の遺産から発生したのは，お気づきのとおりである．

修辞代数から記号代数への移行は，数学の最重要事項の 1 つである．「方程式を解く」ということは，意味が明白な形にするということである．代数の法則が，その方法を教えてくれる．難しいのは，問題を日常語から代数の言語に翻訳する段階である．この時点で，日常語で書かれた問題を理解する機会が数学の素人より少ない数学者なら間違えるかもしれない．問題が数学の文書 (方程式) に翻訳されれば，残るは独特の数学語で書かれた問題だから，安心して数学者に任せられ

る。翻訳を数学者に任せると，落とし穴がある。

　今も使われている**ディオファントス**の**方程式**の名づけ親であったアレクサンドリア後期の人々は，初歩では次の例で説明される2つのコミュニケーション領域の違いを知っていた。

　　　ある人が豚と牛を飼っている。豚の頭数は牛の3倍で，合計はTである。
　　　豚と牛はそれぞれ何頭か。

形式上は，牛の頭数が$\frac{1}{4}T$で豚が$\frac{3}{4}T$と言えるが，この問題が意味をなすのはTが4の倍数，すなわち20(豚が15頭，牛が5頭)，36(豚が27頭，牛が9頭)などのときだけである。そうでないと，形式解が妙なものになる。つまり，両方の解が**整数**でなければならないという**暗黙**の仮定と問題文が根本的に矛盾することになる。

　日常語から大きさの言語に翻訳するわざを覚えるには，外国語を学ぶ苦労を味わわなければならない。外国語は，ただ単語を辞書で調べるだけでは容易に理解できない。各国語にはそれぞれ特有の語順やイディオムがある。そこで，これまでの章で大きさ，順序，形の言語について述べたことを，次の3つの法則と2つの注意で補足しておこう。

　法則（ⅰ）　情報(明記されたものや暗示されたもの)の各項を，「何かのために何かで何かをする」という形に翻訳する。
　（ⅱ）　いらない量を除いて文章をまとめる。そのとき，暗示されているだけの内容を明示的につけ加えなければならない場合もある。
　（ⅲ）　最終的文章を，「知りたい数(x, n, rなど) イコール (=) ふつうの数」という形にする。
　注意（ⅳ）　同じ種類の量を表す数はすべて，同じ単位で表す(お金はドルだけとかセントだけで，距離はヤードだけとかマイルだけなどで，時間は秒だけとか時間だけで)。
　（ⅴ）　検算する。

　数に関する言葉の記述から代数的記号表記への翻訳を説明するために，例題をいくつか挙げる。いとも簡単な方程式に変換できる問題で，インドの数学者が解法を修辞的に述べたものである。その前にもう少し説明しておいてもいいかもし

れない。外国語に堪能な人は，自国語から外国語でも，その逆でも，たちまち正しく訳すが，初心者は一歩一歩，訳していかなければならない。「問題を解くのは特殊な才能によるのではなく，単に決まった文法を当てはめる技術である」ことを示すために，下記の例で一歩ずつ進んでいく。もちろん，この翻訳に慣れたら一文ずつ訳す必要はなく，言葉の記述内容を表す方程式を1～2段階で書けるだろう。

例題 I ある地方の商業組合の当座預金は貯蓄預金の4倍で，両方の合計は35ドルである。それぞれの金額はいくらか。

第1文。当座預金は貯蓄預金の4倍だから，「貯蓄預金の額 (d) に4を掛ければ当座預金の額 (c) になる」

$$4d = c \qquad (\text{i})$$

第2文。両方の預金を合わせると35ドルだから，「貯蓄預金の額 (d) を当座預金の金額 (c) に足せば35ドルになる」

$$c + d = 35 \qquad (\text{ii})$$

両方の文を合わせると，

$$4d + d = 35$$
$$\therefore \quad 5d = 35, \quad d = \frac{35}{5} = 7$$

貯蓄預金は7ドル，当座預金は $(35 - 7)$ ドル $= 28$ ドルである。

検算：4×7 ドル $= 28$ ドル

例題 II ロンドンを1時に出発した列車が時速50マイルでエディンバラに向かう。エディンバラを4時に出発した列車が時速25マイルでロンドンに向かう。エディンバラとロンドンの距離が400マイルだとすると，2つの列車はどこで出合うか。

問題文から，ある時間で列車が進んだ距離がわかる。知りたいのは，2つの列車がエディンバラまたはロンドンから同じ距離の場所に行くまでの時間である。それは2番目の列車が出発してからの時間と考えられるから，4時から計算する。すなわち，所要時間 (t) は4時の何時間後かということである。

第1文。列車Aは1時にロンドンを出発するから，「4時から2つの列車が出合うまでの時間に3(1時から4時までの時間)を足すと，列車Aが走った時間 (T)

がわかる」

$$3 + t = T \qquad (\text{i})$$

第2文。列車 A はロンドンから時速 50 マイルで走るから,「出合うまでに走った時間 (T) に 50 を掛ければ, そのときのロンドンからの距離 (D) がわかる。

$$50T = D \qquad (\text{ii})$$

第3文。列車 B はエディンバラを 4 時に出発して時速 25 マイルで走るから,「4 時から 2 つの列車が出合うまでの時間 (t) に 25 を掛ければ, そのときのエディンバラからの距離がわかる」

$$25t = d \qquad (\text{iii})$$

第4文。ロンドンとエディンバラの距離は 400 マイルだから,「エディンバラからの距離 (d) を引くと, ロンドンからの距離 (D) になる」

$$400 - d = D \qquad (\text{iv})$$

(i) と (ii) から, $50(3 + t) = D$ $\qquad$ (v)
(iv) と (iii) から, $400 - 25t = D$ $\qquad$ (vi)
(v) と (vi) から, $50(3 + t) = 400 - 25t$
両辺を 25 で割って簡単にすると,

$$2(3 + t) = 16 - t$$
$$6 + 2t = 16 - t$$
$$\therefore \quad 2t + t = 16 - 6 \quad \text{で} \quad 3t = 10$$
$$\therefore \quad t = \frac{10}{3} = 3\frac{1}{3} \quad (\text{4 時からの時間})$$
$$= \text{4 時から 3 時間 20 分後} = \text{7 時 20 分}$$

検算:$50\left(3 + 3\frac{1}{3}\right) + 25 \times 3\frac{1}{3} = 400$

例題 III アキレスが亀を追う。アキレスの速さは亀の 10 倍である。亀がアキレスより 100 ヤード先にいるとすれば, 追いつかれるまでに亀は何ヤード進むか。

第1文。アキレスの速さは亀の 10 倍だから,「亀の速さ (s) に 10 を掛けると, アキレスの速さ (S) になる」

$$10s = S \qquad (\text{i})$$

第2文。アキレスは亀の 100 ヤード後からスタートするから,「亀が追いつかれるまでに進んだ距離 (d) に 100 を足すと,アキレスが走った距離 (D)(ヤード) になる」

$$100 + d = D \qquad \text{(ii)}$$

ここで,速さは距離 ÷ 時間 (t) であり,亀が追いつかれるまでの時間と,アキレスが亀に追いつくまでの時間は当然同じである。したがって,言外の2つの文をつけ加えることができる。

第3文。亀が追いつかれるまでに進んだ距離を所要時間で割ると,速さが出る。

$$\frac{d}{t} = s \qquad \text{(iii)}$$

第4文。亀に追いつくまでにアキレスが走った距離を走った時間で割ると,アキレスの速さが出る。

$$\frac{D}{t} = S \qquad \text{(iv)}$$

(i) と (iii) から, $\dfrac{10d}{t} = S$ \qquad (v)

(ii) と (iv) から, $\dfrac{100+d}{t} = S$ \qquad (vi)

(v) と (vi) から, $\dfrac{10d}{t} = \dfrac{100+d}{t}$

両辺に t を掛けると,

$$10d = 100 + d$$
$$10d - d = 100$$
$$\therefore\ 9d = 100$$
$$d = \frac{100}{9} = 11\frac{1}{9}\ (\text{ヤード})$$

検算しよう。

例題 IV 私が父の今の年齢になると,息子の今の年齢の5倍になる。そのとき,息子は今の私より8歳年長になる。現在,父の年齢と私の年齢の合計は 100 である。息子は何歳か。

第1文。私が父の年齢になると,息子の今の年齢の5倍だから,父は現在,息子の年齢の5倍である。すなわち,「息子の年齢 (s) を5倍すると,父の年齢 (f) になる」

$$5s = f \tag{i}$$

第2文。私が父と同じ年齢になったとき，息子は今の私より8歳年長である。これを次のように分割する。

(A) 父の年齢 (f) から私の年齢 (m) を引くと，私が今の父の年齢になるまでの年数 (l) がわかる。

$$f - m = l \tag{A}$$

(B) この l 年を息子の年齢 (s) に加えると，私が今の父と同じ年齢になったときの息子の年齢 (S 年) になる。

$$l + s = S \tag{B}$$

(C) 私の今の年齢に8を加えると，l 年後の息子の年齢になる。

$$m + 8 = S \tag{C}$$

(B) と (C) から，$m + 8 = l + s$ \hfill (D)

(A) と (D) から，$m + 8 = f - m + s$ すなわち $2m + 8 = f + s$ \hfill (ii)

第3文。父と私の年齢の合計は100歳だから，父の年齢を私の年齢に加えると100(歳) である。

$$m + f = 100$$

すなわち
$$m = 100 - f \tag{iii}$$

(i) と (ii) から，
$$5s + s = 2m + 8$$
$$6s = 2m + 8 \tag{iv}$$

(i) と (iii) から，
$$100 - 5s = m \tag{v}$$

(iv) と (v) から，
$$6s = 2(100 - 5s) + 8$$
$$6s = 200 - 10s + 8$$
$$6s + 10s = 200 + 8$$
$$16s = 208$$
$$s = \frac{208}{16} = 13 \text{ (歳)}$$

検算しよう。

したがって，息子は現在13歳である。

例題 V (450 年頃，インドのアールヤバタが書いた『アールヤバティーヤ』より)「ある商人が 3 ヵ所で関税を払う．最初は商品の $\frac{1}{3}$，次に残りの $\frac{1}{4}$，最後に残りの $\frac{1}{5}$ 相当を払う．関税は全部で硬貨 24 個分である．最初にもっていた商品は硬貨何個分か」

第 1 文．最初に商品の $\frac{1}{3}$ 相当を払うから，「最初の値段 (x) から $\frac{1}{3}$ を引くと，第 2 の場所に行ったときにもっていた分 (y) になる」

$$x - \frac{1}{3}x = y$$

すなわち $\quad \frac{2}{3}x = y \qquad\qquad$ (i)

第 2 文．2 ヵ所目でその $\frac{1}{4}$ を払うから，「そのときもっているものから $\frac{1}{4}$ を引くと，残り (z) がわかる」

$$y - \frac{1}{4}y = z$$

すなわち $\quad \frac{3}{4}y = z \qquad\qquad$ (ii)

第 3 文．3 ヵ所目で残りの $\frac{1}{5}$ を払い，関税の合計が硬貨 24 個分になるから，「そのときもっていた分の $\frac{1}{5}$ と 2 ヵ所目の $\frac{1}{4}y$ と最初の関税 $\frac{1}{3}x$ を足すと 24 である」

$$\frac{1}{5}z + \frac{1}{4}y + \frac{1}{3}x = 24 \qquad\qquad \text{(iii)}$$

(ii) と (iii) から，

$$\left(\frac{3}{4} \times \frac{1}{5}\right)y + \frac{1}{4}y + \frac{1}{3}x = 24$$

すなわち $\quad \frac{2}{5}y + \frac{1}{3}x = 24 \qquad\qquad$ (iv)

(i) と (iv) から，

$$\left(\frac{2}{5} \times \frac{2}{3}\right)x + \frac{1}{3}x = 24$$

すなわち $\quad \frac{3}{5}x = 24$

$$x = \frac{5 \times 24}{3} = 40$$

すなわち，硬貨 40 個分の商品をもっていた．検算しよう．

代数で問題を解くとは，単に決まった文法に従って翻訳することであるのを示すために，今までの例題では一歩一歩，細かく説明した。数の言語の使い方に慣れたら，これを全部やることはない。まず，知りたいものに変数を当て，それについてわかっていることをすべて書き出したほうが，ずっと早く，文が自然にできてくる。たとえば例題 IV は次のように，すばやくできる。

息子の年齢を y 歳とすると，父の年齢は $5y$ 歳。私の年齢は $(100-5y)$ 歳だから，

$$5y - (100 - 5y) + y = 100 - 5y + 8$$
$$\therefore \ 16y = 208$$
$$\therefore \ y = 13$$

これまで翻訳してきた問題はどれも最終的に，求めたい未知量を示す変数1つだけを含む数学的文章に煮詰めることができる。未知量が2つある問題でも，その2つの関係が単純で明らかなら，同じようにできる場合が多い。たとえば，次の未知量3つの問題は，少しも難しくない。

例題 VI 道具箱に釘の3倍の鋲と，ネジの3倍の釘がある。鋲，釘，ネジの合計数は 1,872 である。それぞれの数はいくつか。

これは次のように翻訳できる。釘の数は鋲の数の $\frac{1}{3}$ である $(n = \frac{1}{3}t)$。ネジの数は釘の数の $\frac{1}{3}$ である $(s = \frac{1}{3}n)$。3種類の合計 $(t+n+s)$ は 1,872 である。したがって，

$$t + \frac{1}{3}t + \frac{1}{3}\left(\frac{1}{3}t\right) = 1{,}872$$
$$t\left(1 + \frac{1}{3} + \frac{1}{9}\right) = 1{,}872$$
$$\frac{13}{9}t = 1{,}872$$
$$t = \frac{9 \times 1{,}872}{13} = 1{,}296$$

したがって鋲の数は 1,296，釘はその $\frac{1}{3}$ で 432，ネジはその $\frac{1}{3}$ で 144 である。（検算：$1{,}296 + 432 + 144 = 1{,}872$）

1つの問題に複数の未知量があっても，未知量の1つが他の未知量の何倍かがわかっている，または差が既知量である場合は，言葉の記述を変数が1つだけの

数学的文章に煮詰めることができる。それができなくても，未知量の数だけ別個の方程式が作れれば，問題を解くことができる。その種の簡単な問題を次に示す。

例題 VII バター2ポンドと砂糖3ポンドで1ドル86セント (186セント) になる。バター3ポンドと砂糖2ポンドで2ドル49セントになる。それぞれの値段はいくらか。

この問題の意味は次のとおりである。

（ⅰ）バター1ポンドの値段（b セント）の2倍と砂糖1ポンドの値段（s セント）の3倍を足すと186セントである。すなわち

$$2b + 3s = 186$$

（ⅱ）バター1ポンドの値段の3倍と砂糖1ポンドの値段の2倍を足すと249セントである。すなわち

$$3b + 2s = 249$$

これで方程式が2つと未知数が2つになった。ここで「連立方程式」を解くという簡単なわざを使えば，どちらかの変数を消去できる。両辺に同じことをする限り，何をしてもかまわない。第1の式の両辺に3を掛け，第2の式に2を掛けると，次のように一方の変数を含む項が等しい方程式が2つできる。

$$6b + 9s = 558$$
$$6b + 4s = 498$$

$6b+9s$ から $6b+4s$ を引くのは，558から498を引くのと同じことだから，2つの引き算の結果は等しい。すなわち $5s = 60$。したがって $s = 12$（セント）になる。s の値を元の式のどちらかに代入すると，b がわかる。つまり $2b + 36 = 186$ だから $2b = 150$。したがって $b = 75$（セント）。砂糖が12セントでバターが75セントである。

既知数 a, b, c, d, e, f と未知数 x, y がある連立方程式を解く一般法則は，次のように書くことができる。

$$ax + by = c$$
$$dx + ey = f$$

の場合，x を消去するには第1の式に d を掛け，第2の式に a を掛ける。すると，

$$dax + dby = dc$$
$$dax + eay = fa$$

第1の式から第2の式を引くと

$$(db - ea)y = dc - fa$$

これで未知数が y だけの単純な方程式になり，その他の事柄は問題文に書いてある．もちろん，第1の式に e を掛け，第2の式に b を掛けたほうが掛ける数が小さくなるのであれば，y を消去して x を残してもいい．すなわち，

$$(ea - db)x = ce - bf$$

*　　　*　　　*　　　*　　　*

現代の代数で数学上の動詞の役割を果たす演算記号を，インドとアラビアではほとんど使わなかったが，上記の例題でしたように問題を日常語から大きさと順序の言語に翻訳するときは，第2章で述べたのとほぼ同じ文法法則に従う．アル=フワーリズミーは2つの一般法則を区別した．1つめの法則を almuqabalah と呼んだ．今の教科書でいう同類項をまとめる作業である．今の略記法では，これは煩雑さを避けるための法則で，下記のようにする．

$$q + 2q = x + 6x - 3x$$
$$\therefore \quad 3q = 4x$$

もう1つの法則は，すでに我々の言葉になっているが，al-gebra (代数)，すなわち方程式の一方の辺から他の辺に量を移動する (移項する) ことである．たとえば，次のようになる．

$$bx + q = p$$
$$\therefore \quad bx = p - q$$

求める未知数の2乗を含む方程式を解くのに使う法則も，アル=フワーリズミーは示している．その方法は基本的に，最初にディオファントスが使ったものと同じである．アル=フワーリズミーが示した実例を以下に示す．

$$x^2 + 10x = 39$$

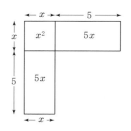 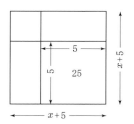

図 101 アル=フワーリズミーの平方完成による 2 次方程式の解法
（ⅰ） $x^2 + 10x = 39$　　（ⅱ） $x^2 + 10x + 25 = 25 + 39$
$(x+5)^2 = 64 = 8^2$
$x + 5 = 8$

アル=フワーリズミーの法則はユークリッドの簡単な図 (図 101) に基づくものである。1 辺が x の正方形を描き，隣り合う 2 辺を 5 だけ延長して，2 辺が 5 と x の長方形を 2 つ作ると L 型の図形ができる。その面積は

$$x^2 + 5x + 5x = x^2 + 10x$$

1 辺 5 の正方形 (図 101 左) を図右のように完成すると，面積は

$$x^2 + 10x + 25 = (x+5)^2$$

最初の方程式から，次のことがわかる。

$$x^2 + 10x = 39$$
$$x^2 + 10x + 25 = 39 + 25$$
$$= 64$$
$$\therefore \quad (x+5)^2 = 8^2$$
$$\therefore \quad x + 5 = 8$$
$$\therefore \quad x = 8 - 5$$
$$\therefore \quad x = 3$$

アル=フワーリズミーは x に掛ける数 (この式では 10) を「根」と呼び，2 次方程式の解法の法則を次のように示した。「『根』を 2 で割ると，この例では 5 になる。それを 2 乗すると，積は 25。これに 39 を足すと 64。その平方根 8 から『根』の半分，5 を引く。これが求める平方根である」

今では，この方程式の 10 に当たる数を x の**係数**と呼ぶ。これを既知数であることを表すアルファベットの最初のほうの変数で置き換え，39 も同じように置き換える。

$$x^2 + bx = c \quad \text{とすると，} \quad x = \sqrt{\frac{b^2}{4} + c} - \frac{b}{2}$$

$\frac{b^2}{4}$ は x の係数の半分の 2 乗，アル=フワーリズミーの言い方では「根」の半分の 2 乗である。

イギリスでは今でも，x^2 を含む方程式の x の値を求める法則を**平方完成**と呼んでいるが，それは方程式の代数が図 101 のような図で問題を解いた方法から発展したなごりである。こうした方程式を **2 次方程式**と呼ぶのは，4 辺形を意味するラテン語 quadratum が語源である。ただし現在の初等代数では，この法則を説明するのに図は使っていない。ここで，今まで説明した法則で解ける例題を解いてみよう。章末に，もっと簡単な問題を用意してある。

例題 VIII 2 人の人がハイキングに出かける。1 人はもう 1 人より，1 時間あたり $\frac{1}{4}$ マイル速く歩く。速いほうのハイカーはもう 1 人より半時間早く目的地に着く。2 人が歩く距離は 34 マイルである。2 人の時速はどれだけか。

第 1 文。早く着くほうは 1 時間あたり $\frac{1}{4}$ マイル速く歩くから，「遅いほうの速度 (m マイル/時) に $\frac{1}{4}$ マイルを加えると速いほうの速度 (n マイル/時) になる」。すなわち，

$$\frac{1}{4} + m = n$$
$$\therefore \quad n = \frac{4m+1}{4} \qquad (\text{i})$$

第 2 文。速いほうは所要時間が半時間少ないから，「遅いほうの所要時間 (h 時間) から $\frac{1}{2}$ を引くと，速いほうの所要時間 (H 時間) になる」。すなわち，

$$h - \frac{1}{2} = H \qquad (\text{ii})$$

第 3 文。速いほうは時速 n マイル，H 時間で 34 マイル歩き，遅いほうは時速 m マイル，h 時間で 34 マイル歩く。つまり，「それぞれのハイカーの所要時間で 34 マイルを割ると，それぞれの時速が出る」。すなわち，

$$n = 34 \div H$$
$$\therefore \quad H = \frac{34}{n} \tag{iii a}$$

$$m = 34 \div h$$
$$\therefore \quad h = \frac{34}{m} \tag{iii b}$$

(iii) と (ii) から,
$$\frac{34}{m} - \frac{1}{2} = \frac{34}{n} \tag{iv}$$

(iv) と (i) から,
$$\frac{34}{m} - \frac{1}{2} = \frac{34 \times 4}{4m+1}$$

たすき掛けの法則を使って,
$$68 + 271m - 4m^2 = 272m$$
$$\therefore \quad -m - 4m^2 = -68$$
$$m^2 + \frac{1}{4}m = 17$$

アル=フワーリズミーの法則を使って,
$$m = \sqrt{\frac{1}{4}\left(\frac{1}{4}\right)^2 + 17} - \frac{1}{2}\left(\frac{1}{4}\right) = \sqrt{\frac{1,089}{64}} - \frac{1}{8} = \frac{33}{8} - \frac{1}{8} = 4$$

したがって遅いほうの時速 (m) は 4 マイル, 速いほうの時速は $4\frac{1}{4}$ マイルである。

検算：速いほうは時速 $4\frac{1}{4} = \frac{17}{4}$ すなわち $\frac{34}{8}$ マイルだから, 8 時間かかる。遅いほうは $8\frac{1}{2}$ 時間かかり, $8\frac{1}{2} \times 4 = 34$ マイルになる。

この法則で方程式を解いたイスラムの数学者は, ギリシャ幾何学の限界に直面した。記号の法則によれば,
$$-a \times -a = a^2, \quad \text{また} \quad +a \times +a = a^2$$
$$\therefore \quad \sqrt{a^2} = +a \quad \text{または} \quad -a$$

あるいは, よく使われる書き方で, $\pm a$。したがって, すべての根号は 1 つの計算で 2 つの結果を出す。たとえば,

$$100 = (\pm 10)^2$$
$$49 = (\pm 7)^2$$

アル=フワーリズミーが，この法則を説明するのに使った方程式でも，

$$x = 8 - 5 \quad \text{または} \quad x = -8 - 5$$
$$\text{すなわち} \quad x = 3 \quad \text{または} \quad x = -13$$

アル=フワーリズミーは，2つの答が両方とも方程式を満足することを知っていた。すなわち，

$$3^2 + 10(3) = 9 + 30 = 39$$
$$(-13)^2 + 10(-13) = 169 - 130 = 39$$

図 101 に示した答と共存する第 2 の答を無視してきたのは，この段階ではマイナスの答の物理的意味を解明していないからである。

イスラム文化が暗黒のキリスト教世界のなかでのかがり火だった文化状況では，

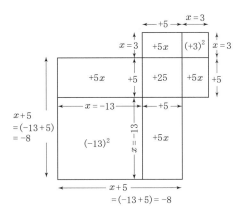

図 102　座標幾何学におけるアル=フワーリズミーの問題

図 101 では x の値がわからなかった。図は，計算の手続きを示すために使っただけである。第 8 章の座標の幾何学で，上や右に書いた量をプラスとすると，下や左に取った量にはマイナスの符号をつけなければならないことがわかる。方程式 $x^2 + 10x = 39$ から，

$$x + 5 = 8 \quad \text{または} \quad -8$$

つまり，1 辺が $x + 5$ の正方形の面積は 64 である。下の大きい正方形の構成は次のとおり。

(a) 面積の合計が $2(5)(-13) = -130$ になる 2 つの長方形
(b) 面積の合計が $(-13)(-13) + (+5)(+5) = +194$ になる 2 つの正方形

合計面積は $194 - 130 = 64$。

2つの答の意味がわからず当惑したのは容易に理解できる。分割払いでものを買う習慣がなかった人々だが，当座貸越というものを知っていたら，あるいは信心深い「暦の管理者」に，聖遷(622年にムハンマドがメッカからメディナに移ったこと)の前後をゼロ年と命名する先見性があったら，プラスとマイナスを含む実際的問題を作ることも，もっと簡単にできただろう。紀元前1年と紀元1年の間に空白の年(紀元前0年＝紀元0年)があったとしたら，信心深いキリスト教徒たちに，この二面性をもっと簡単に納得させることができただろう。実際のところは，ニュートンの老年期になって目盛にゼロがある温度計が発明されるまで，ともに意味のあるプラス，マイナス2つの答が出る実際的問題を作るのは，至難の業だった。その後，そうした問題が簡単に作れた例を示す。

例題 IX 20分後に見た倉庫の温度が，前回見た温度より$2°$高く，2回の示度の積が$15°$だった。前回の温度は何度か。

前回の示度をtとすると，

$$t(t+2) = 15 \quad \text{だから}, \quad t^2 + 2t - 15 = 0$$

この式をp.234のように書くと，

$$t = \frac{-2 \pm \sqrt{4+60}}{2} = \frac{-2 \pm 8}{2} = +3° \quad \text{または} \quad -5°$$

例題 X アル=フワーリズミーの時代には，マイナスの数が意味のある答になる実際的問題を提示することは，不可能ではないまでも途方もなく難しかったが，次の問題が示すように，2つの平方根を使って正しい結論に導けることを示すのは不可能ではなかった。

問題：「ある数を2乗したものを6に加える。その数の5倍を引くと，何も残らない。その数はいくつか。」

このややこしい文を代数的略記法に翻訳すると，

$$x^2 - 5x + 6 = 0$$

これを変形して

$$x^2 - 5x = -6$$

アル=フワーリズミーの法則と符号の法則を使うと，解は

$$x = \pm\sqrt{-6 + \left(-\frac{5}{2}\right)^2} - \left(-\frac{5}{2}\right)$$

$$x = \pm\sqrt{-6 + \frac{25}{4}} + \frac{5}{2}$$

$$= \pm\frac{1}{2} + \frac{5}{2}$$

$$= +2 \quad \text{または} \quad +3$$

2つの答は両方とも，問題文に合致する。

$$2^2 - 5(2) + 6 = 4 - 10 + 6 = 0$$
$$3^2 - 5(3) + 6 = 9 - 15 + 6 = 0$$

　2次方程式はプラスの数でもマイナスの数でもない解をもつ可能性がある。この複雑さが，アレクサンドリアの時代から座標幾何学が発明されるまでの過渡期の終り頃，イタリアのカルダーノを悩ませた。上記のような問題をもてあそんでいたカルダーノは，新種の答につまずいた。たとえば，上記の文章題の数字を次のように変えたときに出る答である。「ある数を2乗したものを5に加える。その数の2倍を引くと，何も残らない。その数はいくつか。」これを翻訳すると，

$$x^2 - 2x + 5 = 0$$
$$x^2 - 2x = -5$$
$$x = \pm\sqrt{-5 + 1} + 1 = 1 \pm \sqrt{-4}$$
$$x = 1 \pm 2\sqrt{-1}$$

ここで，-1の平方根とは何ぞや？　という問題が発生する。純粋な文法では明らかに，2乗すると-1になる数である。そうした数は，$+$と$-$についてそれぞれ検算するとわかるように，正しい答を出す。

$$\begin{array}{r} \therefore \quad 1 \pm 2\sqrt{-1} \\ 1 \pm 2\sqrt{-1} \\ \hline 1 \pm 2\sqrt{-1} \\ \pm 2\sqrt{-1} + 4(-1) \\ \hline x^2 = 1 \pm 4\sqrt{-1} - 4 \end{array}$$

$$\therefore \quad x^2 - 2x + 5 = 1 \pm 4\sqrt{-1} - 4 - 2(1 \pm 2\sqrt{-1}) + 5 = 0$$

これで，答が文法的には完璧に正しいことがわかったものの，-1 の平方根は何かという点については少しもわからない。この時点で言えるのは，2次方程式という文の中で文法上正しく使える品詞の一種だということだけである。$\sqrt{-5}$ のような量に最初に遭遇した数学者はそれを虚数と呼んだが，霧が晴れたわけではなかった。虚数の意味をはっきりさせるには，新しい幾何学が必要である。それを第8章で述べる。

アル=フワーリズミーの2次方程式の解法では，x^2 の係数が 1 ではない方程式の解法も一般形で示されていた。以下の例で方程式

$$ax^2 + bx + c = 0$$

は次のように書くことができる。

$$x^2 + \frac{bx}{a} = -\frac{c}{a}$$

アル=フワーリズミーの法則で

$$x = \pm\sqrt{-\frac{c}{a} + \left(\frac{b}{2a}\right)^2} - \frac{b}{2a}$$

$$\therefore \quad x = \frac{-b \pm \sqrt{b^2 - 4ac}}{2a}$$

検算可能な数字の例を挙げると，

$$3x^2 - 7x = 6$$

の解は

$$x = \frac{7 \pm \sqrt{49 + 72}}{6} = \frac{7 \pm 11}{6}$$

$$\therefore \quad x = 3 \quad \text{または} \quad -\frac{2}{3}$$

数列

新しい記数法が自然数研究の歴史に新しい発見をもたらした。インドとアラビアが古代中国の数の知識への関心をよみがえらせ，自ら興味深い発見をしたのは何の不思議もない。こうしてアールヤバタは次のような数列の合計を求める法則を発見した。

$$
\begin{array}{cccc}
1 & 2 & 3 & 4 \quad \cdots\cdots \\
1^2 & 2^2 & 3^2 & 4^2 \quad \cdots\cdots \\
1^3 & 2^3 & 3^3 & 4^3 \quad \cdots\cdots
\end{array}
$$

1 行目の数列 (すなわち三角数) の和を手がかりとして次の 2 つの数列の和を求める方法は，第 4 章で学んだ．インドの数学の先駆者たちも同じ道をたどったのは，ほぼまちがいない．また，三角数の研究から数列族が生まれたことも，すでに述べた (p.159)．これは，現在の選択と偶然の理論を 17 世紀前半にうち立てた人物に因んで**パスカルの三角形**と言う．じつはそれより約 550 年早く，イスラムの天文学者で詩人，数学者でもあったオマル・ハイヤームが，最初の発見者であるかどうかは別として，これを知っていた．それについては紀元 1300 年頃，ムガール帝国が東ヨーロッパに遠征していた時代の中国の数学者，朱世傑が『四元玉鑑』に書いている．最初の 8 行を思い出してみよう．

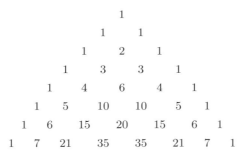

右上から左下に斜めに見ていくと，「すべての根元である 1」，自然数，単純な三角数，次々に次数が上がっていく三角数の数列が並んでいる (第 4 章，p.160 参照)．これを左からそろえて書くと，次のようになる．

```
1
1  1
1  2   1
1  3   3   1
1  4   6   4   1
1  5  10  10   5   1
1  6  15  20  15   6   1  ……
```

これらの数には不思議の数々がある，とミヒャエル・シュティーフェルなら言っ

たかもしれない。第1に、これを使えば $(x+a)^n$ の式を掛け算しなくても書くことができる。n が整数なら、$(x+a)$ を次々に掛けていくと単純な法則が現れる。

$$
\begin{array}{lr}
x + a & = (x+a)^1 \\
\underline{x + a} & \\
x^2 + ax & \\
\quad \underline{ax + a^2} & \\
x^2 + 2ax + a^2 & = (x+a)^2 \\
\underline{\quad x + a} & \\
x^3 + 2ax^2 + a^2x & \\
\quad \underline{ax^2 + 2a^2x + a^3} & \\
x^3 + 3ax^2 + 3a^2x + a^3 & = (x+a)^3 \\
\underline{\quad x + a} & \\
x^4 + 3ax^3 + 3a^2x^2 + a^3x & \\
\quad \underline{ax^3 + 3a^2x^2 + 3a^3x + a^4} & \\
x^4 + 4ax^3 + 6a^2x^2 + 4a^3x + a^4 & = (x+a)^4 \\
\underline{\quad x + a} & \\
x^5 + 4ax^4 + 6a^2x^3 + 4a^3x^2 + a^4x & \\
\quad \underline{ax^4 + 4a^2x^3 + 6a^3x^2 + 4a^4x + a^5} & \\
x^5 + 5ax^4 + 10a^2x^3 + 10a^3x^2 + 5a^4x + a^5 & = (x+a)^5
\end{array}
$$

これをまとめると、

$$
\begin{aligned}
(x+a)^1 &= x + a \\
(x+a)^2 &= x^2 + 2ax + a^2 \\
(x+a)^3 &= x^3 + 3ax^2 + 3a^2x + a^3 \\
(x+a)^4 &= x^4 + 4ax^3 + 6a^2x^2 + 4a^3x + a^4 \\
(x+a)^5 &= x^5 + 5ax^4 + 10a^2x^3 + 10a^3x^2 + 5a^4x + a^5
\end{aligned}
$$

各項の先頭の数、すなわち「係数」はオマル・ハイヤームの三角の数列である。したがって $(x+a)^6$ は次のようになると考えられる。

$$x^6 + 6ax^5 + 15a^2x^4 + 20a^3x^3 + 15a^4x^2 + 6a^5x + a^6$$

計算してみればわかる。このように, $(x+a)^n$ には単純な法則があって, それを「2項定理」という。第4章 p.160 で,

$$1 \quad 4 \quad 6 \quad 4 \quad 1$$

は

$$_4C_0 \quad _4C_1 \quad _4C_2 \quad _4C_3 \quad _4C_4$$

と同じ, すなわち

$$1 \quad \frac{4}{1} \quad \frac{4\cdot 3}{2\cdot 1} \quad \frac{4\cdot 3\cdot 2}{3\cdot 2\cdot 1} \quad 1$$

であると述べた。同様に, $(x+a)^6$ の係数は次のように書ける。

$$1 \quad 6 \quad 15 \quad 20 \quad 15 \quad 6 \quad 1$$
$$_6C_0 \quad _6C_1 \quad _6C_2 \quad _6C_3 \quad _6C_4 \quad _6C_5 \quad _6C_6$$
$$1 \quad \frac{6}{1} \quad \frac{6\cdot 5}{2\cdot 1} \quad \frac{6\cdot 5\cdot 4}{3\cdot 2\cdot 1} \quad \frac{6\cdot 5\cdot 4\cdot 3}{4\cdot 3\cdot 2\cdot 1} \quad \frac{6\cdot 5\cdot 4\cdot 3\cdot 2}{5\cdot 4\cdot 3\cdot 2\cdot 1} \quad 1$$

したがって, $(x+a)^n$ の掛け算の結果は次のように書ける。

$$x^n + nax^{n-1} + \frac{n(n-1)}{2\cdot 1}a^2x^{n-2} + \frac{n(n-1)(n-2)}{3\cdot 2\cdot 1}a^3x^{n-3}$$
$$+ \frac{n(n-1)(n-2)(n-3)}{4\cdot 3\cdot 2\cdot 1}a^4x^{n-4} + \cdots\cdots + a^n$$

この式は長たらしいが, 第4章で述べたように次の記号を使えば短くできる。

$$n^{(r)} = 1\cdot n(n-1)(n-2)(n-3)\cdots\cdots(n-r+1) \quad \text{より} \quad n^{(0)} = 1$$
$$r! = 1\cdot r(r-1)(r-2)\cdots\cdots 3\cdot 2\cdot 1 = r^{(r)}$$
$$n_{(r)} = n^{(r)} \div r!$$

オマル・ハイヤームの定理は次のように書くことができる。

$$(x+a)^n = \sum_{r=0}^{n} n_{(r)} x^{n-r} a^r$$
$$(x-a)^n = \sum_{r=0}^{n} (-1)^r n_{(r)} x^{n-r} a^r$$

ニュートンの時代に数学が進歩して, 2項定理は非常に広範囲な用途がある貴重な手段であることがわかった。自分で試せる使い方として1つの計算法を示そう。

$(4.84)^8$ を求めるのに，延々と掛け算をする必要はなく，次のようにすればいい．

$$(4.84)^8 = (4 \times 1.21)^8$$
$$= 4^8 \times (1.21)^8$$
$$= 4^8 \times \left(1 + \frac{21}{100}\right)^8$$

2項定理を使うと，

$$\left(1 + \frac{21}{100}\right)^8 = 1 + 8\left(\frac{21}{100}\right) + \frac{8 \cdot 7}{2 \cdot 1}\left(\frac{21}{100}\right)^2 + \frac{8 \cdot 7 \cdot 6}{3 \cdot 2 \cdot 1}\left(\frac{21}{100}\right)^3$$
$$+ \frac{8 \cdot 7 \cdot 6 \cdot 5}{4 \cdot 3 \cdot 2 \cdot 1}\left(\frac{21}{100}\right)^4 + \cdots\cdots$$
$$= 1 + 8(0.21) + 28(0.0441) + 56(0.009261) + \cdots\cdots$$

この方法の利点は，項の値がどんどん小さくなるので，好きなところで加算をやめられることである．たとえば，

$$(1.01)^{10} = 1 + 10(0.01) + \frac{10 \cdot 9}{2 \cdot 1}(0.0001) + \frac{10 \cdot 9 \cdot 8}{3 \cdot 2 \cdot 1}(0.000001) + \cdots\cdots$$
$$= 1 + 0.1 + 0.0045 + 0.000120 + 0.0000021 + \cdots\cdots$$

小数第7位までの答は

$$1.1046221$$

ここで，パスカルの三角形の数字を使って，ニュートンと同時代のスコットランドの数学者(グレゴリー)が発見した新しい法則を学ぶことにしよう．

グレゴリーの公式

上記の例から，**消尽三角形** (p.148) がじつに興味深く再登場する．これを使えば，図形で表せる数列族を常に作ることができる．まず，次のようなグループを見てみよう．

ランク (r)	0	1	2	3	4	5	6	7	......
$s_{r,0}$	2	2	2	2	2	2	2	2	......
$s_{r,1}$	0	2	4	6	8	10	12	14	......
$s_{r,2}$	0	2	6	12	20	30	42	56	......
$s_{r,3}$	0	2	8	20	40	70	112	168	......
$s_{r,4}$	0	2	10	30	70	140	252	420	......

次に，消尽三角形を思い出そう。

```
   0    2   10   30   70   140  252   420
     2    8   20   40   70   112  168
       6   12   20   30   42   56
         6    8   10   12   14
           2    2    2    2
             0    0    0
               0    0
                 0
```

これをさらに記号化する (説明は後で)。

$$s_0 \quad s_1 \quad s_2 \quad s_3 \quad s_4 \quad s_5 \quad s_6$$
$$\triangle^1 s_0 \quad \triangle^1 s_1 \quad \triangle^1 s_2 \quad \triangle^1 s_3 \quad \triangle^1 s_4 \quad \triangle^1 s_5$$
$$\triangle^2 s_0 \quad \triangle^2 s_1 \quad \triangle^2 s_2 \quad \triangle^2 s_3 \quad \triangle^2 s_4$$
$$\triangle^3 s_0 \quad \triangle^3 s_1 \quad \triangle^3 s_2 \quad \triangle^3 s_3$$
$$\triangle^4 s_0 \quad \triangle^4 s_1 \quad \triangle^4 s_2$$
$$\cdots \quad \cdots$$
$$\cdots$$

引き算によって消尽三角形を作った方法から，以下が明らかである。

$$s_{r+1} = s_r + \triangle^1 s_r \,; \quad \triangle^1 s_{r+1} = \triangle^1 s_r + \triangle^2 s_r \,;$$
$$\triangle^2 s_{r+1} = \triangle^2 s_r + \triangle^3 s_r \,; \quad \cdots\cdots$$

したがって次のように書ける。

$$s_1 = s_0 + \triangle^1 s_0$$
$$s_2 = s_1 + \triangle^1 s_1 = (s_0 + \triangle^1 s_0) + (\triangle^1 s_0 + \triangle^2 s_0) = s_0 + 2\triangle^1 s_0 + \triangle^2 s_0$$
$$s_3 = s_2 + \triangle^1 s_2 = (s_0 + 2\triangle^1 s_0 + \triangle^2 s_0) + (\triangle^1 s_1 + \triangle^2 s_1)$$
$$\quad = (s_0 + 2\triangle^1 s_0 + \triangle^2 s_0) + (\triangle^1 s_0 + \triangle^2 s_0) + (\triangle^2 s_0 + \triangle^3 s_0)$$
$$\quad = s_0 + 3\triangle^1 s_0 + 3\triangle^2 s_0 + \triangle^3 s_0$$

さらに，

$$s_4 = s_0 + 4\triangle^1 s_0 + 6\triangle^2 s_0 + 4\triangle^3 s_0 + \triangle^4 s_0$$
$$s_5 = s_0 + 5\triangle^1 s_0 + 10\triangle^2 s_0 + 10\triangle^3 s_0 + 5\triangle^4 s_0 + \triangle^5 s_0$$
$$s_6 = s_0 + 6\triangle^1 s_0 + 15\triangle^2 s_0 + 20\triangle^3 s_0 + 15\triangle^4 s_0 + 6\triangle^5 s_0 + \triangle^6 s_0$$

つまり，p.163 の簡潔な記号で書くことができる．

$$s_r = s_0 + r_{(1)}\triangle^1 s_0 + r_{(2)}\triangle^2 s_0 + r_{(3)}\triangle^3 s_0 + \cdots\cdots$$

上記の消尽三角形では，

$$s_0 = 0, \quad \triangle^1 s_0 = 2, \quad \triangle^2 s_0 = 6, \quad \triangle^3 s_0 = 6, \quad \triangle^4 s_0 = 2, \quad \triangle^5 s_0 = 0$$

で，$n \geq 5$ なら $\triangle^n s_0 = 0$．公式により，

$$\begin{aligned}
s_r &= 0 + r_{(1)} \cdot 2 + r_{(2)} \cdot 6 + r_{(3)} \cdot 6 + r_{(4)} \cdot 2 + 0 \\
&= 0 + 2r + \frac{6r(r-1)}{2 \cdot 1} + \frac{6r(r-1)(r-2)}{3 \cdot 2 \cdot 1} + \frac{2r(r-1)(r-2)(r-3)}{4 \cdot 3 \cdot 2 \cdot 1} \\
&= 0 + 2r + 3r(r-1) + r(r-1)(r-2) + \frac{r(r-1)(r-2)(r-3)}{12} \\
&= \frac{r^4 + 6r^3 + 11r^2 + 6r}{12}
\end{aligned}$$

検算

$$s_6 = \frac{6^4 + 6 \cdot 6^3 + 11 \cdot 6^2 + 6^2}{12} = \frac{2 \cdot 6^4 + 2 \cdot 6^3}{12} = \frac{2 \cdot 6^3 \cdot 7}{12} = 252$$

$$s_7 = \frac{7^4 + 6 \cdot 7^3 + 11 \cdot 7^2 + 42}{12} = 420$$

もう1つ，各項が自然数の3乗の合計になっている数列がある．

ランク (r)	0	1	2	3	4	5	6
数列 (s_r)	0	1	9	36	100	225	441
$\triangle^1 s_r$		1	8	27	64	125	216
$\triangle^2 s_r$			7	19	37	61	91
$\triangle^3 s_r$				12	18	24	30
$\triangle^4 s_r$					6	6	6
$\triangle^5 s_r$						0	0
$\triangle^6 s_r$							0

これは公式から，

$$\begin{aligned}
s_r &= 0 + r_{(1)} \cdot 1 + r_{(2)} \cdot 7 + r_{(3)} \cdot 12 + r_{(4)} \cdot 6 \\
&= r + \frac{7r(r-1)}{2 \cdot 1} + \frac{12r(r-1)(r-2)}{3 \cdot 2 \cdot 1} + \frac{6r(r-1)(r-2)(r-3)}{4 \cdot 3 \cdot 2 \cdot 1}
\end{aligned}$$

$$= \frac{r(7r-5)}{2} + 2r(r-1)(r-2) + \frac{r(r-1)(r-2)(r-3)}{4}$$

$$= \frac{2r(7r-5) + 8r(r-1)(r-2) + r(r-1)(r-2)(r-3)}{4}$$

$$= \frac{14r^2 - 10r + 8r^3 - 24r^2 + 16r + r^4 - 6r^3 + 11r^2 - 6r}{4}$$

$$= \frac{r^4 + 2r^3 + r^2}{4} = \frac{r^2(r+1)^2}{4}$$

これは (p.143 参照) ランク r の三角数の 2 乗で，この公式は図 78 の多角数の式と，対応する 3 次元の数列を求めるのに使うことができる．グレゴリーの方法は，そのままでは数学界の功績にはならなかったが，18 世紀前半の同じスコットランド人により**マクローリンの定理**に発展し，多くの有用な数列を生んだ．

第 6 章の復習と練習問題

1. H. G. ウェルズの小説『ランポール島のブレッツワージー氏』では，その島の最多数の生物はフタツユビナマケモノであった．この 2 本指の動物が進化してブレッツワージー並みの頭脳をもったとしたら，数の体系は 2 進法か 4 進法か 8 進法になっただろう．それぞれの乗法表を作り，24 × 48 を計算し，検算しよう．ナマケモノがまず，そろばんの使い方を覚え，3 種類のそろばんの図を描いたと考えるとわかりやすい．

2. $$(x+a)(x+b) = x^2 + (a+b)x + ab$$

であることはすでにわかっており，検算もできる．上の式で a を -1，b を 6 とすると，$x^2 + 5x - 6$ になるから，因数 $(x-1)$ と $(x+6)$ の積である．これの検算は $x^2 + 5x - 6$ を $(x-1)$ か $(x+6)$ で割っても，$(x-1)$ と $(x+6)$ を掛けてもできる．同じように，次の式を因数に分解し，割り算と掛け算で検算しよう．

(a) $a^2 + 10a + 24$
(b) $p^2 + 5p + 6$
(c) $x^2 - 3x + 2$
(d) $m^2 + 4m + 3$
(e) $x^2 - 10x + 16$
(f) $f^2 + f - 20$
(g) $t^2 - 3t - 40$
(h) $q^2 - 10q + 21$
(i) $c^2 - 12c + 32$
(j) $n^2 + 8n - 20$
(k) $h^2 + 12h + 20$
(l) $z^2 + z - 42$

(m)　$y^2 - y - 42$　　　　　　　(n)　$b^2 - b - 20$

3.　　$(ax+b)(ax-b) = a^2x^2 - b^2$,　$(ax+by)(ax-by) = a^2x^2 - b^2y^2$
であることは，計算すればわかる。同じように $(2x-5)(2x+5)$ が $4x^2 - 25$ であることから，次の式を因数に分解しよう。

(a)　$x^2 - 36$　　　　　　　　(b)　$9x^2 - 25$
(c)　$4x^2 - 100$　　　　　　　(d)　$100y^2 - 25$
(e)　$64x^2 - 49$　　　　　　　(f)　$81x^2 - 64$
(g)　$25x^2 - 16$　　　　　　　(h)　$49p^2 - 16q^2$
(i)　$256t^2 - 169s^2$　　　　　(j)　$4p^2 - 9q^2$
(k)　$p^2 - 81q^2$　　　　　　　(l)　$25n^2 - 9$
(m)　$36t^2 - 16s^2$　　　　　　(n)　$9a^2 - 49b^2$

また記号 $\sqrt{}$ を使って，次の式を因数に分解しよう。

(o)　$3 - x^2$　　　　　　　　(p)　$2 - 3x^2$
(q)　$5x^2 - 3$　　　　　　　(r)　$x^2 - 2$
(s)　$2a^2 - 3$　　　　　　　(t)　$7a^2 - 3b^2$

4. 計算によって次の式を証明しよう。

$$(ax+b)(cx+d) = acx^2 + (ad+bc)x + bd$$

この式で $a=3$, $b=4$, $c=2$, $d=-5$ なら $(3x+4)(2x-5) = 6x^2 - 7x - 20$ になる。同じように次の式を因数に分解し，何か数を代入して検算しよう。

(a)　$3x^2 + 10x + 3$　　　　　(b)　$6x^2 + 19x + 10$
(c)　$6p^2 + 5p + 1$　　　　　　(d)　$3t^2 + 22t + 35$
(e)　$6n^2 + 11n + 3$　　　　　(f)　$6q^2 - 7q + 2$
(g)　$11p^2 - 54p + 63$　　　　(h)　$20x^4 + x^2 - 1$
(i)　$15 + 4x - 4x^2$　　　　　(j)　$6n^2 - n - 12$
(k)　$15x^2 + 7x - 2$　　　　　(l)　$7x - 6 - 2x^2$
(m)　$15 - 4x - 4x^2$　　　　　(n)　$7x - 6x^2 + 20$

5. 次の式は計算によって証明できる。

$$(ax+by)(cx+dy) = acx^2 + (ad+bc)xy + bdy^2$$

この式で $a=3$, $b=-4$, $c=2$, $d=5$ なら $(3x-4y)(2x+5y) = 6x^2 + 7xy - 20y^2$ になる。同じように次の式を因数に分解し，割り算と掛け算で検算しよう。

(a) $6a^2 + 7ax - 3x^2$
(b) $15a^2 - 16abc - 15b^2c^2$
(c) $6a^2 - 37ab - 35b^2$
(d) $2a^2 - 7ab - 9b^2$
(e) $6f^2 - 23fg - 18g^2$
(f) $21m^2 + 13ml - 20l^2$
(g) $12n^2 - 7mn - 12m^2$
(h) $36p^2 + 3pqr - 5q^2r^2$
(i) $14d^2 + 11de - 15e^2$
(j) $3t^2 - 13ts - 16s^2$
(k) $9m^2 + 9mn - 4n^2$
(l) $6q^2 - pq - 12p^2$
(m) $4l^2 - 25lm + 25m^2$

6. 算数の計算で，$\dfrac{14}{21}$ のような分数は $\dfrac{2\times 7}{3\times 7}$ と考えて $\dfrac{2}{3}$ に約分する。同じように，次の分数式を因数に分解して約分し，何か数を代入して検算しよう。

(a) $\dfrac{x+y}{x^2+2xy+y^2}$
(b) $\dfrac{x-y}{x^2-y^2}$
(c) $\dfrac{x+y}{x^2-y^2}$
(d) $\dfrac{x-y}{x^2-2xy+y^2}$
(e) $\dfrac{ax+ay}{ax^2-ay^2}$
(f) $\dfrac{42x^2yz}{56xyz^2}$
(g) $\dfrac{x^2+3x+2}{x^2+5x+6}$
(h) $\dfrac{x^2+2x+1}{x^2+3x+2}$
(i) $\dfrac{x^2-1}{2x^2+3x-5}$
(j) $\dfrac{9x^2-49}{3x^2+14x-49}$
(k) $\dfrac{a^4b+ab^4}{a^4-a^3b+a^2b^2}$
(l) $\dfrac{8a^3-1}{4a^2-4a+1}$
(m) $\dfrac{2x^3-3x^2+4x-6}{x^3-2x^2+2x-4}$

7. 次の式を最も簡単な形にしよう。

(a) $\dfrac{a}{b} + \dfrac{a}{c}$
(b) $\dfrac{a^2b+ab^2}{a+b}$
(c) $x+y-\dfrac{9x^2-4y^2}{3x+2y}$
(d) $a+2b+\dfrac{4b^2}{a-2b}$
(e) $\dfrac{a}{x+1} + \dfrac{3a}{2x+2} - \dfrac{5a}{4x+4}$
(f) $\dfrac{a+2b}{3} - \dfrac{a-3b}{4}$

(g) $\dfrac{7a}{4x+8y} - \dfrac{3a}{2x+4y}$

(h) $x^2 + 2xy + y^2 - \dfrac{x(x^2+3xy+4y^2)}{x+y}$

8. 次の式を最も簡単な1つの分数式で表そう。

(a) $\dfrac{1}{x+1} + \dfrac{1}{x-1}$ (b) $\dfrac{1}{x+1} - \dfrac{1}{x-1}$

(c) $\dfrac{1}{a-b} - \dfrac{1}{a+b}$ (d) $\dfrac{a}{a-b} + \dfrac{b}{a+b}$

(e) $\dfrac{x}{x-y} - \dfrac{y}{x+y}$ (f) $\dfrac{x-y}{x+y} + \dfrac{xy}{x^2-y^2}$

(g) $\dfrac{x}{2y} - \dfrac{x-y}{2(x+y)}$ (h) $\dfrac{y-5}{y-6} - \dfrac{y-3}{y-4}$

(i) $\dfrac{x^2+y^2}{x^2-y^2} - \dfrac{y}{x-y} + \dfrac{x}{x+y}$

(j) $\dfrac{x+p}{x+q} + \dfrac{x+q}{x+p} - \dfrac{2(x-p)(x-q)}{(x+p)(x+q)}$

(k) $\dfrac{1}{t^2-6t+5} - \dfrac{2}{t^2+2t-3} + \dfrac{1}{t^2-2t-15}$

(l) $\dfrac{1}{n} + \dfrac{1}{n-1} - \dfrac{1}{n+1} + \dfrac{2n}{n^2-1}$

(m) $\dfrac{t}{t^2-1} + \dfrac{1}{t-1} - \dfrac{1}{t+1}$

9. ステヴィンにならって $\dfrac{1}{100}$ を 10^{-2} とした場合，次の式の a と b に具体的な数を代入して，両辺が等しいことを確かめよう。

$$10^a \times 10^b = 10^{a+b}$$

$$10^a \div 10^b = 10^{a-b} \quad (a \text{ が } b \text{ より大きいときと } b \text{ より小さいとき})$$

$$(10^a)^b = 10^{ab} = (10^b)^a$$

一般法則
$$n^a \times n^b = n^{a+b}$$

などを，n に 10 ではない数を使って検算しよう。

10. p.67 の分数のたすき掛けの法則と先の例の方法を使って，次の方程式を解

こう。

(a) $\dfrac{x+2}{3} - \dfrac{x+1}{5} = \dfrac{x-3}{4} - 1$ (b) $\dfrac{x+a}{a+b} + \dfrac{x-3b}{a-b} = 3$

(c) $\dfrac{1}{2x-3} + \dfrac{x}{3x-2} = \dfrac{1}{3}$ (d) $\dfrac{3}{x-1} - \dfrac{2}{x-2} = \dfrac{1}{x-3}$

(e) $\dfrac{2x-1}{x-2} - \dfrac{x+2}{2x+1} = \dfrac{3}{2}$

(f) $\dfrac{x}{x-2} - \dfrac{x}{x+2} = \dfrac{1}{x-2} - \dfrac{4}{x+2}$

11. (a) ある男が8マイルを$1\dfrac{3}{4}$時間で移動した。一部を時速12マイルの乗物に乗り，残りを時速3マイルで歩いたとすると，歩いた距離はどれだけか。

(b) 通常，時速40マイルで走る列車が，80マイルで走行中に15分間臨時停車した。残りを時速50マイルで走って定時に到着した。停車したのは出発地から何マイルの場所だったか。

(c) あるメーカーが製品を$2\dfrac{1}{2}$%値下げした。売上高を1%増やすには，販売数量を何パーセント増やす必要があるか。

12. 次の方程式を解こう。

(a) $x^2 + 11x - 210 = 0$ (b) $x^2 - 3x = 88$

(c) $12x^2 + x = 20$ (d) $(3x+1)(8x-5) = 1$

(e) $3x^2 - 7x - 136 = 0$ (f) $2(x-1) = \dfrac{x-1}{x+1}$

(g) $x(x-b) = a(a-b)$ (h) $\dfrac{1}{x+1} - \dfrac{1}{2+x} = \dfrac{1}{x+10}$

13. (a) 2乗の和が110になる3つの連続する整数を求めよう。

(b) 1辺が南北に沿う正方形の芝生を，南端から6フィート幅切り取って花壇にした。次に西端に3フィート幅追加した。現在の芝生の面積が500平方フィートだとすると，最初の芝生の1辺の長さは何フィートだったか。

(c) 馬車の後輪の周囲は前輪より1フィート長い。1マイル走るのに前輪が後輪より22回多く回転する。それぞれの車輪の半径を求めよう。

(d) 直角三角形ABCで，斜辺は1辺ACより9インチ長く，残りの辺はACの半分より2インチ短い。3辺の長さを求めよう。

14. p.222の例題IVは別の方法でも計算できる。問題文は次のとおりであった。

(ⅰ)　$5s = f$　　(ⅱ)　$2m + 8 = f + s$　　(ⅲ)　$m = 100 - f$

(ⅰ)より，(ⅱ)と(ⅲ)の f に $5s$ を代入すると，

$$2m + 8 = 5s + s$$
$$m = 100 - 5s$$

これを整理すると，

$$2m - 6s = -8 \quad \cdots\cdots \text{(ⅳ)}$$
$$m + 5s = 100 \quad \cdots\cdots \text{(ⅴ)}$$

これで，未知数が2つ，方程式が2つになった。2つの方程式の左辺と右辺をそれぞれ引き算すれば未知数の1つを消去できる。その前に，どちらの未知数を消去するか，決めなければならないが，m を消去するほうが簡単そうだ。(ⅴ)の両辺を2倍すると，

$$2m - 6s = -8 \quad \cdots\cdots \text{(ⅳ)}$$
$$2m + 10s = 200 \quad \cdots\cdots \text{(ⅵ)}$$

両辺を引くと，

$$-16s = -208$$

すなわち

$$16s = 208$$
$$s = 13$$

もしさらに m を求めたければ，(ⅳ)か(ⅴ)に $s = 13$ を代入すればいい。すると，m が求められる簡単な方程式ができる。

ふつうは次の例のように，2つの方程式に別々の数を掛ける必要がある。

$$3x + 4y = 15 \quad \cdots\cdots \text{(ⅰ)}$$
$$2x + 5y = 17 \quad \cdots\cdots \text{(ⅱ)}$$

x を消去するには，(ⅰ)を2倍して(ⅱ)を3倍する。

$$6x + 8y = 30$$
$$6x + 15y = 51$$

両辺を引くと，

$$-7y = -21$$

$$y = 3$$

得られた y の値を (i) に代入すると，

$$3x + 12 = 15$$
$$3x = 3$$
$$x = 1$$

検算のために x と y の値を (ii) に代入すると，

$$2 + 15 = 17$$

2つの未知数を求めるには，それらに関して別々の内容を示す2つの方程式が必要である．連立方程式の解法をまとめると，次のようになる．

　第1段階　方程式を並べかえて未知数の項 (x の項など) を縦にそろえる．
　第2段階　どちらの未知数を消去するか決める．
　第3段階　第1の方程式の各項に，第2の方程式の消去する未知数の係数を掛ける (またはその逆)．
　第4段階　両辺を引く．
　第5段階　簡単になった方程式を解く．
　第6段階　得られた値を最初の方程式のどちらかに代入して第2の未知数を求める．
　第7段階　2つの未知数の値をもう一方の方程式に代入して検算する．

未知数が3つある方程式も同様の方法で解けるが，方程式が3つ必要である．方程式を2組に分けると，それぞれの組から同じ未知数を消去できるから，2つの未知数をもつ2つの方程式ができる．

$$2x + 3y = 4z$$
$$3x + 4y = 5z + 4$$
$$5x - 3z = y - 2$$

並べかえると，

$$2x + 3y - 4z = 0 \quad \cdots\cdots \text{(i)}$$
$$3x + 4y - 5z = 4 \quad \cdots\cdots \text{(ii)}$$
$$5x - y - 3z = -2 \quad \cdots\cdots \text{(iii)}$$

(iii) に -3 を掛けて，(i) と (iii) から y を消去する。

$$2x + 3y - 4z = 0$$
$$-15x + 3y + 9z = 6$$
$$17x - 13z = -6 \quad \cdots\cdots \quad \text{(iv)}$$

(iii) に -4 を掛けて，(ii) と (iii) から y を消去する。

$$3x + 4y - 5z = 4$$
$$-20x + 4y + 12z = 8$$
$$23x - 17z = -4 \quad \cdots\cdots \quad \text{(v)}$$

(iv) と (v) から，上記の方法で x と z が求められる。得られた値を (i) に代入すると y が得られる。(ii) と (iii) で 3 つの値を検算する。

次の方程式を解こう。

(a) $x = 5y$
$x - y = 8$

(b) $3y = 4x$
$8x - 5y = 4$

(c) $x = 5y - 4$
$10y - 3x = 2$

(d) $60x - 17y = 285$
$75x - 19y = 390$

(e) $x + y = 23$
$y + z = 25$
$z + x = 24$

(f) $2x + 7y = 48$
$5y - 2x = 24$
$x + y + z = 10$

15. 次の問で連立方程式ができる。

(a) 等差数列の第 3 項が 8 で，第 10 項が 30 である。第 7 項を求めよう。

(b) 等差数列の第 4 項が $-\frac{1}{8}$ で，第 7 項が $\frac{1}{64}$ である。初項を求めよう。

(c) ある部屋の奥行の 2 倍は間口の 3 倍である。間口を 3 フィート広げ，奥行を 3 フィート短くすると，正方形になる。間口と奥行きを求めよう。

(d) ホールに椅子が 600 脚並べてある。中央に通路を作るために，各列から 5 脚ずつ取り除いた。同数の席を確保するには，6 列追加する必要がある。最初の 1 列の椅子の数はいくつだったか。

(e) 100 マイル離れた P 駅と Q 駅の間に R 駅と S 駅がある。R 駅と S 駅の距離は P 駅と R 駅の距離より 10 マイル長く，S 駅と Q 駅の距離は R 駅と S 駅の距離より 20 マイル長い。R 駅と S 駅の距離は何マイルか。

16. 次の数列の第 n 項を，(a) 三角数を使って，(b) 消尽三角形を使って求めよう。

(i)　1, 6, 15, 28, 45
(ii)　1, 6, 18, 40, 75
(iii)　1, 20, 75, 184, 365, 636
(iv)　1, 7, 19, 37, 61, 91
(v)　1, 4, 10, 19, 31, 46
(vi)　1, 5, 13, 25, 41, 61

17. 次の式を，(a) 2項定理で，(b) 掛け算で展開しよう。

(i)　$(x+2)^5$
(ii)　$(a+b)^3$
(iii)　$(x+y)^4$
(iv)　$(2x+1)^6$
(v)　$(3a-2b)^4$
(vi)　$(x-1)^7$

割り算を繰り返して検算しよう。

18. 2項定理を使って小数第4位まで計算しよう。

(i)　$(1.04)^3$
(ii)　$(0.98)^5$
(iii)　$(1.12)^4$
(iv)　$(5.05)^3$

● これは覚えよう

1. $x^2 + bx + c = 0$ なら

$$x = \frac{-b \pm \sqrt{b^2 - 4c}}{2}$$

2. a が 0 を除く任意の数の場合，$a^0 = 1$，

$$a^{-n} = \frac{1}{a^n}$$

3.
$$(a+b)^n = a^n + na^{n-1}b + \frac{n(n-1)}{1\cdot 2}a^{n-2}b^2$$
$$+ \frac{n(n-1)(n-2)}{1\cdot 2\cdot 3}a^{n-3}b^3 + \cdots\cdots + b^n$$

● 代数記号を説明する数字遊び

1. 「1つの数を頭に浮かべてください。それより 1 多い数に 1 少ない数を掛け，それに 1 を加えます。その数を言ってください。最初に考えた数は『その数の平方根』ですね」

このゲームを説明する。最初に考えた数を a とすると，1 多い数は $a+1$，1 少

ない数は $a-1$ だから，$(a-1)(a+1) = a^2 - 1$。1を加えると a^2 になる。言われた数の平方根が，最初の数である。

　この種のゲームはいくつでも作れるし，記号の使い方や因数分解の練習にもなる。その例をいくつか挙げる。

　2．「10より小さい数を考えてください。それを2倍します。次に3を足します。その答に5を掛けます。さらに，10より小さい数を加えます。」最初の数を当てるには，答から15を引く。10の位の数が最初に考えた数で，1の位の数が2番目に考えた数である。

　代数の言葉では，
$$(2a+3)5 + b = 10a + b + 15$$

　3．「数を1つ考えてください。それを2乗します。それから9を引きます。その答を，最初に考えた数より3多い数で割ります。その答を教えてください。」考えた数は何だろう。それを代数の言葉で説明しよう。

　4．「数を1つ考えてください。それに2を足します。その数を2乗します。最初の数の4倍を引きます。その数を教えてください。」最初に考えた数は何だろう。これを説明しよう。また自分でも，いくつか作ってみよう。

　5．次の文を記号で表そう。2つの異なる数がともに整数 x で割り切れる場合，2つの数の和も差も，x で割ることができる。これにより，次の十進記数法の法則を考えよう。

　(a)　5で割れる数は，1の位が5か0である。

　(b)　各位の数の和が3で割れる数は3で割り切れ，各位の数の和が9で割れる数は9で割り切れる。

　(c)　下2桁が4で割れる数は4で割ることができ，下3桁が8で割れる数は8で割ることができ，下4桁が16で割れる数は16で割ることができる。

　※ 注）　6と12の因数の法則を求める最後の例で，(b) と (c) を使う。

　(d)　1,001が7, 11, 13で割り切れることから，上3桁の数と下3桁の数の差が7, 11, 13のどれかで割り切れる6桁の数は同じ数で割り切れることを証明しよう。この法則を3桁以上の数に広げよう。

数表とその使い方

表 I

よく使われる重さと大きさの換算例。メートル法での長さ，重さ，容積の単位はメートル，グラム，リットルである。それぞれの頭にセンチをつけると 100 分の 1，ミリをつけると 1000 分の 1，キロをつけると 1000 倍になる。

表 III

表差の列の間の値は比例部分で求める。例として，28.756 の平方を求める方法を示す。表から，28.75 の平方は 826.5 である。この表差の列では 1 の差を平方すると 7 の差になるから，0.6 の差は 7×0.6，すなわち約 4 の差になる。したがって求める平方は 826.9 である。表 III は平方根を求めるのにも使える。123.2 の平方根を求める方法を例にとると，平方根が 11 と 12 の間にあることは，考えればわかる。表で，1232 は 111 に当たる所と 351 に当たる所の 2 ヵ所にあるが，上記より 123.2 の平方根は 11.1 である。12.31 の平方根は，もちろん 3.51 になる。

表 IV

$\cos A = \sin(90° - A)$ の公式を使って，サインの表からコサインもわかる。たとえば $\cos 31.5°$ を求めるには $\sin 58.5°$ を見ればいい。

表 VI

逆対数 (antilogarithm) の表は省略した。対数を求める方法を逆にすれば，対数から元の数がわかる。表の使い方については下巻 p.140 と表 III の説明を参照のこと。

表 I

重さと大きさ

1,760 ヤード	= 1 マイル
4,840 平方ヤード	= 1 エーカー
640 エーカー	= 1 平方マイル
100 ポンド	= 1 ハンドレッドウェイト
20 ハンドレッドウェイト	= 1 トン
8 パイント	= 1 ガロン
1 ガロン	= 277 立方インチ
1 立方フィート	= 6.23 ガロン

メートル法

10 ミリメートル	= 1 センチメートル
100 センチメートル	= 1 メートル
1,000 メートル	= 1 キロメートル
1,000 グラム	= 1 キログラム
100 センチリットル	= 1 リットル
1 リットル	= 1,000 立方センチメートル

メートル換算

1 インチ	= 2.54 センチメートル
1 ポンド	= 454 グラム
1 メートル	= 1.09 ヤード
1 キロメートル	= 0.621 マイル
1 キログラム	= 2.20 ポンド
1 リットル	= 0.22 ガロン

表 II

定数

$\pi = 3.1416$ $\qquad \log_{10} \pi = 049.71$

1 ラジアン $= 57.296°$

$e = 2.7183$ $\qquad \log_{10} e = 0.4343$

$\log_e N = 2.3026 \log_{10} N$

$\log_{10} N = 0.4343 \log_e N$

地球の主半径 $= 3,960$ マイル $= 6.371 \times 10^8$ センチメートル

$g = 32.2$ フィート/秒^2, または $\quad 981$ センチメートル/秒^2

$4°$ C での水の 1 立方センチメートルの重さは 1 グラム

表III（平方）（小数点の位置は各自注意せよ）

	0	1	2	3	4	5	6	7	8	9	1	2	3	4	5	6	7	8	9
10	1000	1020	1040	1061	1082	1103	1124	1145	1166	1188	2	4	6	8	10	13	15	17	19
11	1210	1232	1254	1277	1300	1323	1346	1369	1392	1416	2	5	7	9	11	14	16	18	21
12	1440	1464	1488	1513	1538	1563	1588	1613	1638	1664	2	5	7	10	12	15	17	20	22
13	1690	1716	1742	1769	1796	1823	1850	1877	1904	1932	3	5	8	11	13	16	19	22	24
14	1960	1988	2016	2045	2074	2103	2132	2161	2190	2220	3	6	9	12	14	17	20	23	26
15	2250	2280	2310	2341	2372	2403	2434	2465	2496	2528	3	6	9	12	15	19	22	25	28
16	2560	2592	2624	2657	2690	2723	2756	2789	2822	2856	3	7	10	13	16	20	23	26	30
17	2890	2924	2958	2993	3028	3063	3098	3133	3168	3204	3	7	10	14	17	21	24	28	31
18	3240	3276	3312	3349	3386	3423	3460	3497	3534	3572	4	7	11	15	18	22	26	30	33
19	3610	3648	3686	3725	3764	3803	3842	3881	3920	3960	4	8	12	16	19	23	27	31	35
20	4000	4040	4080	4121	4162	4203	4244	4285	4326	4368	4	8	12	16	20	25	29	33	37
21	4410	4452	4494	4537	4580	4623	4666	4709	4752	4796	4	9	13	17	21	26	30	34	39
22	4840	4884	4928	4973	5018	5063	5108	5153	5198	5244	4	9	13	18	22	27	31	36	40
23	5290	5336	5382	5429	5476	5523	5570	5617	5664	5712	5	9	14	19	23	28	33	38	42
24	5760	5808	5856	5905	5954	6003	6052	6101	6150	6200	5	10	15	20	24	29	34	39	44
25	6250	6300	6350	6401	6452	6503	6554	6605	6656	6708	5	10	15	20	25	31	36	41	46
26	6760	6812	6864	6917	6970	7023	7076	7129	7182	7236	5	11	16	21	26	32	37	42	48
27	7290	7344	7398	7453	7508	7563	7618	7673	7728	7784	5	11	16	22	27	33	38	44	49
28	7840	7896	7952	8009	8066	8123	8180	8237	8294	8352	6	11	17	23	28	34	40	46	51
29	8410	8468	8526	8585	8644	8703	8762	8821	8880	8940	6	12	18	24	29	35	41	47	53
30	9000	9060	9120	9181	9242	9303	9364	9425	9486	9548	6	12	18	24	30	37	43	49	55
31	9610	9672	9734	9797	9860	9923	9986				6	13	19	25	31	38	44	50	57
31								1005	1011	1018	1	1	2	3	3	4	5	5	6
32	1024	1030	1037	1043	1050	1056	1063	1069	1076	1082	1	1	2	3	3	4	5	5	6

数表とその使い方　255

n	0	1	2	3	4	5	6	7	8	9	1	2	3	4	5	6	7	8	9
33	1089	1096	1102	1109	1116	1122	1129	1136	1142	1149	1	1	2	3	3	4	5	5	6
34	1156	1163	1170	1176	1183	1190	1197	1204	1211	1218	1	1	2	3	3	4	5	5	6
35	1225	1232	1239	1246	1253	1260	1267	1274	1282	1289	1	1	2	3	4	4	5	6	6
36	1296	1303	1310	1318	1325	1332	1340	1347	1354	1362	1	1	2	3	4	4	5	6	7
37	1369	1376	1384	1391	1399	1406	1414	1421	1429	1436	1	2	2	3	4	4	5	6	7
38	1444	1452	1459	1467	1475	1482	1490	1498	1505	1513	1	2	2	3	4	5	5	6	7
39	1521	1529	1537	1544	1552	1560	1568	1576	1584	1592	1	2	2	3	4	5	5	6	7
40	1600	1608	1616	1624	1632	1640	1648	1656	1665	1673	1	2	2	3	4	5	6	6	7
41	1681	1689	1697	1706	1714	1722	1731	1739	1747	1756	1	2	3	3	4	5	6	7	7
42	1764	1772	1781	1789	1798	1806	1815	1823	1832	1840	1	2	3	3	4	5	6	7	8
43	1849	1858	1866	1875	1884	1892	1901	1910	1918	1927	1	2	3	4	4	5	6	7	8
44	1936	1945	1954	1962	1971	1980	1989	1998	2007	2016	1	2	3	4	4	5	6	7	8
45	2025	2034	2043	2052	2061	2070	2079	2088	2098	2107	1	2	3	4	5	5	6	7	8
46	2116	2125	2134	2144	2153	2162	2172	2181	2190	2200	1	2	3	4	5	6	6	7	8
47	2209	2218	2228	2237	2247	2256	2266	2275	2285	2294	1	2	3	4	5	6	7	7	8
48	2304	2314	2323	2333	2343	2352	2362	2372	2381	2391	1	2	3	4	5	6	7	8	9
49	2401	2411	2421	2430	2440	2450	2460	2470	2480	2490	1	2	3	4	5	6	7	8	9
50	2500	2510	2520	2530	2540	2550	2560	2570	2581	2591	1	2	3	4	5	6	7	8	9
51	2601	2611	2621	2632	2642	2652	2663	2673	2683	2694	1	2	3	4	5	6	7	8	9
52	2704	2714	2725	2735	2746	2756	2767	2777	2788	2798	1	2	3	4	5	6	7	8	9
53	2809	2820	2830	2841	2852	2862	2873	2884	2894	2905	1	2	3	4	5	6	7	8	10
54	2916	2927	2938	2948	2959	2970	2981	2992	3003	3014	1	2	3	4	5	7	8	9	10
55	3025	3036	3047	3058	3069	3080	3091	3102	3114	3125	1	2	3	4	6	7	8	9	10
56	3136	3147	3158	3170	3181	3192	3204	3215	3226	3238	1	2	3	5	6	7	8	9	10
57	3249	3260	3272	3283	3295	3306	3318	3329	3341	3352	1	2	3	5	6	7	8	9	11
58	3364	3376	3387	3399	3411	3422	3434	3446	3457	3469	1	2	4	5	6	7	8	10	11
59	3481	3493	3505	3516	3528	3540	3552	3564	3576	3588	1	2	4	5	6	7	8	10	11

	0	1	2	3	4	5	6	7	8	9	1	2	3	4	5	6	7	8	9
60	3600	3612	3624	3636	3648	3660	3672	3684	3697	3709	1	2	4	5	6	7	8	10	11
61	3721	3733	3745	3758	3770	3782	3795	3807	3819	3832	1	2	4	5	6	7	9	10	11
62	3844	3856	3869	3881	3894	3906	3919	3931	3944	3956	1	3	4	5	6	8	9	10	11
63	3969	3982	3994	4007	4020	4032	4045	4058	4070	4083	1	3	4	5	6	8	9	10	11
64	4096	4109	4122	4134	4147	4160	4173	4186	4199	4212	1	3	4	5	6	8	9	10	12
65	4225	4238	4251	4264	4277	4290	4303	4316	4330	4343	1	3	4	5	7	8	9	10	12
66	4356	4369	4382	4396	4409	4422	4436	4449	4462	4476	1	3	4	5	7	8	9	11	12
67	4489	4502	4516	4529	4543	4556	4570	4583	4597	4610	1	3	4	5	7	8	9	11	12
68	4624	4638	4651	4665	4679	4692	4706	4720	4733	4747	1	3	4	5	7	8	10	11	12
69	4761	4775	4789	4802	4816	4830	4844	4858	4872	4886	1	3	4	6	7	8	10	11	13
70	4900	4914	4928	4942	4956	4970	4984	4998	5013	5027	1	3	4	6	7	8	10	11	13
71	5041	5055	5069	5084	5098	5112	5127	5141	5155	5170	1	3	4	6	7	9	10	11	13
72	5184	5198	5213	5227	5242	5256	5271	5285	5300	5314	1	3	4	6	7	9	10	12	13
73	5329	5344	5358	5373	5388	5402	5417	5432	5446	5461	1	3	4	6	7	9	10	12	13
74	5476	5491	5506	5520	5535	5550	5565	5580	5595	5610	1	3	4	6	7	9	10	12	13
75	5625	5640	5655	5670	5685	5700	5715	5730	5746	5761	2	3	5	6	8	9	11	12	14
76	5776	5791	5806	5822	5837	5852	5868	5883	5898	5914	2	3	5	6	8	9	11	12	14
77	5929	5944	5960	5975	5991	6006	6022	6037	6053	6068	2	3	5	6	8	9	11	12	14
78	6084	6100	6115	6131	6147	6162	6178	6194	6209	6225	2	3	5	6	8	9	11	13	14
79	6241	6257	6273	6288	6304	6320	6336	6352	6368	6384	2	3	5	6	8	10	11	13	14
80	6400	6416	6432	6448	6464	6480	6496	6512	6529	6545	2	3	5	6	8	10	11	13	14
81	6561	6577	6593	6610	6626	6642	6659	6675	6691	6708	2	3	5	7	8	10	11	13	15
82	6724	6740	6757	6773	6790	6806	6823	6839	6856	6872	2	3	5	7	8	10	12	13	15
83	6889	6906	6922	6939	6956	6972	6989	7006	7022	7039	2	3	5	7	8	10	12	13	15
84	7056	7073	7090	7106	7123	7140	7157	7174	7191	7208	2	3	5	7	8	10	12	14	15
85	7225	7242	7259	7276	7293	7310	7327	7344	7362	7379	2	3	5	7	9	10	12	14	15
86	7396	7413	7430	7448	7465	7482	7500	7517	7534	7552	2	3	5	7	9	10	12	14	16

表IV（サイン，正弦）

	.0°	.1°	.2°	.3°	.4°	.5°	.6°	.7°	.8°	.9°
0°	.0000	0017	0035	0052	0070	0087	0105	0122	0140	0157
1	.0175	0192	0209	0227	0244	0262	0279	0297	0314	0332
2	.0349	0366	0384	0401	0419	0436	0454	0471	0488	0506
3	.0523	0541	0558	0576	0593	0610	0628	0645	0663	0680
4	.0698	0715	0732	0750	0767	0785	0802	0819	0837	0854
5	.0872	0889	0906	0924	0941	0958	0976	0993	1011	1028
6	.1045	1063	1080	1097	1115	1132	1149	1167	1184	1201

	.0	.1	.2	.3	.4	.5	.6	.7	.8	.9	1	2	3	4	5	6	7	8	9
87	7569	7586	7604	7621	7639	7656	7674	7691	7709	7726	2	4	5	7	9	10	12	14	16
88	7744	7762	7779	7797	7815	7832	7850	7868	7885	7903	2	4	5	7	9	11	12	14	16
89	7921	7939	7957	7974	7992	8010	8028	8046	8064	8082	2	4	5	7	9	11	13	14	16
90	8100	8118	8136	8154	8172	8190	8208	8226	8245	8263	2	4	5	7	9	11	13	14	16
91	8281	8299	8317	8336	8354	8372	8391	8409	8427	8446	2	4	5	7	9	11	13	15	16
92	8464	8482	8501	8519	8538	8556	8575	8593	8612	8630	2	4	6	7	9	11	13	15	17
93	8649	8668	8686	8705	8724	8742	8761	8780	8798	8817	2	4	6	7	9	11	13	15	17
94	8836	8855	8874	8892	8911	8930	8949	8968	8987	9006	2	4	6	8	9	11	13	15	17
95	9025	9044	9063	9082	9101	9120	9139	9158	9178	9197	2	4	6	8	10	11	13	15	17
96	9216	9235	9254	9274	9293	9312	9332	9351	9370	9390	2	4	6	8	10	12	14	15	17
97	9409	9428	9448	9467	9487	9506	9526	9545	9565	9584	2	4	6	8	10	12	14	16	18
98	9604	9624	9643	9663	9683	9702	9722	9742	9761	9781	2	4	6	8	10	12	14	16	18
99	9801	9821	9841	9860	9880	9900	9920	9940	9960	9980	2	4	6	8	10	12	14	16	18

7	.1219	1236	1253	1271	1288	1305	1323	1340	1357	1374
8	.1392	1409	1426	1444	1461	1478	1495	1513	1530	1547
9	.1564	1582	1599	1616	1633	1650	1668	1685	1702	1719
10	.1736	1754	1771	1788	1805	1822	1840	1857	1874	1891
11	.1908	1925	1942	1959	1977	1994	2011	2028	2045	2062
12	.2079	2096	2113	2130	2147	2164	2181	2198	2215	2233
13	.2250	2267	2284	2300	2317	2334	2351	2368	2385	2402
14	.2419	2436	2453	2470	2487	2504	2521	2538	2554	2571
15	.2588	2605	2622	2639	2656	2672	2689	2706	2723	2740
16	.2756	2773	2790	2807	2823	2840	2857	2874	2890	2907
17	.2924	2940	2957	2974	2990	3007	3024	3040	3057	3074
18	.3090	3107	3123	3140	3156	3173	3190	3206	3223	3239
19	.3256	3272	3289	3305	3322	3338	3355	3371	3387	3404
20	.3420	3437	3453	3469	3486	3502	3518	3535	3551	3567
21	.3584	3600	3616	3633	3649	3665	3681	3697	3714	3730
22	.3746	3762	3778	3795	3811	3827	3843	3859	3875	3891
23	.3907	3923	3939	3955	3971	3987	4003	4019	4035	4051
24	.4067	4083	4099	4115	4131	4147	4163	4179	4195	4210
25	.4226	4242	4258	4274	4289	4305	4321	4337	4352	4368
26	.4384	4399	4415	4431	4446	4462	4478	4493	4509	4524
27	.4540	4555	4571	4586	4602	4617	4633	4648	4664	4679
28	.4695	4710	4726	4741	4756	4772	4787	4802	4818	4833
29	.4848	4863	4879	4894	4909	4924	4939	4955	4970	4985
30	.5000	5015	5030	5045	5060	5075	5090	5105	5120	5135
31	.5150	5165	5180	5195	5210	5225	5240	5255	5270	5284
32	.5299	5314	5329	5344	5358	5373	5388	5402	5417	5432
33	.5446	5461	5476	5490	5505	5519	5534	5548	5563	5577

数表とその使い方　259

34	.5592	5606	5621	5635	5650	5664	5678	5693	5707	5721
35	.5736	5750	5764	5779	5793	5807	5821	5835	5850	5864
36	.5878	5892	5906	5920	5934	5948	5962	5976	5990	6004
37	.6018	6032	6046	6060	6074	6088	6101	6115	6129	6143
38	.6157	6170	6184	6198	6211	6225	6239	6252	6266	6280
39	.6293	6307	6320	6334	6347	6361	6374	6388	6401	6414
40	.6428	6441	6455	6468	6481	6494	6508	6521	6534	6547
41	.6561	6574	6587	6600	6613	6626	6639	6652	6665	6678
42	.6691	6704	6717	6730	6743	6756	6769	6782	6794	6807
43	.6820	6833	6845	6858	6871	6884	6896	6909	6921	6934
44	.6947	6959	6972	6984	6997	7009	7022	7034	7046	7059
45	.7071	7083	7096	7108	7120	7133	7145	7157	7169	7181
46	.7193	7206	7218	7230	7242	7254	7266	7278	7290	7302
47	.7314	7325	7337	7349	7361	7373	7385	7396	7408	7420
48	.7431	7443	7455	7466	7478	7490	7501	7513	7524	7536
49	.7547	7559	7570	7581	7593	7604	7615	7627	7638	7649
50	.7660	7672	7683	7694	7705	7716	7727	7738	7749	7760
51	.7771	7782	7793	7804	7815	7826	7837	7848	7859	7869
52	.7880	7891	7902	7912	7923	7934	7944	7955	7965	7976
53	.7986	7997	8007	8018	8028	8039	8049	8059	8070	8080
54	.8090	8100	8111	8121	8131	8141	8151	8161	8171	8181
55	.8192	8202	8211	8221	8231	8241	8251	8261	8271	8281
56	.8290	8300	8310	8320	8329	8339	8348	8358	8368	8377
57	.8387	8396	8406	8415	8425	8434	8443	8453	8462	8471
58	.8480	8490	8499	8508	8517	8526	8536	8545	8554	8563
59	.8572	8581	8590	8599	8607	8616	8625	8634	8643	8652
60	.8660	8669	8678	8686	8695	8704	8712	8721	8729	8738

	0	1	2	3	4	5	6	7	8	9
61	.8746	8755	8763	8771	8780	8788	8796	8805	8813	8821
62	.8829	8838	8846	8854	8862	8870	8878	8886	8894	8902
63	.8910	8918	8926	8934	8942	8949	8957	8965	8973	8980
64	.8988	8996	9003	9011	9018	9026	9033	9041	9048	9056
65	.9063	9070	9078	9085	9092	9100	9107	9114	9121	9128
66	.9135	9143	9150	9157	9164	9171	9178	9184	9191	9198
67	.9205	9212	9219	9225	9232	9239	9245	9252	9259	9265
68	.9272	9278	9285	9291	9298	9304	9311	9317	9323	9330
69	.9336	9342	9348	9354	9361	9367	9373	9379	9385	9391
70	.9397	9403	9409	9415	9421	9426	9432	9438	9444	9449
71	.9455	9461	9466	9472	9478	9483	9489	9494	9500	9505
72	.9511	9516	9521	9527	9532	9537	9542	9548	9553	9558
73	.9563	9568	9573	9578	9583	9588	9593	9598	9603	9608
74	.9613	9617	9622	9627	9632	9636	9641	9646	9650	9655
75	.9659	9664	9668	9673	9677	9681	9686	9690	9694	9699
76	.9703	9707	9711	9715	9720	9724	9728	9732	9736	9740
77	.9744	9748	9751	9755	9759	9763	9767	9770	9774	9778
78	.9781	9785	9789	9792	9796	9799	9803	9806	9810	9813
79	.9816	9820	9823	9826	9829	9833	9836	9839	9842	9845
80	.9848	9851	9854	9857	9860	9863	9866	9869	9871	9874
81	.9877	9880	9882	9885	9888	9890	9893	9895	9898	9900
82	.9903	9905	9907	9910	9912	9914	9917	9919	9921	9923
83	.9925	9928	9930	9932	9934	9936	9938	9940	9942	9943
84	.9945	9947	9949	9951	9952	9954	9956	9957	9959	9960
85	.9962	9963	9965	9966	9968	9969	9971	9972	9973	9974
86	.9976	9977	9978	9979	9980	9981	9982	9983	9984	9985
87	.9986	9987	9988	9989	9990	9990	9991	9992	9993	9993

	.0	.1	.2	.3	.4	.5	.6	.7	.8	.9
88					.9994		9995	9995	9996	9996	9997	9997	9997	9998	9998
89					.9998	9999	9999	9999	9999	1.000	1.000	1.000	1.000	1.000

表 V (タンジェント, 正接)

整数が変わるところは, 数字をイタリック体にした.

	.0°	.1°	.2°	.3°	.4°	.5°	.6°	.7°	.8°	.9°
0°	0.0000	0017	0035	0052	0070	0087	0105	0122	0140	0157
1	0.0175	0192	0209	0227	0244	0262	0279	0297	0314	0332
2	0.0349	0367	0384	0402	0419	0437	0454	0472	0489	0507
3	0.0524	0542	0559	0577	0594	0612	0629	0647	0664	0682
4	0.0699	0717	0734	0752	0769	0787	0805	0822	0840	0857
5	0.0875	0892	0910	0928	0945	0963	0981	0998	1016	1033
6	0.1051	1069	1086	1104	1122	1139	1157	1175	1192	1210
7	0.1228	1246	1263	1281	1299	1317	1334	1352	1370	1388
8	0.1405	1423	1441	1459	1477	1495	1512	1530	1548	1566
9	0.1584	1602	1620	1638	1655	1673	1691	1709	1727	1745
10	0.1763	1781	1799	1817	1835	1853	1871	1890	1908	1926
11	0.1944	1962	1980	1998	2016	2035	2053	2071	2089	2107
12	0.2126	2144	2162	2180	2199	2217	2235	2254	2272	2290
13	0.2309	2327	2345	2364	2382	2401	2419	2438	2456	2475
14	0.2493	2512	2530	2549	2568	2586	2605	2623	2642	2661
15	0.2679	2698	2717	2736	2754	2773	2792	2811	2830	2849
16	0.2867	2886	2905	2924	2943	2962	2981	3000	3019	3038

17	0.3057	3076	3096	3115	3134	3153	3172	3191	3211	3230
18	0.3249	3269	3288	3307	3327	3346	3365	3385	3404	3424
19	0.3443	3463	3482	3502	3522	3541	3561	3581	3600	3620
20	0.3640	3659	3679	3699	3719	3739	3759	3779	3799	3819
21	0.3839	3859	3879	3899	3919	3939	3959	3979	4000	4020
22	0.4040	4061	4081	4101	4122	4142	4163	4183	4204	4224
23	0.4245	4265	4286	4307	4327	4348	4369	4390	4411	4431
24	0.4452	4473	4494	4515	4536	4557	4578	4599	4621	4642
25	0.4663	4684	4706	4727	4748	4770	4791	4813	4834	4856
26	0.4877	4899	4921	4942	4964	4986	5008	5029	5051	5073
27	0.5095	5117	5139	5161	5184	5206	5228	5250	5272	5295
28	0.5317	5340	5362	5384	5407	5430	5452	5475	5498	5520
29	0.5543	5566	5589	5612	5635	5658	5681	5704	5727	5750
30	0.5774	5797	5820	5844	5867	5890	5914	5938	5961	5985
31	0.6009	6032	6056	6080	6104	6128	6152	6176	6200	6224
32	0.6249	6273	6297	6322	6346	6371	6395	6420	6445	6469
33	0.6494	6519	6544	6569	6594	6619	6644	6669	6694	6720
34	0.6745	6771	6796	6822	6847	6873	6899	6924	6950	6976
35	0.7002	7028	7054	7080	7107	7133	7159	7186	7212	7239
36	0.7265	7292	7319	7346	7373	7400	7427	7454	7481	7508
37	0.7536	7563	7590	7618	7646	7673	7701	7729	7757	7785
38	0.7813	7841	7869	7898	7926	7954	7983	8012	8040	8069
39	0.8098	8127	8156	8185	8214	8243	8273	8302	8332	8361
40	0.8391	8421	8451	8481	8511	8541	8571	8601	8632	8662
41	0.8693	8724	8754	8785	8816	8847	8878	8910	8941	8972
42	0.9004	9036	9067	9099	9131	9163	9195	9228	9260	9293
43	0.9325	9358	9391	9424	9457	9490	9523	9556	9590	9623

数表とその使い方　263

44	0.9657	9691	9725	9759	9793	9827	9861	9896	9930	9965	
45	1.0000	0035	0070	0105	0141	0176	0212	0247	0283	0319	
46	1.0355	0392	0428	0464	0501	0538	0575	0612	0649	0686	
47	1.0724	0761	0799	0837	0875	0913	0951	0990	1028	1067	
48	1.1106	1145	1184	1224	1263	1303	1343	1383	1423	1463	
49	1.1504	1544	1585	1626	1667	1708	1750	1792	1833	1875	
50	1.1918	1960	2002	2045	2088	2131	2174	2218	2261	2305	
51	1.2349	2393	2437	2482	2527	2572	2617	2662	2708	2753	
52	1.2799	2846	2892	2938	2985	3032	3079	3127	3175	3222	
53	1.3270	3319	3367	3416	3465	3514	3564	3613	3663	3713	
54	1.3764	3814	3865	3916	3968	4019	4071	4124	4176	4229	
55	1.4281	4335	4388	4442	4496	4550	4605	4659	4715	4770	
56	1.4826	4882	4938	4994	5051	5108	5166	5224	5282	5340	
57	1.5399	5458	5517	5577	5637	5697	5757	5818	5880	5941	
58	1.6003	6066	6128	6191	6255	6319	6383	6447	6512	6577	
59	1.6643	6709	6775	6842	6909	6977	7045	7113	7182	7251	
60	1.7321	7391	7461	7532	7603	7675	7747	7620	7893	7966	
61	1.8040	8115	8190	8265	8341	8418	8495	8572	8650	8728	
62	1.8807	8887	8967	9047	9128	9210	9292	9375	9458	9542	
63	1.9626	9711	9797	9883	9970	0057	0145	0233	0323	0413	
64	2.0503	0594	0686	0778	0872	0965	1060	1155	1251	1348	
65	2.1445	1543	1642	1742	1842	1943	2045	2148	2251	2355	
66	2.2460	2566	2673	2781	2889	2998	3109	3220	3332	3445	
67	2.3559	3673	3789	3906	4023	4142	4262	4383	4504	4627	
68	2.4751	4876	5002	5129	5257	5386	5517	5649	5782	5916	
69	2.6051	6187	6325	6464	6605	6746	6889	7034	7179	7326	
70	2.7475	7625	7776	7929	8083	8239	8397	8556	8716	8878	

71	2.9042	9208	9375	9544	9714	9887	*0061*	*0237*	*0415*	*0595*
72	3.0777	0961	1146	1334	1524	1716	1910	2106	2305	2506
73	3.2709	2914	3122	3332	3544	3759	3977	4197	4420	4646
74	3.4874	5105	5339	5576	5816	6059	6305	6554	6806	7062
75	3.7321	7583	7848	8118	8391	8667	8947	9232	9520	9812
76	4.0108	0408	0713	1022	1335	1653	1976	2303	2635	2972
77	4.3315	3662	4015	4373	4737	5107	5483	5864	6252	6646
78	4.7046	7453	7867	8288	8716	9152	9594	*0045*	*0504*	*0970*
79	5.1446	1929	2422	2924	3435	3955	4486	5026	5578	6140
80	5.671	5.730	5.789	5.850	5.912	5.976	6.041	6.107	6.174	6.243
81	6.314	6.386	6.460	6.535	6.612	6.691	6.772	6.855	6.940	7.026
82	7.115	7.207	7.300	7.396	7.495	7.596	7.700	7.806	7.916	8.028
83	8.144	8.264	8.386	8.513	8.643	8.777	8.915	9.058	9.205	9.357
84	9.514	9.677	9.845	10.02	10.20	10.39	10.58	10.78	10.99	11.20
85	11.43	11.66	11.91	12.16	12.43	12.71	13.00	13.30	13.62	13.95
86	14.30	14.67	15.06	15.46	15.89	16.35	16.83	17.34	17.89	18.46
87	19.08	19.74	20.45	21.20	22.02	22.90	23.86	24.90	26.03	27.27
88	28.64	30.14	31.82	33.69	35.80	38.19	40.92	44.07	47.74	52.08
89	57.29	63.66	71.62	81.85	95.49	114.6	143.2	191.0	286.5	573.0

表 VI (対数：底を 10 とする)

	0	1	2	3	4	5	6	7	8	9	1	2	3	4	5	6	7	8	9
10	.0000	0043	0086	0128	0170	0212	0253	0294	0334	0374	4	8	12	17	21	25	29	33	37
11	.0414	0453	0492	0531	0569	0607	0645	0682	0719	0755	4	8	11	15	19	23	26	30	34
12	.0792	0828	0864	0899	0934	0969	1004	1038	1072	1106	3	7	10	14	17	21	24	28	31
13	.1139	1173	1206	1239	1271	1303	1335	1367	1399	1430	3	6	10	13	16	19	23	26	29
14	.1461	1492	1523	1553	1584	1614	1644	1673	1703	1732	3	6	9	12	15	18	21	24	27
15	.1761	1790	1818	1847	1875	1903	1931	1959	1987	2014	3	6	8	11	14	17	20	22	25
16	.2041	2068	2095	2122	2148	2175	2201	2227	2253	2279	3	5	8	11	13	16	18	21	24
17	.2304	2330	2355	2380	2405	2430	2455	2480	2504	2529	2	5	7	10	12	15	17	20	22
18	.2553	2577	2601	2625	2648	2672	2695	2718	2742	2765	2	5	7	9	12	14	16	19	21
19	.2788	2810	2833	2856	2878	2900	2923	2945	2967	2989	2	4	7	9	11	13	16	18	20
20	.3010	3032	3054	3075	3096	3118	3139	3160	3181	3201	2	4	6	8	11	13	15	17	19
21	.3222	3243	3263	3284	3304	3324	3345	3365	3385	3404	2	4	6	8	10	12	14	16	18
22	.3424	3444	3464	3483	3502	3522	3541	3560	3579	3598	2	4	6	8	10	12	14	15	17
23	.3617	3636	3655	3674	3692	3711	3729	3747	3766	3784	2	4	6	7	9	11	13	15	17
24	.3802	3820	3838	3856	3874	3892	3909	3927	3945	3962	2	4	5	7	9	11	12	14	16
25	.3979	3997	4014	4031	4048	4065	4082	4099	4116	4133	2	3	5	7	9	10	12	14	15
26	.4150	4166	4183	4200	4216	4232	4249	4265	4281	4298	2	3	5	7	8	10	11	13	15
27	.4314	4330	4346	4362	4378	4393	4409	4425	4440	4456	2	3	5	6	8	9	11	13	14
28	.4472	4487	4502	4518	4533	4548	4564	4579	4594	4609	2	3	5	6	8	9	11	12	14
29	.4624	4639	4654	4669	4683	4698	4713	4728	4742	4757	1	3	4	6	7	9	10	12	13
30	.4771	4786	4800	4814	4829	4843	4857	4871	4886	4900	1	3	4	6	7	9	10	11	13
31	.4914	4928	4942	4955	4969	4983	4997	5011	5024	5038	1	3	4	6	7	8	10	11	12
32	.5051	5065	5079	5092	5105	5119	5132	5145	5159	5172	1	3	4	5	7	8	9	11	12
33	.5185	5198	5211	5224	5237	5250	5263	5276	5289	5302	1	3	4	5	6	8	9	10	12

34	.5315	5328	5340	5353	5366	5378	5391	5403	5416	5428	1	3	4	5	6	8	9	10	11
35	.5441	5453	5465	5478	5490	5502	5514	5527	5539	5551	1	2	4	5	6	7	9	10	11
36	.5563	5575	5587	5599	5611	5623	5635	5647	5658	5670	1	2	4	5	6	7	8	10	11
37	.5682	5694	5705	5717	5729	5740	5752	5763	5775	5786	1	2	3	5	6	7	8	9	10
38	.5798	5809	5821	5832	5843	5855	5866	5877	5888	5899	1	2	3	5	6	7	8	9	10
39	.5911	5922	5933	5944	5955	5966	5977	5988	5999	6010	1	2	3	4	5	7	8	9	10
40	.6021	6031	6042	6053	6064	6075	6085	6096	6107	6117	1	2	3	4	5	6	8	9	10
41	.6128	6138	6149	6160	6170	6180	6191	6201	6212	6222	1	2	3	4	5	6	7	8	9
42	.6232	6243	6253	6263	6274	6284	6294	6304	6314	6325	1	2	3	4	5	6	7	8	9
43	.6335	6345	6355	6365	6375	6385	6395	6405	6415	6425	1	2	3	4	5	6	7	8	9
44	.6435	6444	6454	6464	6474	6484	6493	6503	6513	6522	1	2	3	4	5	6	7	8	9
45	.6532	6542	6551	6561	6571	6580	6590	6599	6609	6618	1	2	3	4	5	6	7	8	9
46	.6628	6637	6646	6656	6665	6675	6684	6693	6702	6712	1	2	3	4	5	6	7	7	8
47	.6721	6730	6739	6749	6758	6767	6776	6785	6794	6803	1	2	3	4	5	5	6	7	8
48	.6812	6821	6830	6839	6848	6857	6866	6875	6884	6893	1	2	3	4	4	5	6	7	8
49	.6902	6911	6920	6928	6937	6946	6955	6964	6972	6981	1	2	3	4	4	5	6	7	8
50	.6990	6998	7007	7016	7024	7033	7042	7050	7059	7067	1	2	3	3	4	5	6	7	8
51	.7076	7084	7093	7101	7110	7118	7126	7135	7143	7152	1	2	3	3	4	5	6	7	8
52	.7160	7168	7177	7185	7193	7202	7210	7218	7226	7235	1	2	2	3	4	5	6	7	7
53	.7243	7251	7259	7267	7275	7284	7292	7300	7308	7316	1	2	2	3	4	5	6	6	7
54	.7324	7332	7340	7348	7356	7364	7372	7380	7388	7396	1	2	2	3	4	5	6	6	7
55	.7404	7412	7419	7427	7435	7443	7451	7459	7466	7474	1	2	2	3	4	5	5	6	7
56	.7482	7490	7497	7505	7513	7520	7528	7536	7543	7551	1	2	2	3	4	5	5	6	7
57	.7559	7566	7574	7582	7589	7597	7604	7612	7619	7627	1	2	2	3	4	5	5	6	7
58	.7634	7642	7649	7657	7664	7672	7679	7686	7694	7701	1	1	2	3	4	4	5	6	7
59	.7709	7716	7723	7731	7738	7745	7752	7760	7767	7774	1	1	2	3	4	4	5	6	7
60	.7782	7789	7796	7803	7810	7818	7825	7832	7839	7846	1	1	2	3	4	4	5	6	6

	0	1	2	3	4	5	6	7	8	9	1	2	3	4	5	6	7	8	9
61	.7853	7860	7868	7875	7882	7889	7896	7903	7910	7917	1	2	3	4	4	5	5	6	6
62	.7924	7931	7938	7945	7952	7959	7966	7973	7980	7987	1	2	3	3	4	5	5	6	6
63	.7993	8000	8007	8014	8021	8028	8035	8041	8048	8055	1	2	3	3	4	5	5	6	6
64	.8062	8069	8075	8082	8089	8096	8102	8109	8116	8122	1	2	3	3	4	5	5	5	6
65	.8129	8136	8142	8149	8156	8162	8169	8176	8182	8189	1	2	3	3	4	5	5	5	6
66	.8195	8202	8209	8215	8222	8228	8235	8241	8248	8254	1	2	3	3	4	4	5	5	6
67	.8261	8267	8274	8280	8287	8293	8299	8306	8312	8319	1	2	3	3	4	4	5	5	6
68	.8325	8331	8338	8344	8351	8357	8363	8370	8376	8382	1	2	3	3	4	4	5	5	6
69	.8388	8395	8401	8407	8414	8420	8426	8432	8439	8445	1	2	2	3	4	4	5	5	6
70	.8451	8457	8463	8470	8476	8482	8488	8494	8500	8506	1	2	2	3	4	4	5	5	5
71	.8513	8519	8525	8531	8537	8543	8549	8555	8561	8567	1	2	2	3	4	4	4	5	5
72	.8573	8579	8585	8591	8597	8603	8609	8615	8621	8627	1	2	2	3	4	4	4	5	5
73	.8633	8639	8645	8651	8657	8663	8669	8675	8681	8686	1	2	2	3	4	4	4	5	5
74	.8692	8698	8704	8710	8716	8722	8727	8733	8739	8745	1	2	2	3	3	4	4	5	5
75	.8751	8756	8762	8768	8774	8779	8785	8791	8797	8802	1	2	2	3	3	4	4	5	5
76	.8808	8814	8820	8825	8831	8837	8842	8848	8854	8859	1	2	2	3	3	4	4	5	5
77	.8865	8871	8876	8882	8887	8893	8899	8904	8910	8915	1	2	2	3	3	4	4	4	5
78	.8921	8927	8932	8938	8943	8949	8954	8960	8965	8971	1	2	2	3	3	4	4	4	5
79	.8976	8982	8987	8993	8998	9004	9009	9015	9020	9025	1	2	2	3	3	4	4	4	5
80	.9031	9036	9042	9047	9053	9058	9063	9069	9074	9079	1	2	2	3	3	4	4	4	5
81	.9085	9090	9096	9101	9106	9112	9117	9122	9128	9133	1	2	2	3	3	4	4	4	5
82	.9138	9143	9149	9154	9159	9165	9170	9175	9180	9186	1	2	2	3	3	4	4	4	5
83	.9191	9196	9201	9206	9212	9217	9222	9227	9232	9238	1	2	2	3	3	4	4	4	5
84	.9243	9248	9253	9258	9263	9269	9274	9279	9284	9289	1	2	2	3	3	4	4	4	5
85	.9294	9299	9304	9309	9315	9320	9325	9330	9335	9340	1	2	2	3	3	4	4	4	5
86	.9345	9350	9355	9360	9365	9370	9375	9380	9385	9390	1	2	2	3	3	4	4	4	5
87	.9395	9400	9405	9410	9415	9420	9425	9430	9435	9440	0	1	1	2	2	3	3	4	4

	0	1	2	3	4	5	6	7	8	9									
88	.9445	9450	9455	9460	9465	9469	9474	9479	9484	9489	0	1	1	2	2	3	3	3	4	4
89	.9494	9499	9504	9509	9513	9518	9523	9528	9533	9538	0	1	1	2	2	3	3	3	4	4
90	.9542	9547	9552	9557	9562	9566	9571	9576	9581	9586	0	1	1	2	2	3	3	3	4	4
91	.9590	9595	9600	9605	9609	9614	9619	9624	9628	9633	0	1	1	2	2	3	3	3	4	4
92	.9638	9643	9647	9652	9657	9661	9666	9671	9675	9680	0	1	1	2	2	3	3	3	4	4
93	.9685	9689	9694	9699	9703	9708	9713	9717	9722	9727	0	1	1	2	2	3	3	3	4	4
94	.9731	9736	9741	9745	9750	9754	9759	9763	9768	9773	0	1	1	2	2	3	3	3	4	4
95	.9777	9782	9786	9791	9795	9800	9805	9809	9814	9818	0	1	1	2	2	3	3	3	4	4
96	.9823	9827	9832	9836	9841	9845	9850	9854	9859	9863	0	1	1	2	2	3	3	3	4	4
97	.9868	9872	9877	9881	9886	9890	9894	9899	9903	9908	0	1	1	2	2	3	3	3	4	4
98	.9912	9917	9921	9926	9930	9934	9939	9943	9948	9952	0	1	1	2	2	3	3	3	4	4
99	.9956	9961	9965	9969	9974	9978	9983	9987	9991	9996	0	1	1	2	2	3	3	3	3	4

練習問題の答(またはヒント)の一部

数字の答のなかには近似値のものがある。その場合は，正確に合致している必要はないが，もちろん，遠く離れていてはいけない。

第2章

6. (a) $x^2 + 3xy + y^2$ (b) $6x + 6y + 10z$ (c) $3a^2 + 12a + 12 = 3(a+2)^2$ (d) $2x - 3$ (e) $a^2 - 2ab - b^2$ (f) $x^2yz + xy^2z + xyz^2 = xyz(x+y+z)$ (g) $6a^3b^4$ (h) $2x^6$ (i) $-a^2 - 4x^2$ (j) $\frac{1}{2}xy^3$ (k) $3ab$ (l) $\frac{1}{3}ad$

8. (a) 12 (b) 12 (c) 14 (d) 5 (e) 2 (f) 6 (g) 3 (h) $\frac{1}{2}$ (i) 3 (j) 18 (k) 1 (l) 5 (m) 2 (n) 6a (o) $2a + b$ (p) $a - b$

9. A：285 ドル，B：255 ドル　**10.** A：342 ドル，B：171 ドル，C：114 ドル

11. トムが出発してから 1 時間半後　**12.** 12

13. 6000 マイル走るのに A が 212 ガロン，B が 165 ガロン必要とする。

14. 1 箱 36 セント

第3章

7. (ⅰ) $3x + 7y$ (ⅱ) $a + 3$ (ⅲ) $2a - 5b$ (ⅳ) $4a - 9b$ ……

9. (ⅰ) $(x-1)(x+1)$ (ⅱ) $(a-b-c)(a+b+c)$ (ⅲ) $(a+b-c)(a+b+c)$ (ⅳ) $(x+y-1)(x+y+1)$ (ⅴ) $(a-b+c)(a+b-c)$ (ⅵ) $(x-y)(x+y)(x^2+y^2)(x^4+y^4)$ (ⅶ) $(a-b)(a+b)(a^2+b^2)$ (ⅷ) $(a+b-1)(a+b+1)$ (ⅸ) $(9-x)(9+x)$ (ⅹ) $(x+y-2)(x+y+2)$

(xi) $3(2x+1)$

10. (i) $90°$ (ii) $60°$ (iii) $50°$ (iv) $10°$ (v) $78°$

12. $60°, 49°, 38\frac{1}{2}°$ **13.** メンフィス：天頂距離 $46\frac{1}{2}°$, 高度 $43\frac{1}{2}°$, ニューヨーク：$57\frac{1}{2}°, 32\frac{1}{2}°$, ロンドン：$68°, 22°$

15. 壁の高さ：$3\sqrt{3} \fallingdotseq 5.2$ フィート, はしご：6 フィート **16.** $68.2°$

17. $3\sqrt{3} \fallingdotseq 5.2$ フィート **18.** $45.14°$ **20.** 42 ヤード

第4章

1. 5.196, 4.243, 3.464, 4.899, 3.162, 5.477

2. $\frac{1}{4}\sqrt{7}, \frac{1}{3}\sqrt{5}, \frac{3}{5}$ **5.** 一般項は $l = f + (n-1)d$

7. (i) $2n-1, n^2$ (ii) $4n-10, 2n^2-8n$ (iii) $3n-2, \frac{1}{2}n(3n-1)$
(iv) $-(n-2)a, \frac{1}{2}a(3n-n^2)$ (v) $5n, \frac{5n(n+1)}{2}$
(vi) $\frac{1}{3}(14-5n), \frac{(23n-5n^2)}{6}$ (vii) $\frac{1}{2}n, \frac{1}{4}n(n+1)$

初項 3, 差 2

8. $\frac{1}{2}n(n+1)$ **9.** $7\frac{4}{5}, 9\frac{3}{5}, 11\frac{2}{5}, 13\frac{1}{5}$

10. $1\frac{1}{2}, 2, 2\frac{1}{2}$ **11.** 連続する項間の差は $\frac{l-f}{n+1}$

14. (i) $2^{n-1}, 2^n-1$ (ii) $(0.9)^n, 10\{0.9-(0.9)^{n+1}\}$
(iii) $\frac{3}{2^{n+1}}, \frac{3}{2}\left(1-\frac{1}{2^n}\right)$ (iv) $a^{n-1}x^{6-n}, \frac{x^{6-n}(x^n-a^n)}{x-a}$
(v) $3^{n-1}, \frac{1}{2}(3^n-1)$

15. 25, 125 **16.** $\frac{2}{9}, \frac{4}{27}, \frac{8}{81}$ **17.** 連続する項の比率は $\left(\frac{l}{f}\right)^{\frac{1}{n+1}}$

20. (i) $\frac{2}{3}$ (ii) $\frac{25}{99}$ (iii) $\frac{791}{999}$ **21.** $r \neq 1$ なら $\frac{a(1-r^n)}{1-r}$, $r=1$ なら na

22. (a) $n^3-(n-1)^3 = 3n^2-3n+1$ (b) $n(2n-1)$

23. $4! = 24$, $8! = 40320$, $12! = 479001600$, $16!$

24. 56, 495, 4368 **25.** 720 **26.** (a) 16 (b) 26

27. (a) 5040 (b) 720 (c) 48 (d) 24 **28.** (a) 21 (b) 15

第5章

11. 1.57 マイル **12.** 約 5,910 ヤード **13.** 60.9 フィート

14. 13.65 マイル **15.** 9 マイル

16. $\sin 2A = 2\sin A \cos A$,
$\sin 3A = 3\sin A \cos^2 A - \sin^3 A = 3\sin A - 4\sin^3 A$,
$\cos 2A = \cos^2 A - \sin^2 A$,
$\cos 3A = \cos^3 A - 3\cos A \sin^2 A = 4\cos^3 A - 3\cos A$

22. QK $= 7,813$ マイル, KP $= 5,117$ マイル, PQ $= 11,962$ マイル

23. AM $= 2,996$ マイル, AZ $= 4,886$ マイル, MZ $= 1,890$ マイル

25. 4,133 マイル **26.** 42.4 マイル **27.** $33°53\frac{1}{2}'$ または $28°6\frac{1}{2}'$

30. (a) $\frac{3}{4}\{1-(-3)^n\}$ (b) $\frac{1}{6}\{1-(-2)^{-n}\}$ (c) $\frac{27}{20}\left\{1-\left(-\frac{2}{3}\right)^n\right\}$
(d) $\frac{3}{5}\left\{1-\left(-\frac{2}{3}\right)^n\right\}$ **31.** (a) $-ar^{2n-1}$ (b) ar^{2n}

第6章

2. (a) $(a+4)(a+6)$ (b) $(p+2)(p+3)$ (c) $(x-1)(x-2)$
(d) $(m+1)(m+3)$ (e) $(x-2)(x-8)$ (f) $(f+5)(f-4)$ (g) $(t+5)(t-8)$
......

3. (a) $(x+6)(x-6)$ (b) $(3x+5)(3x-5)$ (c) $4(x+5)(x-5)$
(d) $25(2y+1)(2y-1)$ $\cdots$ (i) $(16t+13s)(16t-13s)$ $\cdots$ (o) $(\sqrt{3}+x)(\sqrt{3}-x)$
(p) $(\sqrt{2}+\sqrt{3}x)(\sqrt{2}-\sqrt{3}x)$ $\cdots$

4. (a) $(x+3)(3x+1)$ (b) $(2x+5)(3x+2)$ (c) $(2p+1)(3p+1)$
(d) $(t+5)(3t+7)$ $\cdots$ (f) $(2q-1)(3q-2)$ $\cdots$ (h) $(4x^2+1)(5x^2-1)$
(i) $(3+2x)(5-2x)$ (j) $(2n-3)(3n+4)$ $\cdots$

5. (a) $(2a+3x)(3a-x)$ (b) $(3a-5bc)(5a+3bc)$ (c) $(a-7b)(6a+5b)$

(d) $(a+b)(2a-9b)$ ...

6. (a), (b) $\dfrac{1}{x+y}$ (c), (d), (e) $\dfrac{1}{x-y}$ (f) $\dfrac{3x}{4z}$ (g) $\dfrac{x+1}{x+3}$
(h) $\dfrac{x+1}{x+2}$ (i) $\dfrac{x+1}{2x+5}$ (j) $\dfrac{3x+7}{x+7}$ (k) $\dfrac{b(a+b)}{a}$ (l) $\dfrac{4a^2+2a+1}{2a-1}$
(m) $\dfrac{2x-3}{x-2}$

7. (a) $\dfrac{a(b+c)}{bc}$ (b) ab (c) $-2x+3y$ (d) $\dfrac{a^2}{a-2b}$ (e) $\dfrac{5a}{4(x+1)}$
(f) $\dfrac{a+17b}{12}$ (g) $\dfrac{a}{4(x+2y)}$ (h) $\dfrac{y^2(y-x)}{y+x}$

8. (a) $\dfrac{2x}{x^2-1}$ (b) $\dfrac{-2}{x^2-1}$ (c) $\dfrac{2b}{a^2-b^2}$ (d) $\dfrac{a^2+2ab-b^2}{a^2-b^2}$ ...
(h) $\dfrac{2}{(y-4)(y-6)}$ (i) $\dfrac{2x}{x+y}$ ... (k) $\dfrac{12}{(t-1)(t+3)(t-5)}$ ...

10. (a) 19 (b) $a+2b$ (c) $\dfrac{12}{13}$ (d) $2\dfrac{1}{2}$ (e) $\dfrac{-4}{3}$ (f) $\dfrac{10}{7}$

11. (a) $4\dfrac{1}{3}$ マイル (b) 30 マイル (c) 3.59％

12. (a) $10, -21$ (b) $11, -8$ (c) $1\dfrac{1}{4}, -1\dfrac{1}{3}$ (d) $\dfrac{2}{3}, -\dfrac{3}{8}$
(e) $8, -\dfrac{17}{3}$ (f) $1, -\dfrac{1}{2}$ (g) $a, b-a$ (h) $2, -4$

13. (a) $5, 6, 7$ または $-7, -6, -5$ (b) $\dfrac{1}{2}(3+\sqrt{2081})$ フィート
(c) $2\dfrac{6}{11}, 2\dfrac{17}{44}$ フィート

14. (a) $x=10, y=2$ (b) $3, 4$ (c) $6, 2$ (d) $9, 15$ (e) $11, 12, 13$
(f) $3, 6, 1$

15. (a) $20\dfrac{4}{7}$ (b) $-\dfrac{17}{64}$ (c) $l(奥行)=18, b(間口)=12$ フィート
(d) 25 (e) 30

16. (ⅰ) $n(2n-1)$ (ⅱ) $\dfrac{1}{2}n^2(n+1)$ (ⅲ) $n(3n^2-2)$ (ⅳ) $3n^2-3n+1$
(ⅴ) $\dfrac{1}{2}(3n^2-3n+2)$ (ⅵ) $2n^2-2n+1$

18. (ⅰ) 1.1249 (ⅱ) 0.9039 (ⅲ) 1.5735 (ⅳ) 128.7876

●訳者

久村典子（ひさむら・のりこ）

1946年　青森県に生まれる。
1969年　東京教育大学文学部英文科を卒業。
現在　　翻訳家。
主な訳書―――
　The Oxford Companion『現代科学史大百科事典』太田次郎総監訳，朝倉書店
　Andrew Dalby『チーズの歴史』ブルース・インターアクションズ
　John Emsley『毒性元素――謎の死を追う』共訳，丸善出版

百万人の数学［上］

2015年12月25日　第1版第1刷発行

著　者	ランスロット・ホグベン
訳　者	久村典子
発行者	串崎　浩
発行所	株式会社 日本評論社 〒170-8474 東京都豊島区南大塚3-12-4 TEL：03-3987-8621［営業部］　http://www.nippyo.co.jp/
企画・編集	亀書房［代表：亀井哲治郎］ 〒264-0032 千葉市若葉区みつわ台5-3-13-2 TEL & FAX：043-255-5676 http://www.homepage2.nifty.com/kame-shobo/
印刷所	三美印刷株式会社
製本所	株式会社難波製本
装　訂	銀山宏子
組版・図版	亀書房編集室

ISBN 978-4-535-78299-0　Printed in Japan　Ⓒ Lancelot Hogben, Noriko Hisamura

数学100の発見
数学セミナー編集部[編]
古代ギリシアから20世紀にかけて、数学の流れは人類のさまざまな知恵を注ぎこまれながら発展してきた。その大いなる流れから代表的な結果を100選び、エピソードとともに解説する歴史物語。待望の復刊がついに実現！　◆B5判／本体2,400円＋税

数学100の定理
ピタゴラスの定理から現代数学まで
数学セミナー編集部[編]
定評ある「100シリーズ」の単行本第2弾。古代ギリシアから現代まで、数学はじつに多くの定理を発見した。まさに人類の英知の集積である。その中から基本的でやさしい定理100個について、その歴史や意味を解説する。　◆B5判／本体2,500円＋税

数学100の問題
数学史を彩る発見と挑戦のドラマ
数学セミナー編集部[編]
古来、数学はみずからが発見したさまざまな「問題」を解くことで発展してきた。それは必ずしも成功ばかりではなく、多くの失敗が新しい知見や方法に導いたことも事実である。パズルから現代数学まで、有名な「問題」をめぐる物語。◆B5判／本体2,500円＋税

数学の言葉づかい100
数学地方のおもしろ方言
数学セミナー編集部[編]
数学には独特の言葉づかいや文法がある。慣れるには時間がかかり、それが数学を学ぼうとする初学者にとって、大きな障害になっていることも事実である。さまざまな「数学文法」について、やさしく解説する。　◆B5判／本体2,200円＋税

数と図形の歴史70話　［数学ひろば］
上垣　渉・何森　仁[著]
古代から現代まで、《数》と《図形》が見せる意外な"表情"や不思議な"ふるまい"を、文化史的話題も織り込んで紹介する歴史物語。　◆A5判／本体2,500円＋税

日本評論社
http://www.nippyo.co.jp/